"多媒体画面语言学"研究系列丛书

国家社科基金"十三五"规划教育学课题"信息化教育资源优化设计的语言工具:'多媒体画面语言学'创新性理论与应用研究"(项目编号 BCA170079)资助

多媒体人机交互界面设计研究

王 旭 著

南开大学出版社

天 津

图书在版编目(CIP)数据

多媒体人机交互界面设计研究 / 王旭著. —天津：
南开大学出版社，2022.12

("多媒体画面语言学"研究系列丛书)

ISBN 978-7-310-06408-3

Ⅰ.①多… Ⅱ.①王… Ⅲ.①人机界面－程序设计－
研究 Ⅳ.①TP311.1

中国版本图书馆 CIP 数据核字(2023)第 013194 号

多媒体人机交互界面设计研究
DUOMEITI RENJI JIAOHU JIEMIAN SHEJI YANJIU

南开大学出版社出版发行

出版人：陈　敬

地址：天津市南开区卫津路 94 号　　邮政编码：300071

营销部电话：(022)23508339　营销部传真：(022)23508542

https://nkup.nankai.edu.cn

河北文曲印刷有限公司印刷　全国各地新华书店经销

2022 年 12 月第 1 版　　2022 年 12 月第 1 次印刷

260×185 毫米　16 开本　17.75 印张　417 千字

定价：69.00 元

如遇图书印装质量问题,请与本社营销部联系调换,电话：(022)23508339

内容简介

  本书对多媒体人机交互界面设计进行了较为深入的研究，以用户为中心，探讨多媒体人机交互界面设计的核心原则,挖掘其中的规律以更好地支持相关领域的设计与开发工作。

  本书适用于多媒体、数字技术相关领域的设计师、开发者、教育者等人士，也可以作为相关专业的学习者的参考用书。

  本书为国家社科基金"十三五"规划教育学课题"信息化教育资源优化设计的语言工具：'多媒体画面语言学'创新性理论与应用研究"（项目编号 BCA170079）阶段性成果。

序

  《多媒体人机交互界面设计研究》是天津师范大学教育技术学科原创性研究成果"多媒体画面语言学"研究系列丛书之一，也是国家社科基金"十三五"规划教育学课题"信息化教育资源优化设计的语言工具：'多媒体画面语言学'创新性理论与应用研究"（项目编号 BCA170079）资助项目的阶段性成果。"多媒体画面语言学"理论是诞生和成长于中国本土的一门创新理论，是信息时代形成的新的设计门类，其基本目的是促进优质数字化教学资源的设计、开发和应用。多媒体画面语言学的应用领域非常广泛，与各种新的研究方向有交叉之处，是一种与时俱进的研究。近年来，"多媒体画面语言学"越来越重视理论与实践的结合，应用层次的研究成为"多媒体画面语言学"研究的重要分支。

  随着多媒体技术的发展，人机交互界面设计无论是在数字设计界还是在教育技术领域，都发生了很大的进步和变化。如何将新生技术与人机交互相融合，建立一个和谐的人机交互界面，是本领域的重要研究目标。本书通过较为全面和详尽的阐述，以人的视觉等生理特性作为出发点，切实针对"人"和"机"的交互做了一定的探索，将人机交互的理论研究和多媒体画面语言学理论研究很好地结合起来，应用到人机交互界面设计中，这是非常有实际意义的。

  实际上，多媒体人机交互界面的设计主要研究的是"人"和"机"的关系。研究"人"，不仅是研究"人类"这种生物的生理特性，同时要研究"人"面对"机"的社会属性，即"用户"或"使用者"的概念和特征。研究"机"，不仅是研究"电脑""平台""设备"等多媒体媒介硬件的进步和更替，同时要研究"图形""色彩""画面"等技术的发展和特点。《多媒体人机交互界面设计研究》一书的创新点在于以人为本，从"使用者"和"设计者"的角度出发，将人的行为模型、人机工程学、软件心理学等理论作为基础，以人的视觉思维、眼睛的观察和运动、大脑接受信息的模式等为导向，详细阐述了多媒体人机交互的要素和各种类型多媒体人机交互界面的设计思路，以进一步推动多媒体画面语言学在该应用领域的发展。

  本书作者王旭，硕士毕业于天津师范大学教育技术专业，现为天津师范大学新闻传播学院的教师。该作者在学期间主攻计算机软件开发和应用、多媒体及网络的教育应用，毕业后进入传媒类学科任教，在图形图像、音视频处理等新媒体技术领域持续展开研究。该作者以主要技术人员的身份参与了我的国家级课题"信息化教育资源优化设计的语言工具：'多媒体画面语言学'创新性理论与应用研究"，并参与撰写了《数字媒体非线性编辑技术》《数字音频基础及应用》等多部专业书籍，同时拥有北大方正颁发的电子媒体设计师资格认证。

  王旭对数字媒体相关技术的追求和钻研的精神，令我印象深刻。希望他以本书出版为契机，更积极地探索多媒体画面语言学应用的新领域，将本书研究成果积极用于教育教学实践，帮助解决多媒体技术与教育教学的深度融合问题，不断优化学习资源设计质量，促进学生学习效果的提升。

王志军

于天津师范大学

2022 年 11 月

前　言

如果你是一个现代化教师或多媒体资源设计人员，你一定非常关心自己的作品能否得到使用者的青睐。但是如何使你的作品发挥最大的功效，让用户体验感良好呢？首先你要了解你的用户，也就是"人"，到底是如何通过你设计的多媒体界面进行"人机交互"的。

本书的观点强调设计者应以人为本，以用户为出发点，去进行有效的多媒体人机交互界面设计。其中，融合了教育技术学、人类行为学、人机工程学、软件心理学、多媒体画面语言学、相关艺术设计、计算机技术等相关领域的基本理论，将"以用户为中心""灵活完备的交互功能"和"保持一致性"作为多媒体人机交互界面设计的核心原则，对其进行深入探讨，挖掘其中的规律以更好地支持相关领域的教育和工作。

本书共分为 10 章有序展开。第 1 章让读者了解多媒体人机交互界面的基础概念，并阐述了多媒体画面语言学对人机交互界面设计的理论支撑作用；第 2 章介绍多媒体人机交互的要素，从对人的因素、交互设备和技术的研究，到对人机交互的设计层次、形式和标准进行阐述；第 3 章提出了本书的关键出发点"用户"的含义、分类和特征，并以用户为中心制定人机交互策略；第 4 章介绍多媒体画面的要素，主要包括视觉要素的设计和呈现艺术；第 5 章换个角度，从人的生理出发，主要探讨视觉思维，包括视觉查询和视觉描述，这也是人机交互界面设计的重要依据；第 6 章介绍图形化用户界面设计，进入界面设计具体环节，分别介绍各种图形化设计元素；第 7 章主要围绕网站这种常见人机交互媒介的界面设计进行研究，从设计元素到设计流程分别介绍；第 8 章扩大研究范围至各类多媒体交互界面的设计，包括设计风格、要素和设计定位、用户分析、素材采集、信息组织、框架设计、脚本制作，以及测试和发布等方面；第 9 章将研究范围拓展到移动平台上，从移动设备交互界面的发展历程，到对其特有元素和设计规范进行探讨，并展示了多种设计案例；第 10 章总结归纳，对多媒体人机交互界面设计的优秀案例进行赏析，并提炼出设计误区和改进思路，最终探析多媒体人机交互界面设计原则，得出结论。

本书是基于笔者多年来对此领域做的多项研究综合编著而成。在写作上，笔者将各项研究以有序的、合理的结构呈现给读者，尽量形成一套较为完整的体系。因此，与其他讲述人机交互界面设计的书籍有所不同，本书的特点在于阐述视角多、层次多，且理论架构交叉化、综合化。所以，各位读者请关注本书的目录，它将作为一个索引，让读者找到自己所需的要点，进行查询和阅读。

本书由王旭编著了第 1、2、4、6、7、8、9、10 章，并全书统稿；由王丽蕊编著了第 3、5 章及其他章中的数个小节。本书在编著过程中，得到了程勇、贾潍、王雪、刘哲雨、童晓等同行们的大力支持和帮助，他们的相关研究也为本书提供了大量的理论依据和实践支撑。这些同行们对笔者的厚爱和关怀，笔者难以言表，在此一并表示诚挚的感激之情。

虽然笔者尽力对本书的整体结构和具体内容进行了反复的推敲和调整，但由于水平和时间的限制，难免有一些错误和不妥之处，书中的部分内容也会有仍须探讨商榷和继续深入研究的地方，希望各位读者批评指正。衷心希望本书能够对与此领域相关的读者有所帮助和引导。

　　本书作为国家社科基金"十三五"规划教育学课题"信息化教育资源优化设计的语言工具：'多媒体画面语言学'创新性理论与应用研究"（项目编号 BCA170079）资助出版项目，得到了天津师范大学教育学部、新闻与传播学院和南开大学出版社的大力支持，在此表示衷心感谢！

目　录

第 1 章　概　述

本章要点

1. 人机交互的概念
2. 多媒体界面设计的内容
3. 多媒体画面语言学
4. 多媒体画面语言学对交互界面设计的规范作用

1.1　多媒体人机交互界面的概念

多媒体人机交互界面是个比较复杂的概念，具有丰富的内涵，需要从多方面对其进行深刻的理解。

1.1.1　人机交互

多媒体界面从本质上讲是人与计算机的交互行为的中间媒介，因此，人机交互是多媒体界面设计中涉及的重要内容。

1.1.1.1　人机交互概念的界定

人机交互（Human-Computer Interaction 或 Human-Machine Interaction，简称 HCI 或 HMI）是一门研究系统与用户之间的互动关系的学问。系统可以是各种各样的机器，也可以是计算机化的系统和软件。具体地讲，人机交互是一门交叉学科，集计算机科学、认知科学、心理学和社会学于一体。人机交互从广义上理解就是用户体验；从狭义上理解是指人与机器之间的互动方式——从键盘输入、手柄操作、触控操作，到索尼、微软不久前推出的动作感应。大多数交互式计算系统都是为了实现人的某种目的，并在人所处的环境下与人交互的。

人机交互技术研究的终极目标是自然用户界面，这种界面类似人和人之间的互动，人们不用通过学习，就能够和计算机甚至是任何设备进行自然的交互；也就是研制能听、能说、能理解人类语言的计算机，使计算机更易于使用，操作起来更愉快，从而提高使用者的生产率。

人的体验决定了技术的方向，用户的接受程度决定了业务应用对技术的期望。人机交互技术的关键在于如何适应人类的体验需要，而不是想要改变用户体验。

1.1.1.2　人机交互发展的历史

人机交互的发展历史，是从人适应计算机到计算机不断地适应人的发展史，它经历了几个阶段：早期手工交互阶段、作业控制语言及交互命令语言阶段、图形用户界面（GUI）交互阶段、网络用户界面交互阶段、多媒体用户界面交互阶段及智能人机交互初级阶段。

人机交互是随着科技的不断发展而发展的，自从计算机出现以来，人机交互技术经历了巨大的变化。总体来看，它是一个从人适应计算机到计算机不断地适应人的发展史。

1. 人适应计算机

在人工操作的早期阶段，计算机显得十分笨重，用户不得不使用计算机代码语言和人工操作方法。在任务控制语言和交互式命令语言阶段，主要计算机用户（程序员）可以使用批处理作业语言或交互式命令语言调试程序，通过记忆许多命令并在键盘上敲击来了解计算机的执行情况。

2. 计算机适应人

在图形用户界面（GUI）阶段，用户无须掌握复杂的计算机语言即可直接控制计算机，即使是不懂计算机的普通用户也能熟练使用，极大地扩展了用户群，使计算机得到前所未有的发展。随着科学技术的进一步发展，Web 用户界面的出现增强了人机交互，Web 用户界面的代表是基于超文本标记语言 HTML 和超文本传输协议 HTTP 的 Web 浏览器，WWW 所形成的网络已成为互联网的骨干。与此同时，新技术不断涌现：搜索引擎、网络加速、多媒体动画、聊天工具等，将人机交互提升到一个更高的层次。多通道多媒体的智能人机交互阶段是真正人机交互的开始。当前计算机的两个重要发展趋势是拟人化计算机系统和计算机的小型化、便携性和嵌入式，例如虚拟现实、PDA（掌上电脑）和智能手机。随着纯视觉通道的交互方式向多通道交互方式转变，人机交互更加人性化，操作也朝着更加自然高效的方向稳步发展。

3. 人机交互的发展展望

在目前人机交互领域的研究课题中，手指的一个微小动作、声波在空气中的震动、眼珠和舌头的运动、肌肉传导的兴奋，都可以成为信息传导的过程，而人的交互对象不只是计算机，还包括我们周围的整个环境。

以人为中心、自然、高效将是新一代人机交互的主要目标。未来人机交互的发展将发生巨大转变：一方面，输入方式改变，从鼠标和键盘，转变为手势、触控及感应等；另一方面，电脑从现在被动地听从我们的指令行事，转变成电脑会依据预设代替我们行动，成为主动行动者。

1.1.2　多媒体

1.1.2.1　多媒体发展的历史

多媒体出现于 20 世纪 80 年代，当时流行的专业用语是"人机交互式视频"（Interactive Video），主要表现为具有声像并茂、形象生动呈现优势的录像视频技术与具有交互功能的计算机技术两大分支正在相互渗透，趋于融合。

进入 20 世纪 80 年代以后，由于数字化技术在计算机领域的应用取得显著成效，使得电视、录像以及通信技术也都开始由模拟方式转向数字化；另一方面，计算机应用开始深入人们生活、工作的各个领域，也要求其人机接口不断改善，即由字符方式向图形方式、由文本处理向图像处理发展。

1984 年，苹果（Apple）公司研制的 Macintosh 计算机，引入了位图（bitmap）、窗口（window）、图符（icon）等技术，并由此创建了意义深远的图形用户界面（GUI），同时采用了鼠标（mouse）配合，使人机界面得到了极大改善。在 1985 年之后，微软（Microsoft）公司推出了 Windows 操作系统作为 DOS 系统的延伸，并且不断更新版本，使之成为后来被普遍采用的一种运行多媒体的工作平台。

1992 年及以后的几年间，计算机、电视、微电子和通信等领域的专业人员进行了全方位的技术合作，解决了许多技术难题，使多媒体技术取得了举世瞩目的进展。计算机与视频设备之间的界限已经模糊，两个领域的媒体已被有机地融为一体。

进入 2000 年以后，人们希望进一步将计算机的人机交互性、电视的真实感和通信或广播的分布性结合起来，以便向社会提供全新的信息服务，这便是所谓的"3C（Computer，Consumer，Communication）一体化"或"信息家电"。在这种新的形势下，"多媒体"一词则是指三个领域（计算机、通信和家电）在四个方面（媒体、设备、技术和业务）的有机结合。

1.1.2.2　多媒体概念的界定

随着多媒体技术的发展和应用，人们对多媒体的理解分为广义和狭义两种。

通常，人们对多媒体技术领域的理解是广义的，即认为"多媒体"是指上述三个领域（计算机、通信和家电）在四个方面（媒体、设备、技术和业务）的有机结合。

在基于屏幕呈现的领域，人们对多媒体的理解是狭义的，仅限于计算机和电视两个领域（不包括通信），而且是指只在呈现媒体方面有机结合（不考虑技术、设备和业务）。这就是说，多媒体是指计算机领域中的媒体与电视领域中的媒体的有机结合，并且具有人机交互功能。

请注意，本书后面讨论的"多媒体"主要是指狭义的多媒体。

在多媒体领域中，可以采用如下几大类媒体形式传递信息和呈现知识内容：

"图"——指静止的图，包括图形（Graphics）和静止图像（Still Video）；

"文"——文本（Text），包括标题性文本和说明性文本；

"声"——声音（Audio），包括解说、背景音乐和音响效果；

"像"——指运动的图，包括动画（Animation）和运动图像（Motion Video）。

以上媒体形式中，除声音外，均可具有色彩。

人机交互功能是多媒体的一个基本属性，具有人机交互功能是指计算机类设备在这种结合中处于基础地位。但是，具有交互功能并不能狭隘地理解为只有 PC 机才具有这种属性，因为信息表示的多样化和如何通过多种输入输出设备与计算机进行交互是多媒体人机交互技术的重要内容。它是基于视线跟踪、语音识别、手势输入及感觉反馈等新的人机交互技术。未来，多媒体交互功能将注重在以下几个方面继续研究和发展：从二维到三维视感，更准确的语音、手势识别，高质量的触觉反馈，更方便的界面开发工具，增加多媒体在交互中的应用，用音视频来识别用户，等等。

1.1.3　多媒体界面

1.1.3.1　多媒体界面的界定

多媒体界面是以基于屏幕呈现的狭义多媒体为核心的多媒体应用系统（或作品）与受众直接接触的用户界面，其本质是人与计算机之间传递、交换信息的媒介和对话接口。

因此，多媒体界面是每个多媒体应用系统的根本之基，是承载着人机交互执行的重要组成部分。一个优秀的多媒体应用系统首先应体现在系统与用户直接接触的多媒体界面上，界面设计得是否恰当、美观、适用，将直接影响到用户对系统的最初印象以及多媒体应用系统的成败。

根据多媒体系统的实际应用情况，多媒体界面可分为教材类（多媒体课件、教学资源、网络课程、PPT 演示等）、商业类、娱乐类、电子通信类、出版类等。

1.1.3.2　多媒体界面的功能

多媒体界面主要有两大功能：

1. 传递特定的信息（显示功能）

多媒体将文本、图形、声音、动画、视频和其他元素组合在一起，形成一个多媒体界面。界面内容丰富，画面精美，比单一的媒体呈现更加生动，可以提供更丰富的信息呈现方式。因此，随着多媒体和网络技术的普及，多媒体在教学过程中得到广泛应用，给教育教学带来了新的机遇。

然而，在多媒体课件中，如何对这些信息符号所组成的多媒体界面进行设计，才能有效地传递教学信息，是不是越丰富的信息呈现就能取得越好的学习效果呢？近年来，人们越来越认识到，要提高多媒体教学的效果，必须依据多媒体环境下学习者的认知规律来设计多媒体学习材料和界面。国外对多媒体领域的研究经历了传输媒体观、表征方式观和感觉通道观三个阶段，这三种观点的嬗变代表了多媒体教学研究的一个逐渐深入的发展过程，为设计多媒体界面的呈现方式提供了很好的借鉴。

2. 控制信息交流过程（交互功能）

多媒体应用系统中，用户对信息的控制与交流（交互）是用户的重要需求，也是用户使用系统过程中的必要的操作。因此，多媒体界面必须拥有用户可以根据自己的使用的需要与系统进行交互的功能。

对于传统的媒体交互过程，以杂志为例，如图 1.1 所示，信息发布者甲在媒体上发布信息 A，乙通过媒体接收到信息 A，做出反馈 B，通过媒体反馈给甲，这就是信息交互的过程。在整个过程中，传播和反馈的信息是定量的，而不是可变的。那么在这个过程中，媒体的两侧是信息的传播者和接收者，媒体是连接两者的桥梁。这意味着通信者和接收者可以在不同的空间和时间完成交互过程。但传统媒体有一定的局限性，它不是实时沟通，有时观众只能够收到信息，没有反馈渠道。严格来说，这不是交互，即使是，也不是实时的。这是传统媒体自身的局限性。

图 1.1　传统媒体信息交互图

多媒体界面提供的人机交互可以分为两类：一类是交互形式，它与传统媒体如网站、在线聊天、电子邮件、论坛等在本质上是一样的，是人与人的交互。另一种是人机双向交流，比如网络购物、网络游戏、电子宠物和虚拟现实等。如图 1.2 所示，如果设计者甲开发了一个软件，将规则 A 传达给计算机和用户乙，那么当乙在计算机上执行动作 X 时，人机对话就开始了。得益于计算机的智能，它可以进行智能计算并对动作发送者的行为做出反应，而结果对于设计者和使用者都是未知的。在这个例子中，当乙对计算机进行操作时，计算机通过智能计算形成新的信息，并对乙发送的动作 X 做出响应 Y。乙接收到的不再是简单的 A，而是 A 和 X 的智能组合产生的变量 Y。乙收到 Y 后的反馈为 X'，是 A、X、Y 共同作用的结果；计算机对 X' 的反应是 Y'，这就形成一系列具有继承性的交互。当媒体和乙向设计者甲提供反馈时，甲分别从媒体和乙收到反馈 B 和 C。当他将 B 和 C 的总结应用到新一代软件的开发中时，他就变成了甲'，而之后将出现媒体' 和乙'，形成新一轮的交互。这时，媒体不再是单纯的媒介，而是成为交互的主体。

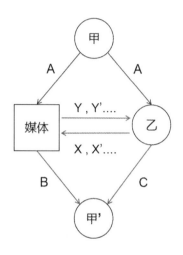

图 1.2　多媒体信息人机交互图

　　目前，许多人错误地把多媒体界面只当作一种表现装置，这是对多媒体的错误理解。但没有有效的多媒体交互形式也是目前多媒体存在的一大问题，因而多通道与多媒体界面设计是联系在一起的。

　　无疑，多媒体界面有更大的互动功能潜力可以挖掘，我们可以大胆想象将来多媒体人机交互的样子，或许想象中的奇异景象有一天会随着科技的飞速发展而实现。事实上，人的智能是一个不稳定的变量，这个变量所产生的变量更加难以预测，但可以肯定的是，人机多媒体交互将成为未来生活中不可或缺的一部分，并逐渐扮演更重要的角色。

　　多媒体界面设计涉及很多相关学科，比如，多媒体技术、虚拟现实技术、认知心理学、人机工程学等，这几者的关系如图 1.3 所示。多媒体技术和虚拟现实技术为多媒体界面设计的技术支撑，也就是说，二者是人机交互界面的实现和技术保障；同时，多媒体技术、虚拟现实技术及人机交互技术又有着一定的关联性；而认知心理学和人机工程学则是整个多媒体界面设计的灵魂支撑，为设计者的设计提供理论基础和合理性保障，二者合力帮助设计者做出适合用户使用同时又满足用户需求的优秀作品。

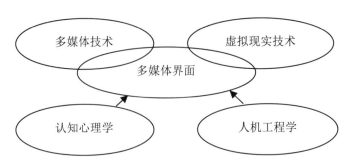

图 1.3 交互界面设计涉及的学科

1.1.3.3 多媒体界面的特点

1. 多媒体界面是基于屏幕显示的画面组合

在多媒体交互式环境中，最重要、最直接的输出设备是显示器，而且人们对输入信息的感知也是通过显示器完成的。在目前和未来的一些年中，显示画面仍将是多媒体界面的主流，它制约着整个多媒体系统的效率。

2. 多媒体界面便于实现人机交互

（1）形式丰富多样的交互功能

传统媒体只是简单地传递信息，多媒体则是人机对话过程中有新信息产生，人类的体验会比传统媒体更丰富、更直观、更有趣。达到的效果是传统媒体无法企及的，也是前人无法想象的。正因如此，多媒体自出现以来，在短短半个世纪内得到迅猛发展，不仅威胁到传统媒体长期以来的霸主地位，而且被越来越多的人所接受。

（2）变换迅速、非线性的交互功能

多媒体人机交互界面与传统媒体操作相比，最重要的变化就是，界面不再是一个静态界面，而是一个与时间有关的时变媒体界面，因而交互时变换极为迅速，具有同步的感受，且变换内容再也不须线性查找，而是非线性跳跃式提取。

从用户的角度来讲，在使用多媒体界面时，用户不仅可以方便控制呈现信息的内容，也方便控制何时呈现和如何呈现。

1.2 多媒体画面语言的概念

1.2.1 多媒体画面

如前所述，多媒体界面是基于屏幕显示的画面组合，也就是说，如同教科书是由一页一页组成的一样，多媒体界面也是由许多画面组成的，称这些画面为多媒体画面。

多媒体出现以后，多媒体画面成为一种新的画面类型。为了理顺多媒体界面与多媒体画面的关系，更主要的是为了帮助理解多媒体教材中一些规律性的问题，有必要对多媒体画面进行深入的探讨。

1.2.1.1　多媒体画面是基于屏幕显示的画面

1. 屏幕画面采用框架结构

屏幕图像采用框架结构，但不限制图像的显示范围。通过镜头变换和场景融合技术，观众可以彻底突破画幅结构带来的局限，就像拿着变焦望远镜看外面的世界一样。此外，移动镜头和调整场景也可以将主体移到图像的中心，将干扰内容排除在画面之外，使观众的注意力集中于主体内容之上。

2. 屏幕画面的呈现是受到技术限制的

在屏幕上，一个像素由红、绿、蓝三种颜色组成，以电激励发光的方式扫描形成彩色图像。这种生成屏幕画面的方式受到许多技术限制。首先，画面分辨率取决于三色像素的大小，这限制了图像细节和小号文本的再现；其次，还原场景的色彩较差，人眼可以分辨同一种颜色的相对亮度变化多达 600 多级，但屏幕上只能显示 30 多级；此外，还有一些干扰杂光的影响，使屏幕的黑场画面暗不下来等。

1.2.1.2　多媒体画面是动态的画面

计算机屏幕画面刷新的速率非常快，能够达到每秒几十至一百帧。因此在设计、开发多媒体界面时，应充分利用其表现动态的潜能，使内容的呈现更加形象生动。多媒体画面具有表现动态的这一特征，不仅意味着可以用来表现运动的教学内容，即使是静止的场景，也可以通过使用运动画面的基本要素（镜头的推拉摇动，镜头位置的升降和前后移动，场景的不同组合，等等），来进行多层次的呈现，让学习者对画面的理解更加全面深入。也就是说，运动画面需要包括运动表现和表现运动两个方面。

由于多媒体画面是运动画面，因而可以引申出以下两点重要结论。

1. 多媒体教材的基本单位并非一帧画面，而是由若干帧组成的一个"画面组"，该"画面组"是与教材中的一个"知识点"（或一个完整运动、变化过程）相对应的。例如，表现一个小球自由落体的全过程，共需 1min，则该"画面组"的帧数为 60 秒×屏幕画面刷新速率（帧/秒）。

2. 运动画面可以看作静止画面在时间上的延伸，即在构图规则上比静止画面有所进步：静止画面以单帧为单位进行图像设计，主体的位置、大小、颜色、光效都是从静态的角度出发去考虑的；而运动画面则是根据主体运动（或变化）过程中的一组画面来设计的，对于其中某一帧画面来说，它不仅要再现客观空间感，还要有承前启后的作用，使该组画面能够呈现主体运动（或变化）的速度感和节奏感。

1.2.1.3　多媒体画面是具有声音的画面

多媒体画面是在多媒体问世以后出现的一种新的画面类型。多媒体画面可以被视为电视画面和计算机画面结合的产物，是由二者演变而来，因而也具有与电视画面和计算机画面相同的伴随声音。

多媒体画面是图、文、声、像等多种视、听觉媒体的综合表现形式，声音也是以屏幕画面为载体、与屏幕画面不可分割、一一对应、同步变化的一种媒体形式。

通过实验发现，同样的学习材料作用于不同感官的学习效果有所不同，视觉与听觉综合作用的效果大于单一感官的效果，如图 1.4 所示。

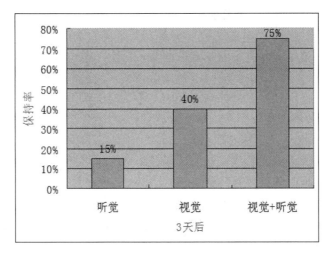

图 1.4　视觉与听觉综合作用的效果

1.2.2　多媒体画面语言学

1.2.2.1　多媒体画面语言

"多媒体画面语言"这个概念是由我国著名的教育技术专家游泽清教授针对多媒体界面及其功能的科学化设计提出来的。

长久以来，人们一直用文字语言来表达思想和传播知识，而当多媒体问世之后，人们发现多媒体画面也可以表达思想和传播知识，而且有其特点和优势。因此把多媒体画面作为一种有别于文字的信息时代语言，研究其语法规则，进而更科学、更恰当地设计多媒体教材，是非常必要的。

设计和编写多媒体教材与编写文字教材一样，都是基于一种语言指导之上的，二者的区别是，文字教材的编写遵循文字语言的规范，而多媒体学习资源及其交互界面的设计与编写遵循多媒体画面语言的规范。

类比文字语言对多媒体画面语言进行分析，可以对其有更深刻的认识。

1. 从组成结构看

概略地讲，形成文字语言需要满足三个条件：

（1）要有足够数量和类型的语汇和词汇；

（2）已形成一套完善的规则（如语法、句法）；

（3）在语言交流场合形成了共识。

其实，形成画面语言所具备的条件也是这三条，即：

（1）要有足够数量和类型的构成画面的基本元素；

（2）已形成一套完善的规则（如画面语法规则）；

（3）在应用以及艺术欣赏场合形成了共识。

因此，从组成结构上看，文字语言与画面语言具有共通性。

2. 从社会功能看

文字语言与画面语言二者在社会功能上却具有明显的区别。文字语言用于传递知识信息，具有传承知识文化、交流思想感情的功能。多媒体画面语言除了以上功能外，还用于传递视（听）觉艺术美感，具有赏心悦目、陶冶情操的功能。

因此，多媒体画面语言不但同时具有以上两种语言的共同属性还兼有艺术的属性。在教学领域中，多媒体画面在语言范畴可以通过图、文、声、像等媒体语言表达教学内容；在艺术范畴可以通过形（声）传义的形式来优化（美化）教学环境，传递美感，提高教学效率，增强学习兴趣。应用于教学的多媒体画面语言，其传递知识信息与传递视、听觉美感的两种功能是不可分割的，只是在不同场合下有所侧重而已。

3. 从实践应用的方式看

二者实践应用的方式不同。

对于文字语言来说，字形和字义是分离的，字形是否有美感并不影响用符合语法的文字叙述表达知识信息。

画面语言的特点则是以形传义，即通过再现客观景物的外形（外貌）来让人感知该景物，其中再现和传递景物信息则包含艺术和语言的成分。表达知识信息与产生视觉美感两者是不可分离的。

4. 从表达事物的维度看

二者表达事物的维度不同。

文字语言的描述具有一维线性的特点，即时间顺序性的特点。这不仅降低了表达的效率，也难以如实地反映动态事件和视觉情景。

画面语言则是以二维画面形式显示事物的，所有信息都可同时呈现在画面上，一目了然。传播简洁而迅速，信息量大，表达效率高，不存在表述失真的弊端。

5. 从影响受众的范围看

二者影响受众的范围不同。

文字语言受到国别语种、受教育程度等限制；由于全人类的视觉生理构造是相同的，对于画面符号的视觉认知，来源于人们的视觉经验和生活体验，受同时代人类文化共同影响，70%的人的色彩感是一致的，所以人类的视觉感知方式和感觉的结果是相同的。

因此，画面语言不像文字语言那样受到国别语种、受教育程度等限制，更容易被不同的人接受和理解，它的受众面具有大众化、世界化的特点。

6. 从系统的组织形式看

二者具有不同的系统组织形式。

文字语言系统是根据联想与层级组织的，画面语言系统是根据部分与整体的关系组织的。

实验过程中发现，当以极高的速度向受试者呈现一系列图片或文字时，受试者回忆的图片数量远高于文字数量。这个实验表明，图片信息的加工处理有一定的优势。这意味着大脑对图像材料的记忆效果和记忆速度优于语义记忆。

在当今以全球化为特征的信息社会里，在信息化应用场合由纯文字语言向画面语言过渡，将是人类社会进步的又一标志。典型的案例是，计算机之所以能在众多非英语国家迅速普及，采用图形化界面的 Windows 操作系统取代 DOS 操作系统是一个至关重要的原因。

1.2.2.2 多媒体画面语言学

多媒体画面语言是基于人类的视、听觉认知规律和信息技术的发展建立起来的，经过多年的研究与实践，现已初步形成了多媒体画面语言学。

多媒体画面语言学是一门研究多媒体画面中，各种媒体呈现规律及其应用的理论，是信息时代广泛采用的画面语言的理论基础。

多媒体画面语言学的研究内容分为三个部分。

画面语构学：研究媒体与媒体之间的匹配，即多媒体画面的语法规则、多媒体画面设计原则，并初步形成了一套多媒体画面设计理论。这套理论通过借鉴传统的相关领域的艺术规则，以及对大量课件的评审和赏析的经验，从中提炼出了八个方面共 33 条的多媒体画面设计原则，即多媒体画面语言的语法规则。

画面语义学：探讨媒体与教学内容之间的匹配，即如何用画面语言设计多媒体教材，如何用多媒体画面语言，规范化表现具体的某种题材教学内容，从中总结出一些表现不同类型教学内容的规律性的认识，形成了 10 条"设计格式"。

画面语用学：研究媒体与学习者、教学策略之间的匹配，即在真实的教学环境中如何运用多媒体教材，这一研究旨在取得好的教学效果，形成"教学格式"。

多媒体画面语言学的研究对象可分为静止画面呈现规律、运动画面呈现规律、画面上声音呈现规律、画面上文本呈现规律、运用交互功能的规律。

多媒体画面语言学适合于信息化语境下的教学应用，它的使用目标是使信息化教学资源中多媒体作品的设计、开发和应用有章可循，提高多媒体教材的质量，从而促进信息化教学情境下教学效果的大幅提升。

1.3　多媒体界面设计

1.3.1　多媒体画面语言与多媒体界面设计

如前所述，多媒体界面是基于屏幕显示的一系列多媒体画面的有机组合。如果把每一个多媒体画面中的画面基本元素视为一种特殊语言的"单词"的话，那么就可以把多媒体画面视为由这些"单词"按照画面"语法规则"组合而成的、可以表达多媒体信息的"一句话"，而这每一多媒体画面按照特定的目标和画面语言逻辑组合而成的，就是含有特定信息和交互功能的多媒体界面。这种特殊语言形式就是"多媒体画面语言"。

显然，多媒体画面语言是多媒体界面设计所遵循的一种语言规范。因此要想进行卓有成效的多媒体界面设计，设计者除了对该多媒体作品的设计目标要有清晰的理解之外，还要按照多媒体画面语言的语法规则进行创意和设计。

1.3.2　从技术角度认识多媒体界面设计

从编辑的角度看，多媒体交互功能的引入，是画面组接技术的质的飞跃。

众所周知，画面组接编辑的技术，曾经历了由电影剪接到电视编辑、由模拟特技到数字特技以及由线性编辑到非线性编辑三个阶段的转变，如今已经取得了很大的进步。但是，这些变换在设计思路上有质的局限性，即上述画面的拼装是一次性操作，拼装或编辑一旦完成，就不能再改变；这种拼装是由画面的制作者决定的，也可以说是"强迫"观众看到的。因此，它是一个封闭的设计思路，观众对这种画面拼接没有选择权，事后也无法改变，只能被动地接受制作者的既定方案。即使制作者的水平很高，编导出来作品的艺术效果很好，但这种组接方案也属于封闭式的设计思想。

引入交互功能后，画面组接的方式开始变得丰富起来，可以将一组画面选择性地连接到几组画面中的一组上，并且选择一组画面连接后，可以返回再次选择。这从根本上解决了上面提到的一次性拼接问题。不仅如此，一组对多组连接的选择可以通过菜单、热区等方式传递给学习者。学习者参与拼接方案的选择，且可以随时修改，因此可以说，画面组接的设计思路是开放的。关于传统编辑方案和交互功能方案的对比，如图 1.5 所示。

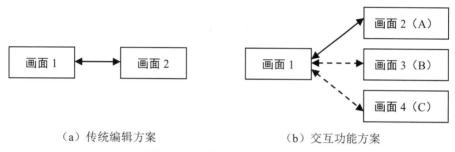

　　（a）传统编辑方案　　　　　　　　　　（b）交互功能方案

图 1.5　两种画面组接方案的比较

1.3.3　从艺术角度认识多媒体界面设计

从画面设计艺术的角度看，多媒体交互功能的引入，使有限的屏幕画面得到了最大程度的利用。

交互式画面（Interface）的设计借鉴了居室布置的指导思想。人们在有限的居室中生活、学习和活动，既要存放各种食物、衣物及学习用品等，又要留出较为宽敞的活动空间，为此不得不对居室空间进行规划：首先给房间分派用场，即分派卧室、书房、餐厅、厨房等；然后给各房间配置家具，即配置衣柜、书桌、壁橱、书柜、餐具柜等。如此安排之后，服装、书籍、餐具等生活用品和文具、书籍等学习用品就可以分门别类地存放在这些家具的抽屉里或搁架上。需要某种物品时，到该房间找到相关的家具，打开存放该物品的抽屉或从搁架上将其取出。用完后放回原处并关好抽屉。按照这种指导思想布置居室，不仅使各类物品存放得井井有条、取还方便，而且还可以给居室留出比较宽敞的活动空间，因而被人们普遍采用。

事实证明，将这种指导思想应用于交互式画面的设计上，也能取得同样的效果。首先对画面进行分割，确定菜单区、工具区、提示区、工作区等各个区域，这类似于分配房间；然后根据需要给相关区域配置菜单条、工具条或其他热区，类似于给房间配置家具。当我们点击菜单或工具图标时，出现下拉子菜单，选择其中的某个功能后，再将下拉子菜单"收回"，这就像打开抽屉取还物品一样，因而可以将其称为"抽屉式"菜单。这样的设计不仅能使有限的屏幕画面存放文件信息条理化，调用方便，还给工作区留出了较宽裕的空间。图 1.6 展示的是 Word 软件的经典窗口画面设计方案，具有普遍的代表性。

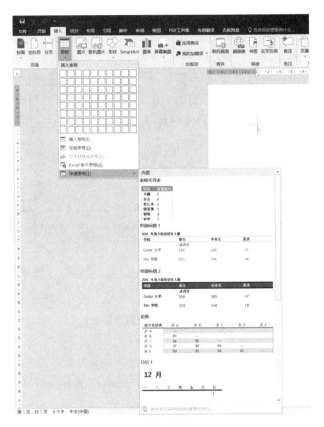

图 1.6   交互式画面的设计艺术

1.3.4 从教学角度认识多媒体界面设计

如前所述，从教学角度看，多媒体交互功能的引入，有利于学习者参与教学活动。电视录像的教学活动是单向的，学习者只能被动地接受知识；由于多媒体教材具有交互功能，使学习过程变成双向交流活动，学习者参与到学习过程中去，有利于激发学习兴趣和提高学习能力。计算机网络教育在计算机交互功能的基础上实现了双向教学活动，因而其目前逐渐取代了电视网络教育。换句话说，交互功能是第三代远程教育区别于第二代远程教育的一个重要特点。

值得注意的是，具有交互功能的多媒体教材不仅可以用于个性化学习，还可以用于传统的课堂面授教学，主要由教师控制其在课堂上进行演示，尤其是与启发式教学相结合时，可以产生很好的效果。

综上所述，可以对多媒体交互功能形成这样的认识：

在设计、开发多媒体教材的过程中，交互功能主要用于控制教学过程。运用交互功能的指导思想是，从教学过程的需求出发，充分拓展交互功能的应用领域，将其用得恰到好处，用出新水平，从而将多媒体教材的优势充分体现出来。

1.3.5 从用户体验角度认识多媒体界面设计

从心理学上来看，多媒体界面隐含两个层面，即感觉（视觉、触觉、听觉等）和情感两个层面，这就使得多媒体界面设计更依赖于用户的体验。

就像微软创始人比尔·盖茨所说:"人类自然形成的与自然界沟通的认知习惯和形式必定是人机交互的发展方向。"开发者们也正在努力让未来的计算机做到像人一样可以有听觉、有视觉、有语言、有感知。

1.3.5.1 感觉层面体验

在多媒体界面中,文本的字体、大小、位置、颜色、形状等直接影响信息抽取的难度。了解用户的感官体验并很好地呈现视觉信息是设计友好界面的关键。人机交互界面的设计不是为了让用户记住复杂的操作顺序,而是要便于用户积累有关交互工作的经验。因此,在设计时应注意启发式策略的一致性,避免用户受特殊交互的影响。

1.3.5.2 情感层面体验

用户自身的能力、性格差异和行为差异都会对多媒体界面的使用产生影响。不同类型的人对同一个界面的评价也有所不同。用户的技能直接影响他们从人机交互界面上获取信息、在交互过程中对系统做出反应、使用启发式策略与系统和谐交互的能力。因此,设计者必须根据不同用户的特点和体验来设计交互式多媒体界面。

1.3.6 多媒体界面交互功能的深层次设计

随着信息化教学环境的日益普及,一方面,人们对多媒体教学资源的需求不断增加,从而为多媒体交互功能运用水平的提高和新型多媒体交互功能的开发,创造了客观环境;另一方面,近几年来,我国已经形成了一批开发多媒体教材的人才队伍,他们在开发技术和设计技巧上已经积累了丰富的经验,其中也包括运用多媒体交互功能方面的经验,这就为多媒体交互功能的深层次设计提供了主观条件。

目前多媒体交互功能的深层次设计,主要体现在两个方面,即在技术上向智能化方向发展;而在教学应用上,则应努力将交互功能融入教学内容及其呈现形式中去。

1.3.6.1 技术层面的深层次设计

从字面上讲,所谓多媒体交互功能,是指人与计算机之间进行信息交换的功能。因为是"交流",所以会出现以下两种情况,即机器主动而用户被动,或者用户主动而机器被动。目前大部分多媒体教材中的交互功能基本属于前者,即教师根据教学安排,在软件中预先设定好教学内容、习题、各种可能的答案以及每次选择的目的地。学习者只能根据在教学软件中预设的内容,按计算机的要求进行学习和练习,并根据所做的选择转移到预设的对象中去。这类交互功能仍是由教师事先(通过编辑)安排好的,或者换句话说,学习者参与的是教师预先规定好了的教学过程,即仍然属于"以教为主"的教学策略范畴。

从技术上讲,多媒体交互功能向着智能化发展,实际上是指从机器主动向用户主动进行转变。用户主动的主要特点是,教学内容是根据用户的兴趣和水平提供的。用户在学习过程中可以主动提出问题,让计算机来回答。此时,计算机回答的答案并不是在编程时预设的,而是从数据库中调用相关的数据,根据预设的规则(即算法)实时生成的。

按照认知学习理论,教师应该将教学内容的呈现与学习者原有的认知结构和学习兴趣结合起来,使学习者得以按照自己的兴趣和基础,从画面呈现的内容中,主动地捕获和加工知识。智能化的交互功能正好可以成为这种自主学习模式的环境和工具。

因此,只有当多媒体交互功能发展到"用户主动"(即智能化)时,才能真正适应以学为主的教学模式,使其在新的教学环境中发挥出新水平。

为了衡量多媒体交互功能的智能化水平,多媒体画面艺术理论采用了一个术语,用"智能度"表示学习者在操作多媒体课件时的主动程度：学习者越主动，智能度越高。

1.3.6.2　应用层面的深层次设计

衡量多媒体交互功能在多媒体教材中的运用水平，主要看它与教材内容和呈现形式结合的程度。如前所述，多媒体交互功能是一种运用于教学内容的艺术。很明显，运用艺术的最高境界就是将两者合二为一，就像把糖放在水里，只能感觉到水是甜的，但是看不到任何糖粒。因此，在多媒体教材中体现交互功能的高级时，应该是只让用户感受到操作的便捷，而无法察觉交互功能的支撑。

为了衡量交互功能的应用水平，多媒体画面艺术理论还采用了一个术语，即"融入度"，来表示多媒体教材中交互功能的结合程度。越是只感觉到操作方便，而没有察觉交互功能的存在，则融入度越高。

需要指出的是，与编辑功能不同，多媒体交互功能是靠手动操作使画面转移的，因此它在画面上必须有供鼠标点击的热区，如同供用户操作的"手柄"。能否将这些画面上的"手柄"融入教学内容的呈现形式中去，也是衡量融入度的一个方面。

1.4　多媒体交互界面设计在教学中的应用

1.4.1　多媒体交互界面设计在信息化教学中的作用

"好"的信息化教学的价值取向应该是以学习者为中心。"好"的信息化教学不应只是聚焦于如何用最新的技术来拓展知识传播途径、提高传播效率，更应该聚焦如何利用技术来帮助和支持学习者更有效地学习以及提高他们的认知能力、思维能力。因此，影响信息化教学绩效的因素很多，但"好"的信息化教学至少应该满足以下三个基本条件：一是知识内容的设计能被准确传达；二是知识内容的呈现能优化学习环境，有助于增进学习者的认知、发展学习者的思维；三是给学习者艺术般的享受。当然，知识的准确传达、促进认知、发展思维、艺术享受四者之间不是割裂的，是有机的整体，四者相辅相成，相互促进，相得益彰。

不管是基于何种先进的教学理论、采用何种先进的教学技术，可以毫不夸张地说，信息化教学基本上都离不开利用电子屏幕来呈现知识内容，离不开多媒体界面。因此，多媒体界面设计作为实现上述三个基本条件的途径，设计者掌握和有效运用多媒体画面语言尤为关键。多媒体画面语言在多媒体界面设计中的角色如图1.7所示。

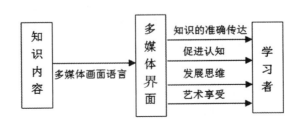

图 1.7　多媒体画面语言的角色

研究多媒体界面设计在信息化教学中的应用，要遵循多媒体画面语言学的三个原则，即遵循多媒体画面语法规则、遵循多媒体画面认知规律、按照学习者特点和学科专业特点进行设计。

在现在的多媒体教学应用系统中，利用文字、图形、图像、动画、视频等多种媒体产生丰富多样的人机交互方式，对于优化教学过程具有重要意义。它可以充分利用学习者的视觉、听觉、表象和概念等认知渠道，克服仅通过单一感官接收信息的局限性，从而达到更好的教学效果。这能有效激发学习者的学习兴趣，使学习者的学习动机得到提升，启发学习者思维。

简单地说，多媒体教学软件中的交互就是一种人与教学软件对话的机制。交互功能在教学软件中的应用，不仅使教学软件能够向用户（学习者）传递知识信息，同时也允许用户向软件传递控制信息，并据此做出实时的反应。通过交互功能，用户（学习者）不再被动地接受信息，而是可以通过键盘、鼠标甚至时间间隔来控制多媒体教学软件的流程。如图 1.8 所示。

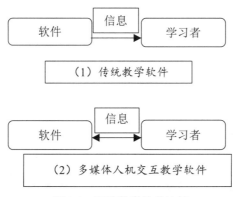

图 1.8 两种教学软件比较

在学习理论中，越来越倾向于"以学习者为中心"（Learner-Centric）。而人机交互设计的起源就是"以用户为中心"（User-Centered Design），两者的结合和相互借鉴是非常自然的。所以，如何借鉴人机交互设计的理论，结合教育学原理，科学合理地设计多媒体教学软件中的交互功能，已成为现代教育技术的重要研究课题。但同时，由于它的最终目的是服务于教学，因此在多媒体人机交互界面设计中，要注意每一个媒体的使用方式、功能及特点，既要充分发挥多媒体的优势，又要防止学习者因被多媒体所吸引而分散了学习知识的注意力。

传统教学软件中，界面之间的组接是一次性的，是由软件制作者或教师"强加"给的，学习者只能被动地接受既定方案。而多媒体人机交互功能的引入，从根本上解决了上述问题。学习者可以通过菜单、热区等方式进行选择，参与到方案中来，不再被动地接受信息，而是主动地做出选择。

教学软件中的多媒体人机交互界面设计，与其说是属于计算机操作领域范畴，不如说是语言艺术领域的内容。一方面，它使得有限的屏幕画面得到了最大程度的利用；另一方面，好的界面设计不仅可以让学习者在有限的学习时间内快速适应学习环境、熟悉操作，还可以通过多媒体信息刺激学生的感官和大脑，使他们进入主动学习的状态，获得良好的学习效果。

1.4.2　多媒体界面设计在教学应用中的常用类型

多媒体人机交互界面在教学软件中的应用主要分为三种类型。

1.4.2.1　导航类型

导航类型的界面为学习者在教学软件中的学习提供了"路标"，可以在导航的所有节点上设置热区，如：菜单、网页上滚动的新闻、滚动条、页面设置"上一页""继续"等，学习者可以沿着路径通过单击鼠标，一步步地找到所需的知识。

1.4.2.2　互动类型

学习者可以通过教学软件控制教学进度和教学方式。互动式教学与练习平台现在已广泛应用于教学中，包括教学实验、测试及游戏等。

1. 教学实验

学习者可以在具有多媒体人机交互界面设计的教学软件中进行实验操作，同时可以反复多次重复使用。

例如，图 1.9 演示的是一个物理教学实验课程——旋转"螺旋测微器"读数实验。学习者通过搓动螺旋测微器的手轮，观察读数的变化，练习读数。实验能够根据计算机与学习者的交互，形象地显示出螺旋测微器的读数变化，并且配有正确读数答案，从而达到实验的教学目的。

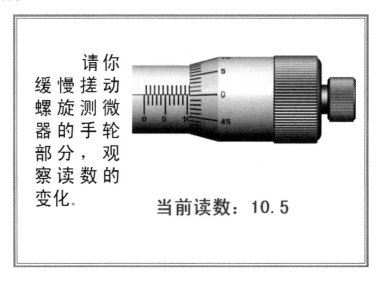

图 1.9　螺旋测微器读数演示图

类似的教学实验在化学、生物、无线电技术、电工学、医学及军事科学等学科的课件中已经屡见不鲜。

2. 测试

在多媒体人机交互界面设计的教学软件中，学习者可以进行测试练习，包括选择题、判断题和匹配题等。

如图 1.10 所示，这是一种单选题的题型。

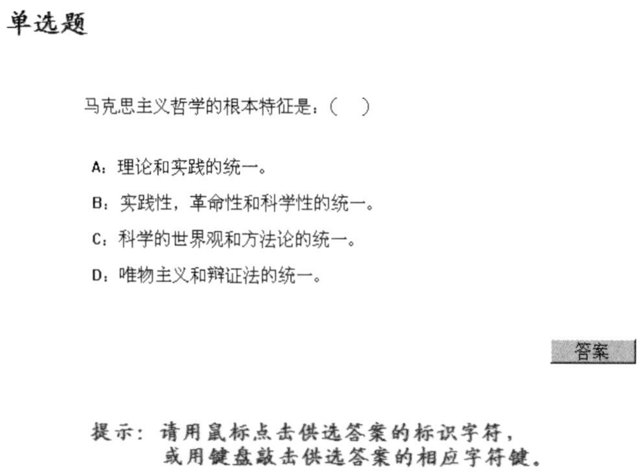

单选题
马克思主义哲学的根本特征是：（　）
A：理论和实践的统一。
B：实践性，革命性和科学性的统一。
C：科学的世界观和方法论的统一。
D：唯物主义和辩证法的统一。
答案
提示：请用鼠标点击供选答案的标识字符，
或用键盘敲击供选答案的相应字符键。

图 1.10　多媒体人机交互用于单选题

判断题与选择题类似，只是选项减少，多媒体人机交互系统会根据学习者的选择，记分或给予相应的反应。

3. 游戏

设计者将娱乐领域中的一些游戏进行改造，赋予教育意义，起到寓乐于教的作用。同样，有些教学内容可以通过交互功能，以模拟游戏的方式呈现出来，实现寓教于乐的目的。

例如，如图 1.11 所示，用现在流行的连连看小游戏的方式学习英语单词，将图和单词分别列出，学习者可以进行连线选择，若匹配，则系统显示“好极了”，若不匹配，系统显示“再试试”。这些教学内容通过多媒体人机交互功能，以模拟游戏的形式呈现出来，实现寓教于乐。

连线题
动物单词连连看
000
011
000
010
bird
rabbit
ant

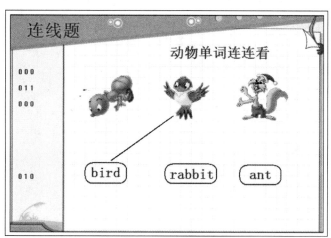

图 1.11　寓教于乐

“拼图”也是目前流行的一种游戏，设计者可以通过更换拼图的图案，赋予该游戏以教学内容，将其改造成为一种寓乐于教的学习形式。

1.4.2.3　导航与互动结合类型

导航是由学习者通过交互功能在知识点之间进行搜索,旨在寻找到需要学习的知识点;互动是让学习者完全参与到教学中去,从以教为主过渡到以学为主。导航与互动两种类型相结合,实际上就是让学习者一边搜索一边学习。

实际上,成功的多媒体人机交互界面设计是让用户感觉不到它的存在,同时无须思考便可便捷操作的软件。在多媒体人机交互界面设计中,有一个非常重要的原则:不要让用户进行思考。用户看到界面后,就应该能明白"它是什么,怎样使用它",而不需要花费精力进行思考。

以操作天平的实验为例,如图 1.12 所示,面对这样一个形象直观的实验界面,学习者可能都不用花几秒钟进行思考,就可以便捷地进行操作。让学习者感觉不到交互的存在而进行自然的交互操作,就是交互设计追求的高级境界。

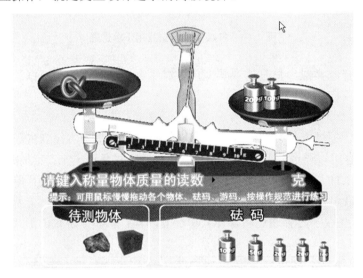

图 1.12　操作天平的实验

第 2 章　多媒体人机交互的要素

1. 多媒体交互中人的因素
2. 多媒体交互设备和技术
3. 多媒体人机交互的设计层次
4. 多媒体作品中交互的形式与标准

2.1　多媒体交互中人的因素

"人机交互"，顾名思义，研究的是人、计算机技术及两者相互影响的方式，人在交互式系统中是主体，是中心角色，任何人机交互系统都是由人设计、操纵的，人的因素很大程度上决定了人机交互的成败。因此，研究人机交互，必须要先研究人的特性。

2.1.1　人的行为模型

人机协作和交互已经广泛应用于各个领域，人机具有互补性，计算机在运算、信号处理、记忆等方面的能力远优于人，但人擅长对问题进行智能化的分析解决，包括对环境的识别能力以及逻辑推理能力等优于计算机。在多媒体人机交互界面分析研究中，人作为人机交互系统的一方，起着重要的作用。因此，设计人员必须对人的认知和行为特征有基本的认识和度量，建立并分析人的行为模型，以此为依据设计人机界面系统，才能保证让人和计算机很好地协同工作。

建立人的行为模型是十分困难的工作，在不同的情况下，人的行为模型也会有不同。根据人机系统中人完成具体任务的行为，分析人的行为的基本功能。将人看作一个信息处理器，通过感觉器官从计算机接收信息，然后通过大脑存储、处理和利用信息，最后通过反应器官的运动神经，对接收到的信息做出反应。这个过程中，人的功能包括感知、辨识、分析推理、决策、反应和记忆等。图 2.1 说明了人机系统中人的行为的基本功能。

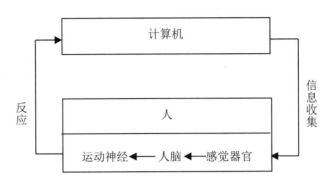

图 2.1　人的行为模型

人的行为在层次上可分为三类：信号层的行为、知识层的行为、智能层的行为。

信号层的行为：指人与外界交互的基本的信息获知和输出行为，包括人的基本感知行为、对原始信息的基本辨识、信息提取行为、通过各种渠道（如声音、动作）向外界输出信息的行为等，这类行为体现了人的基本感知和反应能力。

人主要通过五种感觉，即视觉、听觉、触觉、味觉和嗅觉来获取信息。其中，前三种感觉对人机交互尤为重要。同时，人通过反应器官，包括四肢、手指、眼睛、头部、发声系统来输出信息。在与计算机交互时，手指敲击键盘或点击鼠标是最常见的向计算机输出信息的方式。语音以及眼睛、头部的姿势偶尔也作为输出信息的方式使用。

知识层的行为：指人通过记忆将获取的信息存储起来，再通过提取记忆的方式，根据以往的知识对新获取的信息做出决策和反馈，就是知识的应用行为，这类行为体现了人所具备的知识。

智能层的行为：指建立在知识基础上的，体现人的智能的行为，包括推理、问题求解或获取技能等行为。

推理是运用所掌握的知识得出结论，或者推导感兴趣的领域里新事物的过程。推理方法包括演绎、归纳和反向演绎等。

问题求解是运用掌握的知识针对一个不熟悉的任务找出解决办法的过程。

获取技能是指在熟悉的情况下，重复完成任务，可以获取某个特定领域的技能。

前面我们讨论了人的行为一般性问题，在实际生活中，人的个体差异对人机交互的效果同样会产生影响，设计人员也要考虑到这些因素，如：情感、所处的环境、知识经验、受教育的程度、年龄等。

2.1.2　人机工程学

2.1.2.1　人机工程学的定义

人机工程学是研究人—机—环境系统中人、机器和环境之间关系的学科，为解决系统中人的工作能力和健康有关的问题提供理论和方法，使技术人性化；其方法和手段涵盖了心理学、生理学、医学、人体测量学、美学和工程技术学等领域；其研究旨在改善活动特性的效率、安全、健康和舒适度。国际人类工效学联合会（IEA）为其做出了权威、全面的定义，即：人体工程学是研究特定工作环境下的人体解剖学、生理学和心理学等各种因素；研究人与机器和环境之间的相互作用；研究在不同情境下人们将工作效率、健康、安全、舒适相统一的一门学科。

2.1.2.2　人机工程学的研究内容

人机工程学研究内容包括：人的特性的研究、机器特性的研究、环境特性的研究、人—机关系的研究、人—环关系的研究、机—环关系的研究、人—机—环境系统的研究。

2.1.2.3　人机工程学的研究方法

人机工程学的研究方法包括：观察法、实测法、实验法、模拟和模型实验法、计算机仿真法、分析法、调查研究法等。

2.1.2.4　人机工程学在多媒体人机交互界面设计中的应用

人机工程学强调将人和机器作为相互联系的两个基本部分，二者共同构成一个整体，形成人机系统。人机工程学的最高目标是使人机系统相协调，以获得系统的最高效能。人机界面作为人与计算机的沟通通道，直接关系到人机交互系统的工作效率和准确性。它的设计不仅靠技术和艺术手段来解决，还需要运用人体工学原理，使设计合理化，使其更适合人的使用。

人与计算机之间的信息交换和控制活动发生在人机界面上。人们通过视觉、听觉等感官，通过人机界面从计算机接收信息，经过大脑的处理和决策，然后做出反应，再通过人机界面反馈给计算机，实现人与计算机之间的信息传递。人机界面的设计直接关系到人机系统的合理性。人机界面的设计目标是提供一个友好、人性化的人机沟通通道，保证人与计算机之间信息传递的准确顺畅，提高人机系统的工作效率。人机界面的作用是人与计算机沟通的媒介，它通过显示器向人传递计算机的信息，再通过控制器向计算机发布信息指令。因此，人机界面的设计主要包括操作方式、布局及其整体风格设计等，其设计过程必然要考虑到人体的固有技能和特点，应符合人的心理、生理特点，了解感觉器官功能的限度和能力以及使用时可能出现的疲劳等因素，以保证人、计算机之间的最佳协调。而这些正是人机工程学的研究内容，所以人机工程学为多媒体人机界面的设计提供了重要的理论和方法指导。

2.1.3　软件心理学

2.1.3.1　认知心理学与软件心理学

认知心理学，从广义上讲，就是一种关于认识的心理学。人主要通过感觉、知觉、注意、记忆、思维和想象来认识客观事物。因此，认知心理学包括任何研究人的认知心理过程的人。本书所指的认知心理学，是指从单纯的信息处理视角来研究认知心理过程的心理学，即运用信息论和计算机类比、模拟、验证等方法来研究知识是怎样获取、存储、交换和使用的。人们一般把以信息处理为中心的心理学称为狭义的认知心理学。此领域的研究内容包括如何通过视觉、听觉等方式获取和理解对周围环境信息的感知过程，利用人脑来记忆、思维、推理、学习和解决问题等心理活动的认知过程，以及从心理学的角度研究人机交互的原理。

用实验心理学的技术和认知心理学的概念来改进软件生产，即将心理学和计算机系统相结合，产生了一个新的学科，叫作软件心理学（software psychology），这已经成为人机界面学的一个领域。

2.1.3.2　软件心理学的研究内容及其在多媒体人机交互界面设计中的应用

"软件心理学"这一术语是为描述人机交互方面而创造的，其研究内容主要涉及人与软件结构和系统相互作用的方式，以及不同结构和系统对人的行为产生的影响。

软件心理学与软件工程的有关方面（如程序语言的设计或用户接口管理系统）不同，因为前者强调在建立或使用软件系统时，人的行为的科学研究、建模和测量。软件心理学家试图摆脱不可逾越的商业或项目期限压力，形式地不凭经验地推测"人们喜欢什么"或"什么容易使用"。更确切地说，他们利用严谨的行为研究方法，对其见解提供实验基础。

软件心理学不同于其他领域的心理学，它强调的行为建模和理论专门描述人与软件的相互作用，而不管它对描述其他类别行为的效用如何。软件心理学也不同于传统的人的因素或人机工程学，因为它不涉及像键盘布局这样的设备物理设计，或使用设备的物理环境安排。软件心理学侧重研究软件开发与使用中的认知因素。

软件心理学的主要研究内容是人与计算机间的高效通信需要行为研究。随着计算机的普及，越来越多的人直接与计算机打交道，在某种程度上讲，每一个用户都是程序员，用户应该定制满足他们需要的计算机系统的行为。软件心理学从认知心理学的角度出发研究用户使用计算机过程中的各种认知因素，指导设计师在多媒体人机交互界面设计中正确认识和把握各媒体要素的特性，遵循认知心理原则，运用各种视听媒体元素，构建用户能迅速沉浸的软件界面环境，从而解决界面设计中所遇到的各种问题。

2.2 多媒体交互设备和技术

所谓多媒体交互设备，是指在人机交互系统中，人和计算机之间建立联系，进行信息交互的各种输入/输出设备。这些输入／输出设备直接与人的运动器官（如手）或感觉器官（如眼、耳）相关，通过交互设备，人从计算机获得信息，同时把反馈的数据或命令传递给计算机。

目前交互设备可以分为传统交互设备和新型交互设备。传统交互设备如鼠标、键盘、显示器、打印机、扬声器等，已经得到普及，广泛应用于各个领域。新型交互设备则主要在虚拟现实中使用。新型交互设备包括各类 3D 控制器、3D 空间跟踪、语音识别、姿势识别、数据手套、数据服装、视线跟踪装置等。

交互方式还可以分为两类：一类是精确交互方式。是指能用一种交互技术来完全说明人机交互目的的交互方式，系统能精确确定用户的输入，如鼠标、键盘、触摸屏幕、跟踪球、触垫、定位器和光笔等。另一类是非精确交互方式，是指用户利用不能精确输入的交互方式，如使用话音、姿势、头部追踪、凝视等方式输入。在精确交互中，WIMP 界面与某一交互通道结合后，即可完全表达用户的交互目的；而在非精确交互中，用户只有使用两种或两种以上属于不同通道的交互技术，才能完全表达交互目的。

2.2.1 传统交互设备

2.2.1.1 键盘

1. 键盘的布局

键盘是当今使用最普遍的输入设备，它可以有不同的结构、外形及键码排列方式。目前,最常见的键盘布局是 19 世纪 70 年代由克里斯托夫·拉森·肖尔斯(Christopher Latham

Sholes）设计的，并以字母键的顶行前 6 个字母 QWERTY 为通称。

QWERTY 键盘上数字和字母的布局是固定的，非字母键的位置在不同的键盘上会有变化。然而 QWERTY 的键盘按键布局方式并不是最优的。例如，大部分打字员都是右撇子，但在使用 QWERTY 键盘时，却需要用左手完成近 60%的工作；明明小指和无名指是力量最小的手指，但使用频率却很高；键盘中列字母的使用率只占打字工作的 30%左右。但随着这种键盘布局的流行，QWERTY 键盘仍是应用最广泛的键盘布局方式。

DVORAK 键盘的布局与 QWERTY 键盘类似，但字母的分布有些不同，它偏向于使用右手的人，据统计，有 56%的击键是用右手完成的。DVORAK 键盘布局原则是：

（1）尽量左右手交替击打，避免单手连击；

（2）越排击键平均移动距离最小；

（3）将最常用的键放置于基键行。

和弦键盘与通常的文字数字键盘有显著的区别。它只使用 4 到 5 个按键，通过同时按一个或几个按钮产生字母。这种键盘非常紧凑，可是使用的难度也大大增加。但它在某些特定领域相当实用，例如，速记员使用和弦键盘，并利用相应的速记法输入文字，其速度可以和讲话的速度一样快。

2. 键盘的键

现代的电子键盘键间空间为 6.35mm。为了能与手指有良好的接触，键面稍微下凹，也没有经过抛光处理，以减少光反射以及手指打滑的现象。按键时一般要求有 0.4~1.25N 的力以及 3~5mm 的上下位移。现已表明，这种力度和位移的按键可以加快击键速度，减少差错率，同时能给用户以适当的反馈，使用户具有"击中"感。随着用户经验的增加和放错手指的概率的减少，力和位移可以小一些。

有些键如空格键、回车键、Shift 键和 Ctrl 键一般都比其他键稍大，使手指容易接触，以提高可靠性。其余一些键，例如，Caps Lock 或 Num Lock 有明显的标志以显示它们设置的状态，或者锁定时的位置较低，或者有状态指示灯等。键的不同颜色（一般为深色和浅色两种）有助于构成令人愉快的、醒目的布局。此外，一些中心键（QWERTY 键盘布局中的 F 和 J 键）下凹稍深一些或有一小的突起点，使用户便于确认手指的正确位置。键盘一般由字母键、数字键、专用符号键、光标控制键、修改键、功能键等组成。

3. 键盘的发展

当今的键盘融入了高科技和人机工程学的设计，极大增强了用户的体验，让人用起来更舒服。目前，基于人机工程学的、比较完美的一款设计是将整个键盘由中间分成左右两个部分，使用者在使用时，手腕的角度会微微向下并向两侧倾斜，借由键盘的设计，引导使用者以触摸方式打字，形成最自然的键入姿势，从生理学的角度来看，手腕和手臂的肌腱、神经和韧带的压力最小化，疲劳得到缓解。

在过去，键盘只是用来在电脑上进行简单的操作，而现在键盘被赋予更多的功能。所谓具有多媒体功能的键盘，就是用户可以通过键盘直接控制电脑。与传统的键盘相比，多媒体的键盘多了多媒体功能的键，这类键盘以微软的多功能键盘为代表。使用这类键盘时，只要切换键盘上的一个按键，几个特定的键便接受其指挥，例如，按下 Internet 的快速键，就可以直接联上网络，不需要用鼠标点选。同样地，也有特定按键可以控制 CD-ROM，上网键，收发 E-mail 键，声音调节键等也一应俱全。同时，无线键盘的出现使用户摆脱了键盘线的限制和束缚。无线技术主要采用蓝牙、红外线等。防水键盘和具有夜光功能的键盘等其他键盘也应运而生。

作为重要的输入工具，键盘向着多媒体、多功能和人体工程学方向不断研发，凭借新奇、实用、舒适，不断巩固着主流输入设备的地位。

2.2.1.2　指点输入设备

现代计算机系统最为突出的就是通过指点设备能在屏幕上指点某个对象，然后对其进行相应的操作，例如定位、选取、拖放等。许多指点设备还可以用来徒手画图。用户比较容易接受这种直接操纵方式，可以不用学习各种命令、减少出错率，工作时可以将注意力完全集中于显示画面上。指点设备可以帮使用者提高工作效率、减少出错率、学习更容易，因而取得很高的用户满意度。

指点设备可以分为两类：①在屏幕表面、直接控制的，例如光笔、触摸屏、触针，等等；②脱离屏幕表面、间接控制的，例如鼠标、轨迹球、操纵杆、绘图板、触摸板等。每一类都有各种不同的设备，并且不断涌现出更新的设备。下面介绍几种常见的指点输入设备。

1. 鼠标

鼠标是应用最为广泛的一种指点输入设备，已经成为大多数计算机系统的主要部件。鼠标以平面的方式进行操作，在桌面上到处移动，它是一种间接输入设备。

鼠标有机械鼠标、光学鼠标、光学机械鼠标三种。机械鼠标内部装有一个直径约 25mm 的橡胶球，该球的上下方向和左右方向各有一个转轮和它相接触，这两个转轮各自连到一个电阻元件上。当鼠标在平面上滑动时，该球通过外壳底部圆形窗洞在平面上滚动，带动两个转轮转动，转动多少就代表左右和上下的位移，经转换传送给计算机，处理后完成光标的同步移动。光学鼠标不需要滚动球，鼠标在配有精细网格坐标平板上滑动时，底部装置的光电检测器将移动的网络数据转换后传送给计算机，从而完成光标的同步移动。新型光电鼠标无须网格平板，只要不是单一色调的平面，其光电检测器都可以检测到反射光线的差异。光学机械鼠标介于上述二者之间，装有滚动的橡胶球，不需要特殊平板，但可以通过光电检测实现数据转换。

鼠标通常有以下几种操作方式。

定位：通过移动鼠标，将光标指向某个对象或区域上。

单击：用鼠标指向某个对象，再迅速将按键按下、松开。单击一般用于完成选中某个选项、命令或图标。

释放：释放按下的按钮。

拖动：按下鼠标按键的同时，移动鼠标，到目标位置再释放按键。拖动一般用于完成移动目标、改变窗口大小、复制文件等。

双击：重复按下鼠标按钮两次，并保持鼠标位置不动，一般用来打开文件或程序等。

2. 触摸板

触摸板是一块对触摸很敏感的四方板，边长通常为 50～80mm。触摸板安装在键盘附近，用户通过手指头在其表面上抚摸和轻振来完成光标的移动和定位。触摸板没有活动的部件，外形轻薄，最早应用于苹果（Apple）公司的 Powerbook 便携式计算机上，现在已经广泛应用于笔记本电脑上，桌面电脑也有采用触摸板来代替鼠标的。

3. 轨迹球

轨迹球实际上是一个倒置的鼠标，其原理和机械式鼠标相同，构造也相似。区别是轨迹球受力的球面朝上，并且可以在固定的球座里滚动。工作时，直接用手拨动轨迹球即可实现光标的移动。它是一种间接指点设备，轨迹球的精确度很高，因为它通常比鼠标中的小球大一些，可以获得较高的分辨率。但是，轨迹球很难应用于画图，因为它难以移动较长的距离。轨迹球多用于便携机以及一些电子游戏中。

4. 操纵杆

操作杆是一种间接输入设备，最早应用于飞机的控制设备。操纵杆由一个巴掌大的小盒子组成，上面有一个带着把手的杆，杆的运动使得屏幕上的光标做相应的移动。操纵杆在跟踪应用中表现出特有的优势，原因在于使用操纵杆可以使光标移动相对较小的位移，并且容易改变方向。

5. 绘图板

绘图板又叫绘画板、数位板、数位绘图板等，是一种专业的输入设备，是给美工或者美术爱好者作图用的。绘图板是一种间接输入设备，它从屏幕上分离出来，可以平放于桌面或者用户双腿上，它对碰触特别敏感。绘图板与屏幕的分离可以使用户选择手感舒适的位置，同时手指也可以脱离屏幕。绘图板由绘图压感板和电磁笔组成，它们都采用了电磁感应技术，精细程度高，定位准。其压力感应在 512 级到 1024 级之间。不同的压力能模拟像使用真的画笔那样的笔触，力量大了线条就粗，力量小了线条就细。绘图板是一种比较专业的设备，通常是专业的动漫人员或学习者进行徒手绘画的工具。利用绘图板可以进行漫画、书法、动画等作品的创作。

6. 光笔

光笔是一种较早应用于绘图系统的直接输入设备。用户可以用它直接指向屏幕上的一个点，完成选择、定位或其他任务。光笔允许用户接触屏幕上的点实现直接控制，与鼠标、绘图板或者操纵杆所提供的间接控制是不同的。多数光笔都有一个按钮，当光标定位于用户期望的屏幕位置时，用户可以按动按钮完成选择。光笔种类繁多，它们的厚度、长度、宽度、形状各不相同，有的按钮位置也不相同。光笔存在一些缺点：长期使用容易引起手臂疲劳，用户的手掌会遮挡部分屏幕，跟踪或拖动光标速度不快。目前，光笔一般应用于手写板、PDA中。

7. 触摸屏

触摸屏的出现克服了光笔的一些缺点。触摸屏不需要用户手持任何辅助装备，用户可以直接用手指头在屏幕上指点和选择对象。这种类型的输入设备直接在屏幕表面安装一个透明的二维光敏器件阵列，当用户用手指直接触摸屏幕时，通过光束被遮挡的情况检测手指的位置。一般来说，触摸屏可分为五种基本类型：电阻式触摸屏、电容式触摸屏、表面声波触摸屏、红外线扫描式触摸屏、矢量压力传感器触摸屏。

触摸屏简单易用、不易损坏、反应速度快、节省空间。触摸屏的应用极大地简化了计算机输入模式，使用者仅仅用手指触摸屏幕，即可输入信息、查询资料、分析数据等，比鼠标更直接，比键盘输入更简单快捷。屏幕既可以和输出设备，也可以作输入设备，不存在其他硬件的耗损问题。因此，触摸屏适宜在恶劣的环境中使用。如今触摸屏已经成为各种移动设备的标准操作方式，并且已经成功应用在面向大众的信息系统的界面上，机场、车站、银行、图书馆、医院、影院等场所都会出现它的身影。

　　2.2.1.3　扫描仪

　　1. 扫描仪的类型

　　扫描仪是一种计算机外部仪器设备，扫描仪可以捕获图像并将之转换成计算机可以显示、编辑、存储和输出的数字化格式。扫描仪已经成为计算机不可缺少的图文输入工具之一，被广泛应用于印刷行业、桌面出版业、电子出版物、文件储存和检索等领域当中。

　　扫描仪可分为四大类型：平面扫描仪、滚筒式扫描仪、笔式扫描仪和便携式扫描仪。

　　平板扫描仪获取图像的方法是，先将光线照射到被扫描的材料上，待光线反射回来后，被 CCD（光电耦合器件）接收并进行光电转换。在扫描照片、印刷文字等不透明材料时，由于材料的暗区反射光少，亮区反射光多，CCD 器件可以检测图像反射的不同强度的光，并通过 CCD 将反射回来的光波转换为数字信息。数字信息由 1 和 0 组合表示，最后控制扫描仪操作的扫描仪软件读取此数据并将其重新组合成计算机图像文件。在扫描菲林软片或照相底片等透明材料时，扫描的原理是一样的，不同的是这种情况并不是利用光的反射，而是让光穿过材料，然后被 CCD 器件接收。扫描透明的材料需要特殊的光源补偿装置——透射适配器（TMA）来完成这个功能。

　　滚筒式扫描仪一般使用光电倍增管 PMT（Photo Multiplier Tube），因此它的密度范围较大，而且能够分辨出图像更细微的层次变化。滚筒式扫描仪在扫描过程中保持扫描光源静止不动，通过卷动待扫材料来完成扫描。

　　笔式扫描仪出现于 2000 年左右，因其外形像一只笔而得名。使用时，将笔式扫描仪贴在纸上逐行进行扫描，主要用于文字识别、条形码的输入识别等。

　　便携式扫描仪是使用 CIS 光学转换器件的扫描仪。由于采用的是一列内置的 LED 发光二极管照明，直接接触在原稿表面读取图像数据，因此使用 CIS 技术的扫描仪没有附加的光学部件，移动部分又轻又小，整个扫描仪可以做得非常轻薄。便携式扫描仪不管是在扫描速度还是易操性方面，都要比一般的平面扫描仪强很多。

　　2. 性能指标

　　分辨率是扫描仪最重要的技术指标，决定了扫描仪在图像细节方面的性能，即扫描仪记录图像的精细度，其默认单位为 DPI（Dots Per Inch），通常以每英寸长度中扫描图像中包含的像素数表示。目前大多数扫描仪的分辨率在 300～2400dpi 之间。DPI 数值越大，扫描仪的分辨率越高，扫描图像的品质也越好，但这是有限度的。当分辨率大于一定值时，只会增加图像文件的体积和处理难度，并不能显著提高图像质量。

　　灰度表示图像中亮度级别的范围。级数越多，扫描图像的亮度范围就越大，层次也越丰富。目前，大多数扫描仪的灰度为 256 级。实际上，256 级灰度显示的灰度层次比人们肉眼看到的还要多。

　　色彩数表示彩色扫描仪可以产生的颜色范围。一般用每个像素中颜色数据的位数来表示，即比特（bit）。例如，所谓真彩色图像，是指每个像素由三个 8 位颜色通道组成，用 24 位二进制数表示红绿蓝通道组合，可以产生 16.67M（兆）种颜色组合。色彩数越多，扫描出来的图像就越鲜艳、越真实。

　　扫描速度是扫描仪的另一个重要指标，这个指标关系着扫描仪的工作效率。扫描速度的表达方式有很多种，因为扫描速度与分辨率、内存容量、磁盘存取速度、显示时间和图像大小有关，通常用指定的图像分辨率和尺寸的扫描时间来表示。

扫描幅面表示扫描图稿尺寸的大小，常见的有 A4、A3、A0 幅面等。

2.2.1.4　打印机

打印机是计算机的输出设备之一，它与扫描仪的工作相反，可以将计算机的处理结果按照规定的格式打印在相关介质上。

打印机的种类繁多，按打印元件对纸是否有击打动作，主要分为击打式打印机与非击打式打印机。其中，击打式以点阵针式打印机为主，非击打式则有激光打印机、喷墨打印机等。

1. 针式打印机的工作原理和应用

针式打印机用若干根钢针击打色带到纸张上，形成由点阵组成的字符和图形。针式打印机的优点是体积小、重量轻、结构简单、成本低、维修方便、可靠性好，因而长期流行。但极低的打印质量和较高的运行噪音使其无法适应高质量、快速的商业印刷需求，所以现在只能在银行、超市等打印票据的地方见到这种打印机。

2. 喷墨打印机的工作原理和应用

喷墨打印机的基本工作原理是先产生小墨滴，然后用喷墨头以每秒近万次的频率将小墨滴喷射到纸张上。墨滴越小，打印的图像越清晰。喷墨打印机以其打印效果好、成本低等优势，占据了较大的中低价位市场。此外，喷墨打印机不仅具有更灵活的纸张处理能力，并且在打印介质的选择上也有一定的优势。它不仅可以打印信封、书写纸等普通介质，还可以打印各种胶卷、相纸、CD 封面、卷筒纸等特殊介质。

3. 激光打印机的工作原理和应用

激光打印机结合了激光技术与复印技术，是近年来科技发展的新产品，包括黑白和彩色打印模式。它为用户提供高质量、快速、成本低的打印方式。当激光打印机开始工作时，感光鼓通过电晕丝转动，使整个感光鼓带电。之后，使用光栅图像处理器产生待打印页面的位图，并将其转换为电信号，通过一系列脉冲将其发送到激光发射器。通过控制这一系列脉冲，激光有规律地发射，打印信息决定激光器的启动和停止。当激光发射时，激光打印机中的六面体反射器开始旋转，产生反射激光束，反射镜的旋转与激光的发射同时发生。同时，反射光束使感光鼓感光，被激光照射的点失去电荷，从而在感光鼓上形成磁化图像。当纸张在感光鼓上移动时，鼓中的染料会转移到纸张上，从而在页面上形成图像。最后，当纸张通过一对加热辊时，染料被加热熔化，附着在纸张上，整个印刷过程就完成了。虽然激光打印机的价格比喷墨打印机贵很多，但就打印一页的成本而言，激光打印机便宜很多，逐渐取代了喷墨打印机。

4. 性能指标

打印速度是指打印机每分钟可以打印的页数。最大打印速度为设备横向打印 A4 纸时的实际速度。一般来说，英文打印速度比中文快，A4 打印速度比 A3 快，横排打印速度比竖排打印速度快，单面打印速度比双面打印速度快。

一台打印机的分辨率，即每英寸的打印点数，包括垂直和水平两个方向，它决定了打印效果的清晰程度。针式打印机的分辨率一般为 180dpi，由于针式打印机的垂直分辨率是固定的，所以这个值通常是指水平分辨率。激光打印机的分辨率在垂直和水平方向上都有指标。例如，如果打印机的分辨率是 1200×1200dpi，这意味着两个方向的分辨率都是

1200dpi。

　　打印机的另一个重要性能指标是纸张处理能力。网络打印是目前办公行业广泛采用的一种打印方式，可以提高办公效率并节省系统资源。但网络打印任务是比较繁重的，因此对打印机的纸张处理能力有比较高的要求。进纸盘的数量和存纸总量不仅可以直接反映设备的网络打印能力或日处理能力，还可以间接表明设备网络打印的自动化程度。常见的工作组级网络激光打印机有多个纸盒，总纸容量在 10000 张以上，可以容纳一定数量的标准信封。有些还带有输入源（例如 100 页多用途纸盘和 500 页标准纸盘），用户无须切换纸盘即可在多种纸张尺寸上打印。此外，不同的走纸路径还允许用户在不同尺寸和厚度的纸张上进行打印，极大地方便了不同用户在各种纸张尺寸和厚度的网络打印中的打印习惯。

2.2.1.5　显示器

　　显示器是计算机系统重要的输出设备，是人机交互的重要工具。它的主要功能是将主机发出的信息，经过一定的处理，再通过特定的传输设备显示到屏幕上并反射到人眼。显示器按显示器件来划分，可以分为阴极射线管显示器（CRT）、液晶显示器（LCD\LED\OLED）和等离子显示器（PDP）等。

　　CRT 显示器是一种使用阴极射线管的显示器，其工作方式与标准的电视机屏幕相似。从电子枪中发出一束电子，然后被磁场聚焦和定向。当这束电子流击中涂有荧光粉层的屏幕时，荧光粉就被电子激发并发光。CRT 显示器虽然工作电压高、体积大、沉重、容易碎，但优点也比较多，包括视角广、无坏点、色彩还原度高、色度均匀、多分辨率模式可调、响应时间短等。CRT 显示器相比 LCD 在价格上便宜得多，因此 CRT 显示器仍有比较稳固的市场。

　　液晶显示器（LCD）的外形看上去就像一块玻璃，这块玻璃由前后两片玻璃封装而成，在两片玻璃之间填充液晶层。它利用液晶晶格在电场的作用下发生的方向变化来显示信息。这种显示器体积小、重量轻、耗电少，缺点是色彩不够鲜艳。LED 与 LCD 主要的区别就是背光源不同，是将 LCD 的冷阴极荧光灯管发光源更换为发光二极管。相比之下，LED 背光可以实现局部调光，能够带来更好的对比度以及亮度，同时 LED 显示器消耗电量更低。在色彩纯度方面，LED 显示器也要优于 LCD 显示器。近年来，OLED 逐渐流行，与 LED 的被动发光有所不同，OLED 是利用自发光有机电激发光二极管主动发光，不需要背光源。与 LED 显示器相比，OLED 拥有更广的色域，色彩更为丰富且鲜艳，同时还有对比度更高、反应速度快等优势。

　　等离子显示器（PDP）是新一代显示设备，利用了迅速发展的等离子平板技术。等离子显示技术的成像原理是，在屏幕上放置成千上万个封闭的低压小气室，受电流激发发出肉眼看不见的紫外光，然后紫外光撞击背面玻璃上的红色、绿色和蓝色的彩色荧光体发出肉眼可视的可见光，形成图像。等离子显示器具有超薄、高分辨率、低辐射和占用空间小等特点，是未来计算机显示器的发展趋势。

2.2.2　三维输入设备

　　三维空间控制器的主要特征是它有六个自由度。所谓六个自由度是指沿着三维空间的 x、y、z 轴移动，以及分别绕 x、y、z 轴旋转，对应三维空间对象的宽高和深度，还有俯仰角、旋转角、偏转角。常用的桌面图形界面交互设备，如鼠标、触摸平板、摇杆、触摸屏幕等，只包含两个自由度，即只能沿平面内的 x 轴和 y 轴移动。这样的交互过程是不自然的，因此三维人机交互技术应运而生。常见的三维设备包括轨迹跟踪球、3D 探针、3D 鼠标、3D 操纵杆和数据手套等。目前，这些设备主要用于虚拟现实系统。虚拟现实系统可以让用户在三维空间中与计算机交互。在某些情况下，这些交互可以使用传统的交互设备来实现，但在大多数情况下，需要使用特殊的三维交互设备来控制三维对象，以实现相互作用。下面简单介绍几种常见的三维输入设备。

2.2.2.1　数据手套

数据手套是在虚拟现实系统中最常用的 3D 输入设备。数据手套配备柔性传感器，柔性传感器由柔性电路板、力敏元件和弹性包装材料组成，通过导线与信号处理电路相连；柔性电路板的大部分被力敏材料包裹着，力敏材料上又覆盖着一层弹性封装材料，并设置两根导线，可以检测手指运动时的关节角度，准确实时地将人手的位置和动作传递到虚拟环境中，并把与虚拟对象的联系信息反馈给使用者的数据手套。数据手套的主要优点是可以测量手指的位置和运动，使用方便，但相对较高的成本导致它无法被广泛使用。

2.2.2.2　三维鼠标

三维鼠标在虚拟现实应用中是一种重要的交互设备，用于模拟具有六个自由度的虚拟现实交互。它可以从不同的角度和方向查看、浏览和操作三维物体，并与数据手套或立体眼镜一起用作跟踪定位器。使用者不仅可以在桌面上平移三维鼠标，还可以在三个维度上前后移动、旋转或倾斜，实现在虚拟现实场景中的漫游和对模拟物体的操控。

2.2.2.3　虚拟现实头盔

虚拟现实头盔是最早出现的虚拟现实显示器，虚拟现实头盔用于暂时遮挡周围人的视觉和听觉，引导用户体验身处虚拟环境的感觉。它的显示原理是左右眼的图像分别显示在左右眼的屏幕上，人眼接收到这种有差异的信息后，在大脑中会产生立体感。同时，虚拟现实头盔可用于跟踪用户头部的位置，从而确定虚拟现实场景中的运动方向。

2.2.3　自然交互技术

人与计算机的自然交互是新一代的人机交互方式，这种交互方式的目标是解除人的环境与计算机系统之间的界限，使人机交互像人与人交互一样自然、准确、快速。在由计算机系统提供的虚拟空间中，人们可以通过眼睛、耳朵、皮肤等感官，以及通过手势和语言直接与其进行交互。

传统的人机交互技术要求用户适应计算机，用户与计算机的交互主要通过手的操作来实现。而人机自然交互，可以通过听觉与视觉，以语言、表情。甚至手势和体势与计算机进行交互。人机自然交互与之前几代的人机交互有着根本的区别。这是一场人机交互的革命，是摆脱人工控制，赋予机器智能并通过听觉和视觉渠道实现的新一代交互方式。目前，人机自然交互技术主要采用语音、手势、面部表情的识别，以及眼动追踪等技术。

2.2.3.1　语音识别技术

语音识别主要以语音为其研究对象，是语音信号处理中的一个重要研究方向，同时也是模式识别的一个分支。它涵盖了计算机科学、心理学、生理学、语言学和信号处理等多种领域，甚至包括人体语言（比如说话时的人的表情、手势等有助于对方理解的行为），其最终目的是实现人与机器之间的自然语言交流。

语音识别按任务的区分可分为四个方向：说话人物识别、关键词识别、语音识别和语音辨识。说话人物识别技术是根据说话人的声音来区分说话人，从而进行身份识别和认证的技术。关键词识别技术在一些有特殊要求的情况下使用，只关注包含某些指定词的句子，例如在特殊姓名和地名的电话监听中使用。语音识别技术通常被理解为一种以语音内容为识别对象的技术。目前，语音识别技术的算法主要有 DTW（Dynamic Time Warping）算法、基于非参数模型的矢量量化（VQ）方法、基于参数模型的隐马尔可夫模型（HMM）方法以及人工神经网络（ANN），以及支持向量机等语音识别方法。语音辨识技术是对一段语音进行分析处理，以确定语音所属的语言类别的技术，本质上也属于语音识别技术的一种。

2.2.3.2　手势识别技术

手势是一种自然、直观、便捷的人机交互方式。该系统只需要跟踪用户手的位置和手指的角度，就可以根据接收到的手势给出的指令。手势研究包括手势合成和手势识别。手势识别技术分为两类，分别基于数据手套和计算机视觉。数据手套的技术原理在本书的2.2.2 节中已经介绍，这里不再赘述。与数据手套相比，基于计算机视觉的手势识别则是一种更自然的交互方法。它由摄像机连续拍摄下手部的运动图像后，先采用轮廓提取的办法识别出手上的每一根手指，进而再用边界特征识别的方法区分出一个较小的、集中的手势。手势识别技术的最大优点是不干扰用户，用户可以不必使用键盘、鼠标等设备就可以与虚拟世界进行交互，从而将用户的注意力主要集中于虚拟世界，降低对输入设备本身的关注度。目前手势识别技术主要应用于与虚拟环境的交互、手语识别、多通道多媒体用户界面等方面。

2.2.3.3　面部表情识别技术

表情是人类表达情感的基本方式，是非语言交流的有效手段。人们通过面部表情的改变，可以准确细腻地表达自己的思想感情，也可以通过面部表情分析对方的表象态度和内心思想。面部表情识别是研究如何自动、可靠和有效地使用面部表情所传达的信息。从表情识别过程出发，表情识别可以分为三个阶段，包括人脸图像获取和预处理、表情特征提取、表情分类。这意味着为了检测表情，首先需要检测并找到人脸的位置，然后从面部图像或图像序列中提取可以表征输入面部表情的性质的信息，最后分析这些表达特征间的关系，将面部表情归类到对应的表情类别，以完成面部表情识别。

但在实际操作中，表情之间会相互渗透、融合，有时无法将它们明确划分为不同类型的表情。因此，面部识别系统根据不同表情时眉毛、眼睛、嘴巴等面部器官的变化，采用二叉树分类器方案（如图 2.2 所示）进行识别，其中：Neutral——中性，Happy——快乐，Fear——恐惧，Sad——悲伤，Angry——愤怒，Disgust——厌恶，Surprise——惊奇。在到达树的某个叶结点后，系统还需要判断它是否具备该表情的其他特征，如果不具备，则识别失败。只有具备全部特征，才能认为是该种表情。

图 2.2　表情识别的分类判别树

以目前的技术能力来看，单纯的人脸表情识别技术已经不能满足实际应用的需要。目前市面上的人脸识别应用产品大多采用复合方式来实现，例如将密码、IC 卡或指纹识别等技术与人脸识别技术结合使用。

2.2.3.4　视线跟踪技术

视线（Visual Line）反映人的注意方向，视线所指通常反映用户感兴趣的对象、目的和需求，具有输入输出双向性特点。视线检测使抽取对人机交互有用的信息成为可能，从而实现自然的、直觉的和有效的交互，因此，对视线跟踪技术及其在人机交互中应用的研究具有特殊的价值。

眼动仪（视线跟踪器）是用于测量眼球运动的设备。一般来说，有两种眼动追踪技术：第一种方法测量眼球相对于头部的运动，第二种方法测量眼球在空间中的焦点位置。人机交互系统主要关注的是交互场景中用户所关注的对象，通常使用第二种测量方法。应用最广泛的测量方法是基于瞳孔-角膜反射矢量的视线跟踪法。目前眼动测量方法主要分为五个类别，其中包括眼电图、巩膜接触镜、搜索线圈、POG 或 VOG 方法以及基于视频的组合角膜反射。

眼动追踪技术早期主要用于心理学研究，如阅读研究，以及帮助视力残疾人，后来应用于图像压缩领域和人机交互技术。由于几乎所有形式的人机交互都与视觉干预有着千丝万缕的联系，如果系统能够"自动"将光标放在用户注视的对象上，或者直接触发必要的动作，理论上比使用鼠标等间接指向设备、触摸屏等直接指向设备都更为直接。然而，眼动追踪技术仍处于起步阶段，目前对于人机交互来说还不具备实际效用。

人机自然交互的多通道化是未来研究的一个方向，与语音、手势输入、人脸表情识别等一样，面对面的交流也存在不准确的情况。结合其他交互方法，它可以提供隐式限制信息，从而消除了单通道输入引起的任何潜在歧义。通过与其他渠道相结合，眼动追踪在人机交互方面具有广阔的前景。眼球追踪设备的使用，使计算机、机器人、虚拟人及其新型汽车的智能化成为可能，使它们能够理解人的意图、了解人的状态并自动对人做出反应。

2.3　多媒体人机交互的设计层次

多媒体界面设计中，特别是进行多媒体人机交互设计时，在开始真正的创作设计之前，必须了解人机交互的两大主体：人和计算机。

了解计算机：包括其局限性、能力、开发工具及平台等。

了解人：包括人的心理、人的思考、人的行为及社会的反应等。

在设计开始前，将人机交互设计的思考模式和步骤做一下简单介绍。如图2.3所示。

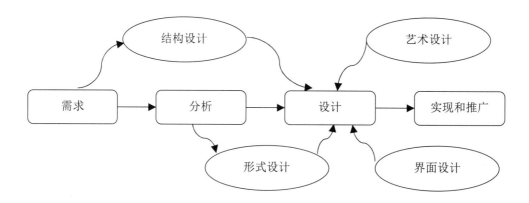

图2.3　多媒体人机交互设计步骤

首先，要建立起确切的需求。通常是与人会面，进行沟通。明确人有什么与想要什么。在这一环节中，设计者需要根据需求初步确定人机交互的结构。

其次，进行分析。对于上步探讨的结果用特定方式进行整理，找出重点。同时初步确定人机交互的形式。

再次，设计。根据重点进行实体设计，确定如何将所想变成现实。明确确定人机交互的结构、形式及艺术表现方式。

最后，实现和推广应用。根据设计，开发实体平台并进行用户使用推广。

2.3.1　人机交互结构设计

结构设计（Structure Design），也称概念设计（Conceptual Design），是界面设计的骨架。设计者通过用户研究和任务分析，制定出人机交互的整体架构。

如今的多媒体人机交互提倡"以用户为中心"，提倡适用于用户的体验需求。因此，在结构设计上应该充分考虑用户的感受。

2.3.1.1　有交互功能指导

设计者在设计人机交互结构时，要为用户提供帮助，让用户清楚复杂任务的发展进程，想办法让用户明确整个交互的思路和方式。例如，有的人机交互系统，设有专门的交互功能指导，它以动画的形式将系统的使用方法形象地介绍给所有用户，这种指导功能在银行等金融行业里常见。图 2.4 为中国工商银行取款机使用说明的动画，该动画将人机交互系统的结构清晰地展示给所有用户。

图 2.4　多媒体人机交互使用介绍动画

2.3.1.2　有明显操作提示

界面上要清楚地表现系统能做什么事情以及如何完成，应该使用户清楚地看到所有操作在系统上的结果。例如，在图 2.5 中，用户完成操作之后，系统弹出一个对话框，显示"操作成功"的信息，给用户一个明确的提示。

图 2.5　多媒体人机交互操作结果确认

2.3.1.3　有交互结果反馈

设计者可以应用技术为用户提供更多的任务信息并且更好地反馈信息。用户进行每一步交互后，界面都会做出人性化的反馈，让用户明确自己现在处于哪一个阶段，接下来又将面临哪一阶段，等等。例如，常见的网上报名系统，用户在注册后进入系统，通过人机交互完成报名，在这一过程中，系统应为用户的每一步操作做好指示，如图 2.6 所示。

图 2.6　多媒体人机交互操作指示

2.3.1.4　交互结构简单化

设计者可以简化任务结构，这样做不是减少用户体验，而是把复杂的结构尽量简单化，这样便于一般用户（尤其是那些不经常使用计算机的用户）使用。

2.3.1.5　有交互恢复机制

用户是会犯错的，因此在设计交互结构时，要充分考虑到这一点，应预见用户可能犯的错误，从而设计系统的恢复机制。要尽可能地在合理位置设置"返回"按钮，确保用户在任何位置都能返回到其想要回到的位置。

2.3.2　人机交互形式设计

交互设计的目的是让用户能够轻松、方便地使用产品。每个产品功能的实现都是通过人机交互完成的。因此，应将人的因素作为设计的核心加以体现。

所有的设计都始于了解预想的用户。设计者需要了解用户的年龄、性别、文化程度、动机和个性等。由于使用同一系统的往往是一个或几个不同的群体，所以设计的形式应该经过缜密的考虑。

让界面在瞬间明白易懂，让用户不用思考便可清楚自己的操作，达到此目的的一个好办法就是确保界面上所有内容的外观——所有的可视线索——都非常清楚，而且能准确地表述页面上内容之间的关系，哪些内容相关，哪些内容是其他内容的组成部分。

为了更好地了解用户对交互的要求，在这里引用一个问卷调查，对部分常与计算机界面打交道的用户进行了调查，调查采取网上发放填写问卷的方式。在本次调研中，一共发放问卷 40 份，收回 38 份。其中，测试人员年龄约在 18～30 岁之间；50%为本科学历，50%为本科以上学历；67%为普通使用者，20%为界面设计人员。通过问卷调查，得出了用户对产品几个方面的要求情况，如图 2.7 所示。

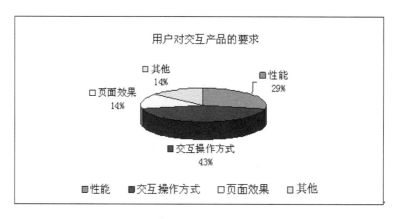

图 2.7　多媒体人机交互用户调查

通过图 2.7 可以看出，43%的用户更加注重产品的交互操作方式，在样本中占比最多，这表明了用户在考虑产品的时候，交互形式已经排到了第一位。

用户对于交互形式的重视，使得所有设计者在制作时，应更加遵循以下规则：

（1）明确的人性化提示

让用户能够清楚地控制界面，以明确要达到自己的目标应该与系统做何种交互。系统应给予明确的人性化提示，如"上一步""提交"等，在不同层级提供提示，为用户提供明确的方向。如图 2.8 所示。

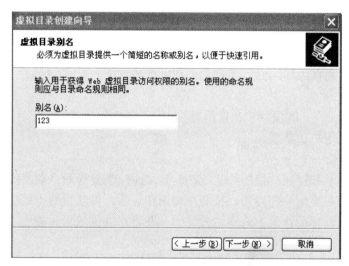

图 2.8　多媒体人机交互形式人性化提示

（2）明确的快捷键

为快速执行常用的、熟悉的操作，应为用户设置快捷键，如特定键组合和缩写等，同时允许兼用鼠标和键盘。

（3）明确的导航功能

设计明确的导航功能，以便用户能从一个导航清晰地转向另一个导航。

（4）快速的信息反馈

对于大量操作，在一定程度上可为每个用户操作提供快速的信息反馈，给用户心理上以暗示或提示。

（5）撤销错误的功能

让行为容易撤销，当用户行为出现错误的时候，系统提供有针对性的提示，同时为用户提供清晰而有用的指导进行恢复，帮助用户快速撤销错误行为。

（6）任务终止的提示

设计产生终止的提示，让用户知道什么时候已经完成了任务。

（7）退出程序形式

方便用户退出程序。应为用户提供两种退出方式：一是按一个键完全退出，二是一层层地退出。

2.3.3　人机交互艺术设计

在结构设计和交互形式确定的基础上，参照目标用户的心理模型和任务达成进行艺术设计，包括色彩、字体、页面等。艺术设计要达到使用户愉悦的目的。

人机交互艺术设计过程中，要注意：

1. 界面色彩

整体界面不超过 5 个色系。近似的颜色表示近似的意思。在显示重要的信息时，不应该用蓝色。如果用颜色作为指示，不应该是唯一的提示，应该还有其他代码提示。红、绿和黄是经常用来表示停止、进行和暂停的三种颜色。如果没有非常好的理由，不应该违反这些习惯用法。但是应该记住，颜色的习惯用法是由文化决定的。中西方文化存在着明显的差异，因此在使用颜色时候要充分考虑用户的习惯。例如，在大部分西方文化中，红色表示危险和警告，而在中国，红色却是幸福和好运的象征。

2. 界面布局

界面设计清晰明了。确保用户在使用过程中，无须多加思考，便可以进行操作。图片、文字的布局不要让用户去猜疑。

3. 操作习惯

尊重用户的认知和以往的使用经验，如打开、撤销、恢复等命令要用实际中惯用图标。因此，必须要了解各类用户的习惯、技能、知识和经验，以便预测不同的用户对网站内容和界面的不同需求及感受体验，为网站最终的开发设计提供依据和参考。

4. 机器辅助

充分利用计算机的优势，帮助用户减轻负担。例如：用户名、密码/用户名、密码、以往的使用经验。如撤销、图片、文字的布局不要用荣誉及关键词等进入地址，可以让机器辅助记住。

5. 视觉提示

用明确的图形或符号，刺激用户的视觉，帮助用户进入每一步的操作。

2.4　多媒体作品中交互的形式与标准

2.4.1　命令语言交互

命令语言交互是最早使用的人机交互对话形式，也是至今仍广泛使用、十分重要的人机交互界面。命令语言，起源于操作系统命令，特点是直接针对设备或信息。命令语言使用了一定范围的单词来表示命令语言的操作和对象。一般用动词表示能体现系统功能（或子功能）的操作，而用名词表示操作的对象，操作类单词如显示、删除、保存等，对象类单词如文件、设备、目录等。在交互过程中，用户发起并控制对话，用户根据命令语言的句法输入系统命令，之后系统解释命令语言，执行命令语言指定的功能，并显示当前结果。如果结果正确，发出第二个指令；如不正确，再选择另一种方式。命令既简短而且其存在也是短暂的。在一些系统中，命令语言是与系统交流的唯一方式。命令语言交互的主要设备是键盘，用户必须精确地输入系统可接受的命令，因此用户需要记忆许多命令和功能键。

1. 命令语言交互的优点

（1）灵活性好、效率高

可以通过它们直接访问系统的功能，因此比较快速。同时它们也十分灵活，一条命令经常有许多选项或参数，实现许多其他的功能。

（2）占用屏幕空间少

一般命令语言仅占用屏幕的一行空间，节省显示时间和屏幕空间，使屏幕显示紧凑和高效。

（3）功能强大

与其他交互形式相比，命令语言界面功能强大。一条命令语言可以完成多次问答式对话或者菜单界面多个选项才能完成的系统功能。同时，命令语言还可以构成批处理命令文件并保存起来，需要时可以重复执行。

2. 命令语言交互的缺点

（1）难于学习和记忆

采用这种交互形式，用户必须精确地记住并输入大量的命令，因此命令语言交互适合于熟练型或专家型用户，而不适合于生疏型用户。

（2）需要掌握一定的键盘输入技巧

命令语言交互主要依靠键盘进行输入，因此需要用户进行一定的键盘输入训练，掌握键盘输入技巧。

（3）出错率较高

由于命令语言有一定的语法规则，要求用户必须按照语法规则输入命令，要求用户记住命令名称、参数等语法规则，因此容易出错，尤其对于生疏型的用户来说，出错率较高。命令语言界面的所有优点对于熟练掌握它的用户才是真正存在的。

3. 命令语言交互的设计标准

（1）一致性

命令名称、命令语法的结构应该一致，可以将任务时间、差错和请求帮助减少到最少。例如，同一个功能只能有一个命令名称，如果使用 EXIT 作为退出命令，在系统的其他部分就不要使用 QUIT。

（2）选择有意义的独特的命令名

命令名称的选取要有与之功能相对应的含义，且要与众不同、有特色、容易识别和记忆。

（3）限制命令的数量

词汇越多，语法规则条文越多，语言就越难以掌握，而且会增大用户出错的可能性。因此必须限制命令的数量，删去同义和重复的命令。

（4）使用缩写要一致

同一命令语言应采用同一种命令缩写策略以及冲突解决策略，避免采用多种缩写策略。

（5）命令语法结构一致

命令语句的各个组成部分应该一致地出现在命令的相同位置。例如，命令名出现在命令串的第一个位置，选项位于其后，最后是命令的变量。命令应该以最小的单词组合来定义功能。命令命名和语法序列应该是人们所熟悉且自然的。

（6）允许对一个命令串进行重现和修改

当出现输入错误命令的情况时，应该能够重新显示，并且用户可以修改，而不是重新输入。

（7）采用提示帮助临时用户

为了帮助临时用户学习使用一种命令语言，应考虑提示。例如，如果用户需要复制一个文件到另一个目录下，但又不知道复制命令的语法结构，那么则可以输入命令 COPY，系统就会给出提示 FILENAME：，用户就会根据提示输入文件名，系统继续提示MOVETO：，用户再输入目的地目录 D:\HOME。这样在系统的提示下，用户就可以完成一次命令语言的人机交互。

（8）考虑用命令菜单帮助临时用户

所谓命令菜单，即把命令集中地按照某种结构显示在屏幕上，让用户通过上下键或者数字键来选择命令。对于临时用户来说，菜单式的命令语言更容易学习，可以考虑为临时用户提供命令菜单式的帮助。

2.4.2　菜单交互

菜单交互方式也是使用较早、最广泛的人机交互方式之一。菜单界面由系统驱动，向用户提供一系列对应动作的选项，用户通过鼠标、数字键或字母键进行选择。菜单选项的分组和命名给用户提供了找到所需选项的唯一提示。

1. 菜单交互的特点

菜单交互是由计算机系统驱动的，设计良好的菜单界面能够把系统语义和系统语法明确直观地显示出来，并给用户提供各种系统功能的选择。

菜单界面比较适用于结构化系统，每个菜单项都对应一个子程序功能或者下一级子菜单。

菜单界面减少了用户的学习和记忆工作量，简化了用户的操作。用户不需要任何特殊都培训，不需要记住复杂的命令语言，使用菜单导航即可完成任务。

菜单界面会占用部分的屏幕空间和显示时间，选择和返回菜单也需要一些操作时间。因此，在菜单选项法的具体应用中，应分析菜单项的功能和语义设计、菜单系统的结构设计、屏幕的布局、引导帮助、菜单切换和对话框响应时间。

2. 菜单的类型和式样

（1）单一菜单

有些任务采用单一菜单就可以满足单一的应用，例如退出某个应用软件时，要求用户选择确定/取消。单一菜单中可以有两个或多个选项，用户可选择其中之一或确定多个选择。

（2）线状序列菜单

线性序列菜单提供了一种简单有效的方式，通过一组相关的菜单来指导用户完成整个决策过程，这是一个结构化的决策过程。用户能够确切地知道如何前进以及他们在菜单中的位置，并且可以返回到之前的选项或重新开始该过程。

（3）树状菜单

当菜单选项个数增加到很难进行处理时，可以按要完成的任务将其划分为若干类，将类似的选项组成一组，最后形成一个树状菜单。

（4）循环网络菜单

循环网络菜单可以让用户在父菜单和子菜单之间、在子菜单之间来回移动，而无须返回父菜单然后再跳转到子菜单。循环网络菜单比较典型的应用是超文本技术，超文本技术节点之间的切换是通过网状结构来完成的。循环网络菜单的缺点是用户很容易迷路，所以应该在循环网络菜单结构中提供清晰的导航和帮助信息。

菜单的式样很多，包括全屏幕文本菜单、条形菜单、弹出式菜单、下拉式菜单、移动亮条菜单、基于位图的图形菜单、滚动菜单。

3. 菜单交互的设计标准

（1）合理组织菜单界面的结构与层次

按照系统的功能来组织菜单，决定菜单的宽度、深度和层次结构。逻辑相似的有联系的菜单选项安排在一组，不同组之间要有分隔标志。

（2）为每幅菜单设置一个简明、有意义的标题

菜单的标题要简短，含义明确，可以把第一级菜单设为主菜单，其中各项反映系统的基本功能和程序框架。

（3）合理命名各菜单项的名称

使用前后一致的和精确的措辞来命名各个菜单项，将关键词放在左边，每个菜单选项彼此不同。菜单项名称应体现其功能，使用语气友好、意义明确、通俗易懂、简单明了的词语或动宾词组为菜单项命名。例如，在 Microsoft Word 软件中，菜单名称分别是文件、编辑、查看、插入、格式、工具、表格、窗口等。

（4）菜单项的安排应有利于提高菜单选取速度

根据菜单选项的含义进行分组，每组内选项按照一定的规则排序，可以根据使用频度、数字顺序、字母顺序、功能逻辑顺序来组织安排菜单项顺序，这样有利于提高菜单项的选取速度。

（5）保持各级菜单显示格式和操作方式的一致性

一致性原则在界面设计中是强调最多的，各个菜单项的语法、布局、用词前后要一致，这样可以加快用户的操作速度，减少出错率。

（6）支持键盘以及鼠标定位器等多种设备来完成光标的移动、定位及对菜单的选取

（7）为菜单项提供多于一种的选择途径，以及为菜单选项提供捷径

常用选项要设置快捷键，允许超前输入、超前跳转或其他捷径跳转到上层菜单或主菜单，以适应不同水平的用户。

（8）应该对菜单选择和点取设定反馈标记

例如，移动光标进行菜单选取时，光标所在的菜单项应该提供高亮度或反视屏显示，但此时并未选定表示光标位于菜单的选项，当用户确认后，要有明确的操作来选取菜单项，如鼠标单击或者按回车键。对选中的菜单也应该给出明确的反馈标记，例如，在选项前面加"√"等标记。对当前不可用的菜单项也应给出表示，如用灰色显示。

（9）在可能的情况下，提供缺省的菜单选择

2.4.3　数据输入交互

数据输入交互方式几乎是所有软件都有的方式。用户输入的过程实际上是一个完整的人机对话过程，它要占用最终用户的大部分使用时间，也是容易发生错误的部分。

1. 数据输入界面的形式

计算机输入数据可以通过多种形式的数据输入界面来完成。

（1）问答式对话数据输入界面

采用系统提问用户回答的方式，简单易用，但单调、速度慢，不适合大量的数据输入，对熟练用户来说，效率低。

（2）菜单选择输入界面

把所有的选择项都显示在屏幕上，用户只需输入代表各项的数字代码或直接选择，就可以输入所需数据。但是适合输入的数据有限，比如只有几个可枚举的数据，同样不适合大量的数据输入。这样的界面往往要向用户提供选择数据的方式。比较复杂的选择方式是使用光笔或鼠标对文字菜单或图标进行选择，例如，各种汉字输入法、个人数据助理 PDA 的输入界面等。

（3）填表输入界面

填表界面提供给用户的是类似于纸张的表格，可以让用户按要求填写数据。系统提示输入数据的允许范围和输入方法，并能对用户输入进行校验。此外，还具有更正功能，如果填错可以修改。

（4）直接操纵输入界面

在支持窗口和图形的系统中，可以使用弹出式窗口显示待输入数据的表格，通过光标移动进行查找并按键选取，直接操纵来完成输入。

（5）条形码

条形码代码由条形码阅读器读取识别。阅读器在穿过条形码时检测暗带，并根据暗带的位置将条形码序列转换为数据。计算机将条形码与检查进行比较，计算出产品的编号和位置。

（6）光学字符识别（OCR）

OCR 系统是让计算机通过扫描图案的比较来识别一些不同字体和大小的印刷品，常见的有清华紫光 OCR 光学扫描系统、AGFA 光学扫描系统等。

（7）声音数据输入

声音数据输入速度很快，可以用于不宜使用键盘、鼠标等设备的场合。

2. 数据输入交互的设计标准

数据输入的总体目标是简化录入者的工作，完成数据录入的同时尽可能降低录入错误率。一般来说，存在以下设计原则：

（1）数据输入的一致性

在所有条件下，应使用相同的操作顺序、相同的分隔符和缩写等。

（2）使用户输入减至最少

将用户输入的数据尽量减至最少，因为输入越少效率越高，出错机会也越少，同时也减少了用户的记忆负担。例如，当同样的信息在两个地方都需要时，系统应该能够自动复制该信息，当然用户也可选择重复输入来覆盖它；如果某些数据项有默认值，用户可以直接利用系统提供的默认值而不必输入，减少输入的同时可以减少错误。

（3）为用户提供信息反馈

在需要用户输入时应该向用户发出明确的指示，可以使用闪烁的光标、"？"或 Enter

Data（输入数据）等作为提示符。提示符的格式和内容应与用户的使用习惯、使用水平和需求相符。如果一个屏幕可以容纳多个输入内容，就可以将输入的内容保留在屏幕上，以便用户随时查看、对比和更改，清楚地了解下一步该做什么。

（4）用户输入的灵活性

一个好的数据录入界面应该允许用户控制录入过程的进度，用户可以集中一次性录入所有数据，也可以批量录入数据，以及纠正错误录入。

（5）提供错误检测和修改方法

数据录入是一项烦琐而无趣的工作，同时再加上人的健忘、易错、分心和打字技巧不足等，在录入操作中难免会出现错误。输入数据应具有简单的编辑功能以纠正数据输入中的错误，如删除、修改、显示、翻滚等功能。应提供恢复功能，它不仅可以编辑当前输入项的内容，而且可以恢复以前输入的数据项。在用户进行数据输入的同时，要对数据进行检测，以防止错误数据输入；或对已经输入的数据进行检查，若发现有错应向用户提示错误信息。

2.4.4　直接操纵和 WIMP交互

1. 直接操纵

除了上面讨论的命令语言、菜单、数据输入等交互方式外，当前比较受欢迎的另一类交互方式为直接操纵。直接操纵是放弃早期键入文本命令的形式，使用鼠标、触摸屏、电子笔、数据手套等指点设备从屏幕上直接获取视觉命令和数据的过程。直接操纵为使用者提供了正在执行的任务的自然表示，包括任务对象、操作和结果。目前，直接操纵已成为图形化用户界面和窗口系统的技术基础之一。直接操纵的优点包括：

（1）对象的模拟仿真表示。直接操纵的对象是动作或数据的一种形象化隐喻。这种隐喻应贴近其实际内容，用户可以通过屏幕上的隐喻直接想象到或感知到其内容。

（2）将键盘输入替代为指点和选择。使用指点选择而不是键盘输入有两个优点：一是操作方便，二是速度快。

（3）用实际动作代替复杂的语法。标记按钮与其实际内容相近，用户看到按钮能够直接想象其所代表的含义和功能。例如，用鼠标选中文件夹拖到回收站表示对该文件夹进行了删除操作。

（4）操作结果的立即回答和直观显示。用户可以及时修正操作，逐步往正确的方向前进。

（5）动作的连续性和可逆性。用户在使用系统的过程中，不可避免地会出现一些操作错误，通过逆向操作，用户可以方便地恢复到错误之前的状态。

（6）采用图形及图像的表示形式。

在直接操纵环境中，用户关心的对象就显示在屏幕上，处理对象的表示也更自然，新手用户可以很快地学会基本性能，熟练用户也可以迅速地执行范围广泛的各种任务，甚至可以定义新的功能和特性。

但是，直接操纵用户界面也会给用户带来不少的问题和局限：

（1）直接操纵界面以图标为主，部分任务可以用图表来完成，但正因为此，容易产生混淆。

（2）一个图标对于设计者来说可能有丰富的含义，但也意味着它的含义可能并不明显，用户需要了解每个图标标记的组件的含义，这可能需要花掉更多的时间。

（3）窗口、图标、按钮等作为可以直接操作的界面元素，占用了一定的屏幕空间，有用的信息可能会被挤出屏幕，这需要用户多次滚动操作。

（4）对于专业级用户来说，在触摸屏上移动鼠标或手指可能比直接打字还慢。

但是，随着计算机硬件和软件技术的发展和进步，直接操纵技术将在图形化人机交互界面中发挥越来越重要的作用。

2. WIMP交互

目前，软件交互的最常见的形式就是 WIMP 交互，通常叫作视窗系统。WIMP 是图形用户界面主要设计元素的缩写，包括窗口（Windows）、图标（Icon）、指点设备（Pointer）和菜单（Menu）。

（1）窗口

窗口是图形用户界面中最重要的组成部分。它是屏幕上与一个应用程序相对应的矩形区域，看起来就像是一些独立的终端。用户运行应用程序时，应用程序就能创建并显示一个窗口。当用户操作窗口中的对象时，程序会做出相应反应。窗口通常可以包含文字或图形，并且用户能够对窗口进行打开、关闭、缩放、移动、重叠等操作。屏幕上可以同时显示几个窗口，用户可以选择相应的窗口来选择相应的应用程序。典型的窗口，通常包括标题栏、菜单栏、工作区、工具栏、最大化按钮、最小化按钮、关闭按钮、滚动条等组成。图 2.9 所示的是 Microsoft Word 窗口。

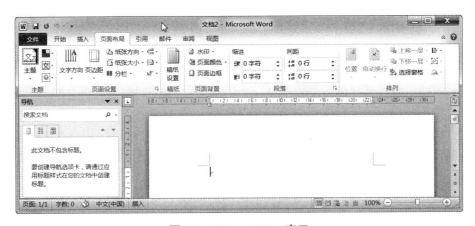

图 2.9　Microsoft Word窗口

根据窗口的结构，窗口可以分为以下几类：

①滚动型窗口：通过滚动窗口可以看到所有信息。

②开关型窗口：屏幕上有多个可滚动的窗口，但一次只能显示其中一个，系统可以使用开关来选择当前需要显示的窗口。

③分割型窗口：允许用户将屏幕水平分割，例如可以分割成两个、三个或更多的子区域。每个分区的宽度是固定的，等于显示器的宽度，但可以控制高度，使多个进程的运行结果同时显示在一个屏幕上。

④瓦片型窗口：有规律地将屏幕横向或纵向划分为互不重叠的子屏，每个子屏对应一

个窗口。这种类型的窗口看到的是每个窗口显示的信息，每个窗口的信息并不被其他窗口遮挡。

⑤重叠型窗口：窗口的大小和位置可以独立改变，也可以叠加在其他窗口之上。

⑥弹出型窗口：可以认为是重叠型窗口的特殊情况，是系统运行过程中临时动态产生的窗口。这种类型的窗口始终位于其他窗口之上。例如，许多软件需要使用对话框和提示框来接收或显示信息，这些都属于弹出型窗口。

（2）图标

图标是计算机菜单、窗口或屏幕上的图形标识符。当用户暂时不想执行某个程序时，可以将含有该应用程序的窗口图标化，利用图标可以在屏幕上同时得到许多窗口。图标可以节省屏幕空间，并且可以提醒用户，用户以后可以打开窗口，重新执行应用程序。图标也可以用来表示系统的其他项目，例如收集废弃文件的回收站、用户可以访问的程序或功能等。图标在计算机图形交互界面中应用范围广泛，具有提高用户的工作效率，表示视觉和空间概念，节省空间，有利于界面的标准化和规范化等作用。图 2.10 所示的是一些常用的 Windows 系统图标。

图 2.10　一些常用图标

（3）指点设备

指点设备是 WIMP 界面的重要组成部分，因为 WIMP 所需的交互形式主要取决于指点和选择图标。鼠标是此类交互任务的主要输入设备。在屏幕上呈现给用户的是一个由输入设备操控的光标。

区分不同的工作模式往往采用不同形态的光标。例如，普通指针光标是一个箭头符号；画直线时，它可以变成十字准星；当系统正在读取文件或正在执行工作时，可能会出现一个时钟或沙漏图标。指点设备更直观，让用户将注意力集中在屏幕上，从而实现快速操作并减少错误。

（4）菜单

窗口系统的最后一个代表性特征是菜单，在许多非窗口系统中也经常采用菜单这种交互方式。菜单允许用户选择系统定义的操作或服务。菜单栏通常位于每个窗口的顶部（Microsoft Windows）或屏幕底部（例如 MACOS）。菜单栏上的"项"是命令的基本分类，例如文件、插入、布局等菜单。从菜单栏中选择一个项通常会弹出一个二级菜单。在弹出的菜单中选择一个菜单项，用户可以命令程序去执行某个特定功能。通过菜单界面，用户只须确认而不需记忆系统命令，从而极大地降低了操作难度。但菜单的缺点是灵活性和效率性较差。

WIMP 界面交互主要采用直接操纵技术，交互命令和任务通过一些可视对象表示，用户可通过键盘和鼠标操作这些对象来完成相应的任务，界面输出为静态或动态二维图形、图像及其他多媒体信息。与命令语言交互界面相比，图形用户界面提高了计算机到用户的输出带宽。输出不再只是由单一字符形式组成，而是由窗口、图标、菜单、文本等形式组成，交互的自然性和效率有较大的提高。

3. 图形用户界面的设计标准

（1）界面要具有一致性

一致性原则是界面设计中最容易忽略的，也是最容易改变和避免的一种原则。例如，菜单项中必须使用相同的术语、对话框必须具有相同的样式、所有对象必须以同一种方式显示和操控等。这些一致性的显示和操作方式降低了用户记忆、学习的负担和错误率，也有助于人机界面的组成标准化。Windows 图形用户界面中的一致性包括：使用标准控件，使用相同的方法显示信息，字体、标签、样式、颜色、术语和错误消息的显示应该一致。

（2）避免令人迷惑的类化

图标应以预期的方式工作。以 Windows 操作系统的回收站为例，当删除文件时，系统并没有真正删除它，而是把它放在了回收站里。以后如果需要还可以恢复，除非该文件已经在回收站中被清除。如果放在回收站中的条目不能恢复，图标就没有按预期的方式工作，因为用户知道实际生活中放在垃圾箱中的东西被收垃圾的人清空之前也是可以找回的。

（3）不违反大众习惯

不同文化背景下的用户群体，可能对一个图标如何工作有不同的设想。因此，设计图标时一定要考虑用户的习惯和环境。

（4）为特有目的使用图标

图标不见得比键盘更快或更容易使用。用户用鼠标点中一个图标的速度可能没有键盘快。例如，有经验的打字员敲数学表达式要远远快于在使用图标的计算器上选择数字和操作。为了同时满足新手用户和熟练用户，Windows 操作系统自带的计算器应用程序的开发员设计了两种交互方式，既可以通过键盘输入数据，也可以用鼠标单击计算器面板。

（5）仔细设计图标的交互

与图标交互的整体设计相比，界面中如何使用单个图标并不重要。界面的语义、层次结构、一致性、和易学性比所选图标的风格更重要。

（6）使用易于理解的图标

图标的意义应该尽可能明确，因为一个不恰当的图标不能很好地表示它的信息。例如，在基于 Windows 系统中，回收站表示删除条目的所放位置。这个图标的意义就很容易理解。

（7）常用操作要有捷径

常用操作的使用概率比较高，应该尽量减少操作序列的长度和复杂度。例如，提供常用工具的快捷方法，不仅会提高用户的工作效率，还会使界面在功能实现上简洁高效。又如，有关文件的常用操作，如打开、保存、新建等，可以设置快捷键或图标按钮。

（8）提供简单的错误处理

系统必须具有错误处理功能。当错误发生时，系统应该能够检测到错误，并提供简单易懂的错误处理功能。错误发生后系统状态不会改变，或者系统必须提供指引和指导从错误中恢复。

（9）提供信息反馈

正常操作和简单操作不需要反馈，但异常操作和重要操作需要信息反馈。另外，系统需要有长处理过程，需要用户等待较长时间的操作应该加入反馈，让用户了解系统正在做什么。

（10）操作可逆

操作应该可逆，这对于不具备专门知识的操作人员相当有用。这些功能可以减少用户对可能出错的担心，专注于当前的任务。可逆操作可以是单个操作或一系列相对独立的操作。

（11）精心设计的联机帮助

尽管联机帮助对于高级用户来说不是必不可少的，但对于大多数没有经验的用户来说却非常重要。提供针对用户错误的保护机制和强大的辅助机制，帮助用户正确操作和使用系统。

（12）合理分割屏幕并有效使用

仅显示允许用户维护视觉环境的上下文相关信息，例如放大和缩小窗口；使用窗口分隔不同类型的信息，只显示相关的有意义的信息，避免用户分心。

（13）信息显示方式与数据录入方式一致

尽量减少用户输入的动作，允许用户自行选择输入方法，删除不正确的输入，允许用户控制交互过程。隐藏当前不可用的命令或对其明确指示，例如将指令单颜色变为灰色。

（14）遵循可不用鼠标原则

应用中每一个功能只用键盘也应当可以完成，可以不用鼠标操作，尽管操作可能比较麻烦。

（15）所见即所得，所有操纵过程及效果是可观察到的

如光标移动，窗口缩放，菜单查找和点取等都是立即发生和可见的。使用比喻，模拟日常操作方式，易学易用，不易出错，一旦出错，结果立刻显示。

2.4.5　查询和问答对话

1. 问答式对话

问答式对话是最简单的一种人机交互形式，是系统发起的对话。系统使用类自然语言提出问题并提示用户回答。通常用户可以通过键盘键入字符串作为回答响应。最简单的问答式对话一般采用非选择形式，系统要求用户的回答仅限于"是"或"否"；对于更复杂的对话，则会把回答限定在小范围的答案集中，用户通过字符或数字输入做出反应。此类用户响应也被称为菜单响应。例如，在文字处理系统中执行编辑动作时，系统可以询问用户想执行哪个编辑动作，回答仅限于输入、删除、查询、保存等，用户只能选择其中一个动作作为答案。然后，根据用户的回答，系统执行相应的功能或提出新的问题并继续。

问答式对话方式的优点是：简单易用、易学甚至无须学、软件编程容易实现、错误率低。而缺点是：效率低、反应速度慢、机动性差、使用过程中用户受限、不方便修改或扩展等。

2. 查询语言界面

信息查询语言是用户与数据库交互的一种介质，也是定义、检索、修改和操作数据的工具。查询语言只需要提供做什么的操作需求，不需要描述怎么做。因此，用户在使用查询语言界面时，一般不需要具备必要的编程知识，这使得用户更易于使用。目前，查询语言在互联网上被广泛应用。在分析和设计数据库查询语言界面时，需要对数据库用户进行

分类，使设计的查询语言满足不同用户的需求。我们可以将数据库用户分为三类：程序员用户、技术用户和临时用户。其中，程序员用户是熟悉编程语言和方法的计算机专业人士，一般负责数据库程序的创建和维护以及一些实用软件程序的开发；技术用户是完成数据处理的相关工作人员，对于计算机来说并不熟悉，但他们操作计算机的技术比较熟练，他们需要并期望使用数据库系统来完成他们的工作任务；临时用户只是临时使用数据库系统，他们对数据库的使用是固定和有规律的。

在设计查询语言界面时，应针对不同的用户设计适合的、有针对性的语言形式和界面。一般来说，查询语言界面的设计应遵循以下原则：

（1）提供一种易于理解和使用的自然语言形式的非过程化查询语言；

（2）提供更灵活的查询结构，满足不同知识水平的用户；

（3）语句应简单，拼写元素尽量少，减少用户的记忆和工作量；

（4）语义设计应前后保持一致，避免用户混淆；

（5）应使用通用语言，语法成分应尽可能准确反映其语义信息，实现查询语言的转换和优化；

（6）提供查询帮助。

2.4.6　响应时间和显示速率

1．响应时间

响应时间包括简单响应时间和选择响应时间。

简单响应时间是指单一信号、单一运动反应、在准备条件下测得的反应时间。人类对不同信号的平均反应时间为：

光信号：0.24s；警告：0.22s；点击皮肤：0.20s；光+报警+点击皮肤：0.18s。

选择响应时间是指存在多个信号时，每个信号都需要不同的特定响应，并且在准备条件下测量的响应时间，与信号数量有关系，明显长于简单响应时间。人在处理和响应信息时，听觉反应通常比视觉反应更快。人的听觉反应大约为120～150ms，而视觉反应比听觉反应慢大约30～50ms。人脑的信息处理过程更为复杂，这与任务的复杂程度、人的不同记忆特征和年龄等密切相关。此外，还应考虑错误情况及其恢复过程，以增强人机对话过程的效率。如果人们想对系统做出反应而急于行动，就会增加错误率。

2．显示速率

对于基于字符的显示终端或硬拷贝设备来说，显示速率以每秒字符数（CPS）来衡量，这是字符在设备上显示以供用户阅读的速率。通常，提高显示速度可以加快人机对话速度。但是，当显示速度超过人的阅读速度时，理解可能会受到影响。有实验证实，更快的显示速率会导致用户眼睛疲劳和错误，而30CPS的速率具有更高的正确率。对于交互图形的显示，应尽可能提高图形的生成速度，以提高用户的工作效率，尤其是在复杂图形和真实图形的生成方面。一般人们希望系统在执行图形获取、图标移动和窗口还原等操作时具有快速的响应时间。当用户阅读显示的字符时，字符的显示速度不宜过快，以尽量减少错误。

综上所述，设计者在确定人机对话的响应时间与显示速率时，必须综合考虑系统响应时间、人机对话时间、人的反应时间、任务复杂度、出错率以及系统成本，要在以上各种因素之间进行权衡，选择最佳的响应时间与显示速率。一般来讲，系统的响应时间不应大于15s，而人与机器快速人机对话的时间不应小于1s。

2.4.7　帮助和出错交互

在一个人机交互系统中，由于用户自身原因或系统原因，经常会发生一些错误操作。一个好的交互系统不可能要求用户不犯错误。出错属于人的固有特性，但是设计不当也会引发用户出错。所以我们在界面设计时要尽量减少出现错误的可能性，并且在错误出现时使其后果最小化，即进行帮助和出错设计。

1. 出错处理分析

一般有八种基本出错类型：

（1）不真实感：用户心智模型没有准确反映现实，感觉器官对现实细节的错误表述。这种现象通常被称为"先入为主"。

（2）注意力不集中：执行某项操作时，用户注意力缺失，或想同时进行另一项任务。

（3）失忆：用户忘记了某个细节，这可能发生在短期记忆中，也可能发生在一个非常复杂的过程中，比如忘记接下来要做什么。

（4）回忆不准确：回忆细节时，发现可能不适合当前的任务，或者回忆不准确甚至不完整。

（5）误解：对感官知觉产生了错误的解释。

（6）误判：由于对形势的误判，所制订的计划不能满足目标的需要，而误认为当前的行动是错误的。

（7）错误推理：对某种情况做出错误的结论。由于缺乏一定的知识，推理没有根据，不能完全了解当下情况。

（8）误操作：这是一种典型的人为错误。比如本想按下回车键，但是操作时手指却按下了退回键。

2. 帮助设计

（1）帮助设计要执行的功能

①提供在线手册：在线手册是传统书籍的替代品。电子格式的手册比书籍更容易获得。它们可以帮助用户使用软件，指导用户完成每个操作，并向初学者介绍详细的知识。当然，对于熟练或专业的用户，是根本不需要运行在线手册的。

②在线培训。在线培训的吸引力在于它采用模拟、动画、引导用户进入对话状态等方式，利用电子媒体对用户进行授课。

③在线演示：在屏幕上演示大量的典型用法，可以让用户加深对系统的理解，开发预测模型。

④上下文帮助：上下文帮助是图形用户界面中最常用的一种帮助形式。它可在用户不离开工作环境的情况下提供即时帮助，并提供与特定对象相关的上下文信息。

（2）帮助设计的基本原则

一个设计良好的帮助处理系统应遵循以下设计原则：

①完整性：提供的帮助应包含所有必需的信息，有意义、完整和具体，同时排除不必要的信息。

②一致性：前后帮助信息应该一致。

③上下文相关：帮助信息应该是上下文相关的，即系统应该时刻观察用户的当前状态，告诉用户在这里能做什么。

④可理解性：帮助信息应使用用户的惯用语言，根据用户的任务进行解释，并且易于用户理解。帮助信息必须简短、具体和自然。动态示例优于手动说明。在显示方面，帮助信息应该放在屏幕上的特定位置，一个不同于用户工作窗口的独立窗口中。

⑤可维护性：帮助信息应该易于扩展和维护，即系统必须易于扩展，以确保系统中存储最新、最全面的帮助文本。

⑥方便性：帮助信息是一种为用户操作提供的学习工具，以满足用户各种形式学习的需要。交互功能提供的帮助信息由用户自行决定，不能强迫专家用户使用不必要的帮助。

3. 出错设计

出错设计有两种：一种是防错原则，另一类是纠错原则。系统的设计者首先要想办法防止错误出现，并且当错误发生时，要设法纠正错误并恢复系统。

（1）防错原则

①应避免命令名称、动作顺序过于相似，以免用户混淆。

②建立有助于减少学习和错误的共同原则和模型。

③提供上下文和状态信息，方便用户了解当前状态，避免盲目操作出错。

④降低用户记忆的负担。

⑤降低用户在操作时的技能要求。比如在电脑操作中尽量减少 Shift、Ctrl 等组合键的使用。

⑥使用大屏幕和清晰可见的反馈，应在计算机图形接口中实现准确定位和选择，这有助于用户寻找和识别小目标。

⑦减少键盘输入。更少的输入意味着更少的出错机会。

（2）纠错原则

①提供撤回功能。一个命令执行后应具备撤回功能。好的系统应该能够执行多个撤回操作。目前，一些程序允许用户自己设置撤回次数。

②提供程序运行时的取消功能。在计算机系统中，有些操作需要很长时间才能完成，应该允许用户在觉得不需要继续时随时取消当前的命令，而不是必须等命令运行完成后再继续操作。

③对重要的破坏性命令提供确认措施，防止破坏性行为。例如，在计算机系统上，格式化磁盘、删除文件、清空垃圾箱等命令应该提供一个确认对话框，只有在用户再次确认后才能运行。

④确定和组织帮助信息和错误信息的内容，组织查询方法，设计错误信息和帮助信息的显示格式；错误信息提示应含义明确，尤其是对于初学者，易于识别和理解，避免歧义。

⑤纠错提示。发生错误后，应有信息说明发生了什么错误以及如何纠正错误。

⑥系统应具有错误恢复功能，使用户能够回到操作过程的前一阶段。

第 3 章 多媒体用户

1. 了解用户
2. 多媒体用户的特征
3. 目标与任务分析
4. 多媒体人机交互策略

用户分析是界面设计的第一步。所有交互式界面设计的开始必须面向用户，即用户分析。界面设计人员必须了解各种用户的习惯、技能、知识和经验，分析不同的用户可能有的需求和反应，为人机交互系统的设计提供依据，这样设计出的人机交互系统才会适合各类用户的使用。通常来说，多媒体教材的用户主要是教师和学生。

3.1 了解用户

3.1.1 多媒体用户的含义与分类

3.1.1.1 多媒体用户的含义

广义地讲，多媒体用户是某种多媒体产品的使用者。用户这一概念包含两层含义。

用户属于人类的一部分，用户必然具有人类的共同特性。例如，人的行为会受到人类本身所具有的基本能力的影响，这些基本能力包括视觉、听觉和触觉等感知能力，分析和解决问题能力，记忆力以及对于刺激的反应能力等。同时人的行为还会受到情感、心理和性格取向、所处的环境、受教育程度、知识经验以及年龄等因素的影响。用户在使用产品时也会在各个方面反映出这些特性。

用户就是产品的使用者。作为以用户为中心的交互设计，主要研究的是与产品使用特征密切相关的这些特殊群体。他们可能正在使用该产品，或未来有可能使用该产品，有着潜在的使用趋势。在使用产品的过程中，这些人的行为也会与一些产品的相关特征紧密相关。例如，对于目标产品的认识、期待利用目标产品所完成的功能、使用目标产品所需要的基本技能、未来使用目标产品的时间和频率等。

3.1.1.2 多媒体用户的分类

多媒体界面设计的目标是使计算机软件更加适应人，达到易学易用的"知行合一"。因此，对用户进行分类并分析其认知特征是界面设计中的重中之重。并以此为出发点和依据进行人机界面设计。不同研究者对用户有着不同的分类方法。

用户按是否接受过计算机系统的相关培训，可以分为受过训练的用户和未受过训练的用户；根据使用计算机系统的频率，可以分为偶尔使用、经常使用（专业用户）和跳跃式使用计算机的用户；根据使用计算机的目的，可以分为终端用户、应用开发用户、系统维护用户等。

在人机交互系统中，用户的计算机使用技能的程度决定了用户在计算机系统中的交互效果和体验。根据用户的计算机使用技能水平，还可以将用户可分为新手用户、平均用户和专家用户。

1. 新手用户

新手用户是以前从未使用过计算机并且缺乏基本计算机概念的人。新手用户有几个共同点：

（1）新手以往观察物理工具功能的经验基本无用，单从计算机的外观上根本看不出它们有什么功能。

（2）新手长期使用物理工具的操控经验基本无用，计算机不是靠体力操作的，而是靠思维操作，计算机是一种智慧工具，专业上叫认知工具。

（3）新手对计算机行为的过程并不清楚，计算机中所有的操作和反馈信息都是程序员编写，是一种人为的处理。对新手来说，计算机用到的符号和语言都是新的，这一切都是未知的，如果出现不熟悉的符号，他们会一头雾水，不敢轻易进行任何操作。

（4）计算机的操作非常复杂，操作过程很长，单步错误或漏掉任何一步都会导致整个操作过程失败。

另一方面，新手用户对计算机有许多担心和想象：

①新手对计算机的功能、行为方式和操作方式有许多想象；

②新手不敢使用计算机，害怕操作时损坏了计算机，而在操作中恰恰又容易出错；

③新手学习计算机操作的过程是一个很复杂的认知过程，很自然地反映出人的日常行动心理特性；

④新手往往提出一些使计算机专家无法解答的问题。

计算机是一种认知工具，但是它存在许多本质性问题，不符合人的知觉特性、思维方式和动作特性，以致给人的使用造成一定的思维负担和精神压力。

新手用户比较敏感，而且很容易在开始时有挫折感。但是开发者可以从新手用户那里了解到许多设计缺陷或改进计算机人机界面的技巧，这些非专业用户对人机界面的需求，对计算机开发者有所帮助。因此，对新手用户进行调研是人机界面设计者的必要工作。

在人机交互界面设计的过程中，需要考虑提供给新手用户一些指示，软件学习过程要简捷、快速且富有针对性。但我们必须注意，不可将新手状态视为最终目标，因为没有人希望永远是新手，它只不过是每个人必须经历的一段过程。好的人机交互界面应尽力缩短这一过程，而不是将注意力完全集中在这一过程上。

2. 平均用户

平均用户又叫普通用户或熟练用户，他们基本能够自己完成一个操作任务，但是不熟练，如果长期不操作，可能就会忘记学过的东西。当他们重新使用软件时，需要一些提示，但会很快回到以前的状态。然而，平均用户往往只能进行常规操作，面对一些异常情况或新问题时，往往束手无策或举步维艰。即使只是对硬件和软件的更新，都常常给他们带来很多麻烦。平均用户相比新手用户和专家用户来说，占据更大人数比重。虽然每个人都是从新手开始的，但不会有人愿意长期处于这种级别。大量的新手用户会尽量努力成为平均用户。平均用户是界面设计者的主要调查对象。

多媒体人机交互界面设计的目标既不是吸引新手，也不是将平均用户推向专家层。设计目标应该有三个方面：首先，让新手用户快速和愉快地成为平均用户；其次，避免在那些想成为专家的人面前设置障碍，例如效率低下、缺乏复杂度和积极性等；最后，最为重要的是，让大多数平均用户感到愉快，因为在技术层次上他们稳定地待在中间层。因此界面设计者需要多花一些时间，使软件对平均用户来说功能强大且容易使用。同时，也必须包容新手和专家，但不能让所占比例最大的这部分用户感到不舒服。

3. 专家用户

专家用户也称为有经验的用户。心理学界普遍认为，专家用户是指那些在特定认知或技能领域拥有十年以上使用经验的用户，他们具有许多共同特征：

（1）专家用户不仅能熟练操作计算机，而且对计算机的主要制造商都很熟悉，甚至了解不同计算机型号的具体细节差异，能很轻松地将新信息融入到自己的知识结构中去；

（2）专家用户对计算机的发展史、大型计算机公司或软件公司的发展史都相当了解，并比较关注大众的关注点和未来发展趋势；

（3）专家用户在某个计算机领域有比较长的知识链，当他们提到这个领域的任何热门话题时，他们可以关联到到很多相关信息；

（4）专家用户往往能够发觉深层信息的含义，具有较强的信息分类和综合能力；

（5）专家用户对软件的使用方面也有着足够的经验，而且会经常探寻更加高深的功能并将其应用到自己工作中。他们有快速访问常用功能的需求，希望各项功能都提供相应的快捷执行路径；

（6）专家用户会不断地学习更多的内容，并且会了解到更多他们自身操作和程序的行为以及表达之间的关系，专家用户欣赏更新的、更强大的功能，由于他们对程序相当精通，因此他们不会受到复杂性不断增加的困扰；

（7）专家用户会关注人的动作与计算机操作不适应的问题，他们能够评价一个软件的操作性能，并且与其他同类软件进行比较；

（8）专家用户经常可以改进和创新计算机系统或某些软件。

专家用户是人机界面设计中另一个重要的调研对象，因为他们对没有经验的新手用户来说有很大的影响。例如，当一个新用户评估一个产品时，他会更相信专家的意见，而不是平均用户的意见。当专家说"这个产品并不好"的时候，实际上是"对于专业认识来说这个产品并不好"的意思。但新手不会考虑到这些，他往往会采纳专家的建议，即使建议并不适用于他。通过与专家用户的访谈，汲取和总结他们的经验，设计者可以更容易设计用户调查问卷，能够进一步发现问题，对界面设计找出有意义的建议。

4. 临时用户

有些人平时用不到计算机，但是生活中需要用到人机界面，比如用银行取款机或者图书馆的借书机等，那些本不想用计算机却不得已要用到的人被称为临时用户。临时用户可能会出现在每个新产品的使用人群中。

上面介绍的是是一些常见的用户类型，旨在鼓励界面设计师在设计时考虑到不同的用户差异。除此之外，在实际的用户界面设计过程中，还要综合考虑一些人文因素，如用户的知识经验基础、视听能力、记忆能力、可学习性、易遗忘、易出错等特性，并把这些因素作为建立用户模型的内容，设计出真正友好的、以人为本的人机交互界面。

3.1.2 多媒体用户模型

3.1.2.1 多媒体用户模型的基本概念

多媒体用户模型是指来自用户的、关于某一多媒体产品的知识的集合，是产品概念设计的核心，对概念设计具有指导性意义。这里提到的知识是指关于用户的行动和认知特性方面的知识，是关于人的心理特性知识，应当反映人的固有行动特性。多媒体界面设计者以这些知识为基础，可以设计比较适合用户的系统和人机界面。

3.1.2.2 为什么要建立多媒体用户模型

用户是人机交互系统设计的出发点和归宿点，因此，系统设计必须考虑和匹配各方面的人为因素，才能充分发挥系统的功能和优势。在人机交互中，也首先要了解用户是谁，他有什么特点，他需要系统做什么。同时，对任务进行分析，让解决问题的策略、处理方法与用户特征相符。其次，为了保持用户与计算机之间适当的契合度和协调度，人机界面的交互方式往往要根据用户的情况经常调整，这样才能保证系统与用户相匹配。我们使用术语"用户模型"来描述用户特征、用户期望和对系统的要求等信息。一个完整合理的用户模型将有助于系统理解用户的特征和类别，理解用户动作和行为的意义，以便更好地控制系统功能的实现。

3.1.2.3 多媒体用户模型的建立方法

用户模型的建立方法学经历了"以机器为本的用户模型""理性的用户模型"和"非理性的用户模型"等三个阶段，后两者本质上都属于"以人为本"的方法，其中非理性的用户模型考虑了用户的非正常心理因素、非正常环境因素和非正常操作状态。

在设计多媒体界面时，创建用户模型时必须真正考虑人、计算机和环境之间的相互联系，因此为了更清楚地描述用户特征，可以从以下两方面描述用户并构建用户模型：用户思维模型和用户任务模型。

1. 用户思维模型

思维模型是一种在用户大脑中表示知识的模型，也称为认知模型。人们在操作计算机时的思维方式最终通过概括总结形成思维模型。人机界面的设计必须与用户的思维方式挂钩，以提高计算机的易用性。具体来说，用户的思维模型包括以下几个方面：

（1）社会和环境

在互联网时代，计算机不再是单一的、封闭的工具，而是创造了一个虚拟的网络社区，因此必须考虑到用户与各种实体之间的关系，具体包括用户、其他人员、社会环境、运行设施、运行环境和运行场景等。这些因素称为运行和使用的社会和环境因素，包括用户之间沟通的文化差异、沟通协议、信任感、道德边界、版权问题等。人机界面的设计要尽量解决用户在不同的运行环境和运行场景中可能遇到的问题。

（2）用户知识

用户知识包括用户对计算机的操作以及网络应用的相关知识。描述知识时，可以是根据科学的专业方向来描述，或者根据用户的行为方式来描述。可以把计算机的专业概念替换成日常生活中的隐喻表达，对降低非计算机专业用户的操作难度有极大帮助。

（3）用户心理因素

用户在操作人机界面时，其心理构成主要包括感知、认知和行动三种。

感知是指行为的知觉因素（视觉、听觉、触觉等）和知觉加工过程。用户具有知觉期望、知觉预测和某些知觉过程（发现、探索、辨别、识别、短期记忆、注视和扫视特征）。在操作计算机的过程中，屏幕上几乎所有的感知信息都是由开发者设计和制作的，是人为创造的信息，这与人们平时获取的自然信息有很大区别。用户只能通过屏幕获取这些人工信息。用户是否期望这样的信息？用户能找到这些信息吗？能认出这些信息吗？信息能看懂吗？此信息对用户操作有帮助吗？

用户感知并不是一个孤立的系统，也不能当作一个孤立的心理过程进行试验。用户感知只是了解和行动的第一步。例如，实验中提供了两种类型的图标来测试用户的图标搜索速度。这与实际操作过程不符。在实际操作中，当用户选择一个目标时，首先要理解它的含义，即经过一个认知过程，然后再决定用图标命令做什么。例如，视觉在操作计算机以搜索信息时具有特定目的。用户操作的目的决定了感知的方向性和目的性。在人机界面设计中，用户感知是关键之一。

认知主要涉及用户将自己的动作转化为操作计算机的思维过程。它包括在大脑中表达知识、理解计算机的反应、理解执行各种任务的行为、理解自己的角色、理解计算机的处理过程、理解人与计算机的交互方式、理解按钮和菜单等含义、理解计算机的各种反馈信息、理解计算机独有的交流方式、发现问题并解决问题的方法、产生决策的方法、学习操作的方法等。在计算机人机界面设计中，认知过程是值得关注并加以分析的重点。

行动是指用户的操作器官（如手或人体其他部位）的运动过程。计算机属于认知工具，用户的行动主要取决于认知，通过思维来引导行动的全过程。手部动作只起到运行和触觉感知的作用。因此，操作动作应设计为一种可并行的附带活动，使用简单的重复动作即可操作，用户无须因手部动作而分心，可以专注于认知方面，而手的动作则成为下意识的行动。人的基本手指动作，如按压、弹起、抓握等，这些动作与操作习惯、操作环境和场景有着千丝万缕的联系。例如，一般办公室用的计算机可以用键盘，但是汽车导航仪却不用键盘，而使用触摸屏作为输入设备。

同时，情绪对人的行为也有着巨大的影响。机器是没有情感的，但人类有，这是人类和机器之间的重要区别之一。情绪是一个非常复杂的因素，它会影响理性和非理性的人类行为。人们普遍认为，当情绪过低或过高时，都会对人们的理性行为产生负面影响。只有情绪适度，才能对行为起到积极的促进作用。

如图 3.1 所示，如果人机界面设计得好，可以在一定程度上缩短用户的认知过程，使用户直接将感知与行动联系起来。例如，专业的打字员可以在打字过程中建立一个"感知-动作"链，在不用看键盘的情况下，仅通过感觉手指的位置来操控每个按键。

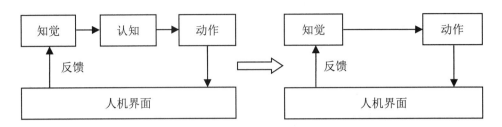

图 3.1　思维模型

在编写人机界面和操作人机界面时，思维方式起最主要的作用。如果一个程序员缺乏思维模型的概念，即使换另一个程序员操作他编写的人机界面程序时往往也会感到困难。许多设计心理学者都提出，要想提高设计对象的可用性，设计师应当采取用户的思维模型，而不能采用自己的思维模型。这两者的重要区别如下：

（1）看待计算机的角度不同，知识结构不同

用户是从屏幕、键盘、鼠标的特定角度看待计算机，从完成任务角度看待软件。用户用计算机输入字符或绘图时，会把文字处理软件和绘图软件与他们的任务过程联系起来。他们对这些软件的基本评价标准是看软件是否好用，是否适合任务。而程序员把这些软件与编辑命令、程序结构、操作系统联系起来，他们对软件的评价标准首先是可行性，只能在系统和编程软件功能允许的情况下进行编程，他们对软件的使用经验往往不如专家用户丰富。

（2）在国外通常由两类专家设计人机界面程序：人机学专家和软件专家

这些专家的知识结构是否一致？是否与用户的知识结构一致？他们设计人机界面的想法与用户接近么？评价一个人机界面时应该听取人机学专家的建议，还是听取软件专家的建议？谁的建议更能反映用户的思维模型？为了弄清楚这些问题，Gillan 在 1992 年进行了实验，研究这两类专家大脑里的人机界面知识结构。

通过实验分析发现，这两类专家的人机界面陈述性知识的组织结构有明显区别。人机学专家的基本思维方式是用户的行动方式，例如如何显示信息可以符合用户的需要、用户怎样给计算机提供输入等。因此人机学专家的知识网是从用户角度出发的。他们把人机界面概念按照用户角度进行分类，分成为若干知识子网络。这些子网络如下：

①用户知识：新手用户、专家用户、在线帮助、用户指南。

②用户与计算机的对话方法：互动语言、直接操作方法、菜单、命令语言、自然语言等。

③输入器：轨迹球、操纵杆、语音识别、鼠标、功能键、键盘输入、显示器等。

④信息编码过程：符号代码、颜色代码、亮点、数据分组、信息显示。

⑤信息表示类型：题目和标签。

⑥数据操作：编辑、保存数据、输入数据、退出。

⑦图形显示元素：光标、图标、窗口、信息显示区、命令行。

⑧高级界面技术：适应性界面、语音识别、听觉输入。

这些知识子网络之间的关系也符合用户的知识结构。软件专家的知识结构没有这样进行分类，缺乏这种一致性。人机学专家只把这些概念与空间能力结合起来，而把其他问题看作技术问题。

从这种知识结构的差别可以看出，这两类专家对用户的理解差别比较大。

2. 用户任务模型

任务模型是指用户为执行各种任务而采取的定向动作的过程，也称为操作模型或行动模型。用户任务模型主要包括用户在使用操作计算机时执行各种任务的动作过程。当然，使用的工具不同，人的动作过程也不尽相同。

用户的行动按照一定过程进行，如图 3.2 所示，一般来说，用户操作计算机的行动模型包括 5 个部分。

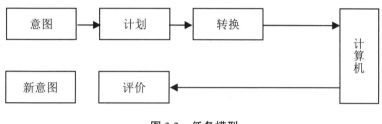

图 3.2　任务模型

（1）建立意图

用户的价值和需要决定他们的目的意图（目的、期待、兴趣）。例如，用计算机写信而不用手写，这是由价值观念决定的；计算机的打印格式正规，表示对收信人的尊重；在使用计算机时用户有许多目的，写文章、绘图、上网发电子邮件、上网查询信息等。

（2）制订计划

为了实现目的意图，用户要建立方式意图，也就是行动计划，主要解决何时、何处、干什么以及怎样操作等问题。例如用计算机写文章时，要确定文章分为几部分，摘要、主题、正文用什么字体和字号，插图放在什么位置，先写什么，后写什么。

（3）行动计划转换成计算机操作过程

用户在操作计算机时，只能通过键盘和鼠标将自己的意图输入到系统中，并在屏幕上得到反馈。所有活动的目标和计划都必须转化为计算机可以执行的一系列操作序列。这个转换过程其实非常复杂，比如书写和画图的任务不同，转换的方法也不同。在不同的任务中，人和计算机的角色也是不同的。"将人的动作转换为计算机执行"涉及的转换方式是，将动作过程转换为计算机可以接受的操作序列（即操作计划），以及将每个动作步骤转换为计算机的运行。例如，用户用计算机写文章，不能按照传统的笔纸操作过程，而要把行动转换成计算机的"操作顺序"：建立文件，打开文件，设置字体、字号等，选择输入法，输入文字。如果不按计算机规定的这些操作顺序执行，就无法写文章。

（4）用户什么时候开始操作，怎么操作，遇到问题时用什么策略去解决

选择何种汉字输入方式，例如选择"智能 ABC"输入法，打字时可以每次输入一个字，或是每次输入一个词组。输入"你好"一词时，采用逐字母输入方式（输入 n，i，h，a，o），或是采用简化输入方式输入（只输入 n，h）。用户每完成一次操作，都会通过各种感知，将反馈的结果信息与其操作的目的进行比较，修正偏差，决定继续还是停止动作。

（5）行动结束后，将反馈与最终目标进行比较，对行动结果进行评估。

为了设计的可用性强，设计师必须发现用户的所有目标和期望、所有可能的计划和过程，以及所有可能的测试和评估性能的方式。例如，人们可能对于室内的电源开关有很多的希望，比如用它来开关灯、用它来调节灯的亮度、用它来定时开关灯等。而对于楼道灯的开关，人们可能希望可以从楼下开灯，从楼上其他楼层关灯，反之亦然。甚至希望人来到房间门口时，门灯会自动打开。那么，人们如何在黑暗中找到电灯开关？哪种开关更容易被察觉到？用户如何看待它、感知它？之后会怎么想？如何选择自己的操作流程？

使用计算机完成绘图、写作、上网等各种不同的任务时，用户的行动过程是不同的，因而用户任务模型也不同，并不存在一个万能的用户行动模型。

从动机心理学角度来看，日常行动可以分为4种：感知行动（例如使用望远镜、观察X光照片）；思维行动（例如计算机编程、查询信息、写作和绘图）；意志行动（例如把大量的坐标数字输入计算机里）；身体活动（如骑自行车）。在知觉行为中，人类使用工具的目的是感知。知觉是行动的主导，手部操作起辅助作用。设计的目的主要是提供一个有利的环境来满足知觉的欲望，减轻感知的负担，手部动作的协调应该是无意识的、自动的，让用户快速形成"感知—动作"链，并不经过大脑思维控制。在思考和行动中，工具使用者的目标是认知，思维起主导作用，其他因素起辅助作用。设计的主要目标是减少身体疲劳并提高人身安全。简而言之，人机界面设计的目的是为用户打造有利的行为条件，顺应用户的心理特点，为用户提供满意的操作条件和动作指导，主要包括准备工作的指导、目的引导、决策指导、问答指导、操作过程指导、手部动作指导等。

人机界面设计的主要目标之一是减少用户的认知负担，把认知过程变成感知行动。例如用户在绘图时，眼睛（知觉）在屏幕菜单上寻找绘制矩形的命令图标，必须理解（认知）这个目标，控制手操作鼠标选用该图标，考虑（认知）在屏幕上什么位置画矩形。这一过程包含3部分：知觉—认知—动作。在某些操作中，用户经过一定培训练习后，能够很熟练进行操作，通过知觉直接控制手的动作。例如，用键盘操作时，用户的眼睛只看书面文字，手就能正确流利地操作键盘。这个过程包含两个部分：知觉—动作，认知没有参与此过程，而形成了直接的"知觉—动作"链。这种操作方式可以减少用户的认知负担。

3.1.2.4　用户模型的获取

用户模型获取的主要方式是需求分析，需求分析的主要途径是设计调查。

设计调查的基本内容包括：文化与传统、价值观与期待、生活方式、使用动机、使用过程、使用结果、设计审美、使用过程、学习过程、操作出错及如何纠正、软件的可用性等。

设计调查的对象（用户）包括专家用户、平均用户、新手用户和偶然用户等。

通过对设计调查结果的分析，可以获取以下知识：了解用户对具体软件产品的审美观念、明白用户的操作方式、用户在使用该软件时存在的问题，了解如何减少用户操作出错、如何缩短用户对操作的学习时间。能够了解设计的软件是否符合用户需求，用户人群对软件的定位，这一切的最终目的是使设计师明白，软件产品要具体设计什么。而这也正是我们构建用户模型的最终目的。

由以上分析也可以看出，设计调查其实伴随着软件产品全生命周期的整个过程，因此，也可以将设计调查按软件产品全生命周期中的时间阶段划分为面向概念设计的设计调查、面向详细设计的设计调查、面向用户反馈的设计调查等，各个阶段设计调查的侧重点各不相同。同时，由于软件产品全生命周期各个阶段之间并没有一个清晰的界限，因此各个阶段的设计调查之间也没有一个明显的界限，它们彼此之间循环往复，互相促进，从而推动软件设计螺旋式发展、波浪式前进。

这里需要强调的是，设计调查与市场调查在目的、方法、调查对象及作用等方面都是不同的，一般步骤如下：

（1）列出实验要考虑的各种独立变量，如时间、出错率等；

（2）设计一个与实际情况类似的任务，任务的选择决定了要使用和测试的相关变量的种类；

（3）进行实验；

（4）收集实验结果，进行统计分析。

3.1.2.5　用户模型的表达

自然语言是知识表达最直接的方式，因此也是用户模型最好的表达方式之一。然而由于自然语言存在两个主要的问题，即多义性和模糊性，不利于人的理解和沟通。除此之外，自然语言还存在句子结构不规整、句子成分彼此相关和模块性差等问题。

因此，除了自然语言之外，图表、UML（统一建模语言）、语义网等知识表示方法都可以作为用户模型表示的有力工具，可以配合自然语言一起使用。

总之，用户模型的表达为需求分析与概念设计之间提供了无缝接口。通俗地讲，如果一个设计师做出来的用户模型交给另外一个设计师进行设计，而后者看后仍然无法获取完整的、准确的信息与知识，无法形成具体的设计，那么这样的用户模型就是失败的，或者是不全面的。因此，设计师应该选择合理的用户模型表达方式来准确地描述用户模型信息。

3.1.3　以用户为中心的多媒体交互界面设计

3.1.3.1　什么是以用户为中心

一个优秀且有效的多媒体界面设计应该能让用户来控制使用过程，满足用户需求，获取用户的满意。在多媒体界面设计中，产品的使用者是所有构想的坐标原点，界面开发设计中的所有元素应为这一个目标服务，这就是以用户为中心的交互设计。

以用户为中心的设计（User-centered Design，UCD），其背后的基本思想是始终将用户置于设计过程的最前沿。在产品的初始阶段，产品策略应该是将满足用户需求作为首要动机和最终目标；在产品设计和开发的后期过程中，对用户的研究和了解应该成为各种决策的依据；同时，每个阶段对产品的评价信息也应来自用户的意见。

3.1.3.2　以用户为中心的多媒体界面设计步骤

用户参与设计是实现软件交互和以用户为中心的界面设计的重要手段，应该使用户参与到整个设计过程中。可能会使用多种不同的方法来实现这一目标，例如，观察用户、进行用户调研、采访用户、与用户谈话；让用户执行任务、测试用户、分析用户表现和完成效率；让用户成为共同的设计师；根据用户反馈进行设计的改造。这些方法允许用户参与设计，并可以从用户那里引出相关的知识。用户参与设计的全过程如图 3.3 所示，可以理解为软件界面的开发以用户开始，以用户结束，让用户不断参与到这个循环中，以实现设计的改进和更新。

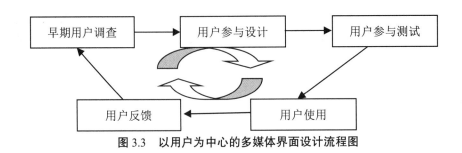

图 3.3　以用户为中心的多媒体界面设计流程图

1. 早期用户调查

识别和理解目标用户是开始人机界面设计的第一步，发现一些潜在用户，理解具体而非抽象的问题，例如用户需要什么、要做什么以及他们知道什么。需要对用户进行宏观和微观的观察和研究，宏观主要是依靠用户所处的环境来了解未来的情况，微观则是对用户进行更深入的探索。设计师必须置身于用户的环境中，了解实实在在的使用者的需要。了解用户擅长什么，不擅长什么，即根据用户的生理、心理特征和认知能力做出交互和界面设计决策，应用人机设计和分工，充分发挥人的优势，避免人的劣势。

2. 用户参与设计

了解用户想要的并让他们参与到设计中来。需要确立用户的目标，用必要的手段定义用户的需求，并根据用户的目标和需求进行有针对性的设计。

3. 用户参与测试

一个成功的用户界面决定一个成功的产品，而一个成功的用户界面又离不开对人对界面的评价。人机界面评价是对构成人机界面的软硬件系统，根据其性能、功能、界面形式、易用性等进行评价，这不仅是与既定的人机界面标准进行比较，更重要的是进行用户测试。以用户为中心的交互界面设计要直接对终端用户进行测试，而不是仅仅依靠专家的意见。虽然专家可以查明新产品的问题所在，但专家的意见只能反映有限的情况。尤其是在设计复杂的产品或服务时，由于面向的用户范围广泛，专家很容易忽略一些重要的点，这样的成本可能会超过利用用户测试的成本。

进行用户测试时，要仔细观察，认真聆听，最好记录下用户在执行特定任务时的反应，看是否与设计定义相一致，着重检验在设计阶段曾进行过重点分析的任务。通过测试没有用过产品的用户，以获得新的看法。

4. 用户使用

用户直接使用产品，对产品各方面的特征进行评估。

5. 用户反馈

根据用户反馈分析设计，然后改进和优化原型。一旦第二个原型可用，第二轮测试就可以开始验证设计变更的可用性。随着原型的发展变化，不断增加详细的人机界面设计，在易学性和易用性之间取得平衡。这些原型允许用户提出有关它是否满足用户整体需求的问题，并提供有关其功能的反馈。设计师可以重复这个迭代过程，直到他们满意为止，然后创建最终计划并实施它，即不断让用户来检验设计的可行性。

　　虽然开发人员和管理人员很自信认为他们了解用户需求，但事实上他们通常并不了解。人们倾向于关注用户应该如何执行任务，而不是用户喜欢如何执行任务。在大多数情况下，偏好问题不仅仅是假设用户的需求已经得到解决，尽管这本身就值得注意。偏好也根据用户的经验、技能和所处环境来确定。因此界面设计师应该避免以闭门造车的心态进行设计，要深入了解用户的喜好，避免形成设计开发人员与使用者对产品预期的落差。

3.2　多媒体用户特征

3.2.1　多媒体用户知觉特征

　　人机交互界面是指人与计算机之间产生相互沟通的媒介，是传递信息的载体。信息包括信息内容和组织结构，主要有图形、文字、颜色、数据、图表、声音、触觉反馈等，以及它们之间的信息结构。人机交互界面中信息的选择、组织、表达都应该符合人的认知特点，满足人的认知要求。同时，这也是软件界面设计必须满足的基础要求，这意味着要提高界面设计的易用性，从"人"的一般普遍的认知生理层面出发，将以用户为中心的思想贯彻到界面设计中。目前，软件界面中常用的人机交互方式有视觉、听觉和触觉三种。下面围绕这三个方面，分别介绍视觉、听觉和触觉的生理功能和特点，并说明相关的界面设计原则和要求。

3.2.1.1　视觉

　　视觉是人类与外界交流的最重要的感官渠道。人们获取的外界信息中，80%以上是通过视觉获得的。因此，视觉显示器是人机系统中最常用的，也是最有效的人机界面。视觉显示器与人类视觉功能的匹配度，在相当大的程度上决定了人类在人机系统中工作的效率和有效性。

　　1. 视觉系统构造和原理

　　视觉系统包括眼睛、传入神经和脑皮层视区等部分。

　　眼睛是视觉系统的外围部分，是视觉的感受器官，人眼是直径为 21～25mm 的球体，故称眼球，其结构见图 3.4。眼睛的基本构造与照相机类似，包括折光部分和感光部分。折光部分包括眼球最前面的透明组织，即角膜和巩膜。角膜凭借其弯曲的形状实现眼球的折光功能。巩膜是白色不透明的薄膜，主要起巩固和保护眼球的作用。虹膜位于角膜和晶状体之间，中间有一圆孔叫作瞳孔。瞳孔的大小由虹膜的扩瞳肌和缩瞳肌的拮抗活动来控制。瞳孔的主要功能是调节进入眼内的光量。光弱时瞳孔放大，以增加进入眼球内的光量。在强光下瞳孔缩小，使进入眼球的光量减少，以免视网膜遭到强光刺激而受损伤。瞳孔后面是晶状体。晶状体起着对远近不同物体的聚焦调节作用。这种调节通过改变晶状体的曲率半径来实现。看远物时，晶状体呈扁平状，曲率半径增大，折光能力减小。看近物时，晶状体厚度增加，曲率半径减小，折光能力随之增大。晶状体起着类似于透镜的作用，保证来自外界物像的光线在视网膜上聚焦，使之形成清晰的倒像。

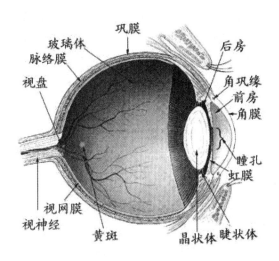

图 3.4　眼睛结构示意图

视网膜是眼睛的感光部分，内有两种感光细胞：视杆细胞（杆体细胞）和视锥细胞（锥体细胞）。视杆细胞细长呈杆状，视锥细胞粗短呈锥状，两者的功能有明显的差别。视杆细胞对光的感受性较视锥细胞约强 500 倍，主要在暗视觉条件下起作用，但它不具备视锥细胞的分辨物体细节和辨认颜色的能力。人眼视网膜上约有 650 万个视锥细胞和 1 亿个视杆细胞。

视网膜上的感光细胞将接收到的光刺激转化为神经冲动。神经冲动沿传入神经传向中枢和大脑，视觉中枢和大脑处理信息。视觉活动是在眼睛、视神经和视觉中枢的共同作用下完成的。人的视觉系统如图 3.5 所示。

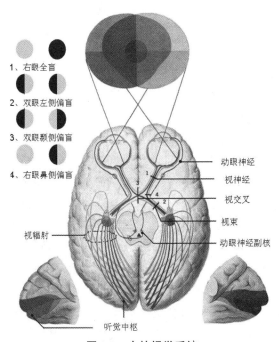

图 3.5　人的视觉系统

2. 视觉参数

视觉主要功能为辨别外界物体：在三维空间中确定物体的大小、感知物体的运动、识别物体的颜色。下面介绍视觉功能的特点和局限性。

（1）视角

视角是确定被观察物体大小范围两端进入眼球的光线的交角。视角的大小与观看距离和被观看物体两端的直线距离有关。眼睛能分辨被观察物体最近的两个点的角度称为临界视角。

（2）视敏度

视敏度又称视锐度或视力。视敏度是眼睛辨别物体的微小结构能力的生理尺度，是用来衡量人类通过视觉获取外界信息的能力的重要指标。视敏度一般用临界视角的倒数表示，当临界视角为 1 分时，视敏度就是 1.0。随着视敏度下降，临界视角会大于 1 分，所以相应的视敏度就用低于 1.0 的数表示。在一定的观看距离条件下，通过越小的视角分辨出物体的细节，则视敏度就越大。

视敏度有中心视敏度和周边视敏度的区别。中心视敏度是指视网膜中央凹 2 度范围内的视敏度。中央凹以外的视网膜四周的视敏度称为周边视敏度。通常所说的视敏度是指中心视敏度。网膜中心与网膜周边的视敏度高低差异悬殊。中央凹的视敏度最高，当离开中央凹大时候，视敏度会快速降低，离中央凹越远则视敏度越低。

此外，影响视敏度大小的因素还包括被观察物体的亮度、背景的亮度、它们之间的亮度和对比度的变化，以及人的年龄。

（3）视野

视野是指当头部处于正常位置，头部和眼球静止时，眼睛在正常亮度下看前方物体时所能看到的空间范围。视网膜上的感觉细胞的排列分布会影响视野的大小和形状。视野一般分为双眼视野和单眼视野。双眼视野成椭圆形，以注视点为中心约 60～70 球面度的区域为左右眼视野的重合区，称为综合视野，左右侧不重合的部分称为颞侧视野。人的视野在左右水平方向上大于上下垂直方向。眼睛和头部转动可使视野范围扩大。视野中能感受颜色的区域称为彩色视野。彩色视野的大小又因颜色的不同而不同。整个视野都能感受白色或非彩色，黄、红、绿、蓝等彩色视野都比白色视野要小。

3. 视觉特征

（1）水平优于垂直

事实上，眼球水平运动比垂直运动要快，而且不易产生疲劳感。人眼对水平方向的大小和比例的估算，要比对垂直方向估算精准得多。因此，一般的视觉显示器都设计呈矩形。

（2）顺时针原则

人视线的变化一般习惯从左到右、从上到下，采用顺时针方向来移动。

（3）四象限理论

当人的双眼偏离视觉中心时，在相同的偏离距离下，人眼对左上象限的观察指标优于右上象限，对右上象限的观察优于左下象限，最差的是右下象限。如图 3.6 所示。

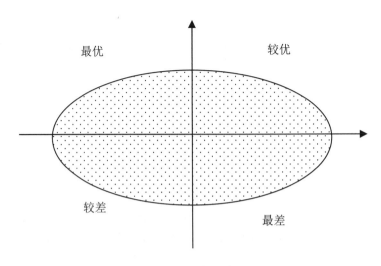

图 3.6　视觉四象限次序

（4）对比原则

颜色对比与人眼辨别颜色的能力有关。当人们从远处辨识眼前的不同颜色时，容易辨认的顺序是红、绿、黄、白，也就是说最先看到红色。两种颜色相配时，易识别顺序为：黄底黑字、黑底白字、蓝底白字、白底黑字。

（5）运动原则

移动单目标比静止的目标更容易被人眼检测到，但不容易看清楚。

4. 视觉心理过程

根据实践中经常使用的视觉行为，口语中所谓的"看"一般涉及六个心理过程。

（1）视觉搜索（Visual Search）：指视线在视场中扫描查找，就像在人群中寻找某人一样。在复杂的情况下，会建立一些搜索策略，比如先划分区域，然后按特定路径搜索；或按特定视觉特征搜索；按特定时间搜索；按具体要求搜索。

（2）发现（Detection）：当视觉检测到的刺激信号与预测的一致时，视觉就会持续跟随这个视觉信号。

（3）辨别（Discrimination）：当视觉发现几个类似的刺激信号时，需要继续检测并进一步判别每个信号的细节和区别。

（4）识别（Recognition）：根据细节的不同来识别出目标信号的含义。

（5）确认（Indentification）：确认所获取的信息确实是需要的。

（6）记忆查询（Memory Search）：在上述任何一个过程中，视觉上获得的信息都要与记忆中的信息进行比对，因此必须先进行记忆查询。

这六个视觉心理过程也是最常见的视觉使用形式。在一些情况下，视觉心理过程还包括视觉定位、视觉跟踪运动。知觉学习训练可以激发并增加这些能力。判断知觉机能的主要因素是区分各种刺激信号，通过学习区分各种信号的实践，获得高度使用的知觉经验，逐渐形成自动化过程。这样在觉察刺激信号的同时，还可以干其他事情。当知觉需要注意时，就成为受控制知觉，它必须受意识和打算的注意力的控制。

5. 视觉特性对人机交互界面设计的启示

（1）界面元素可见性

从视敏度角度来看，界面中较大的元素更容易被看到。一般来说，界面元素的可见度随着目标区域的增加而增加，一般呈线性关系，但由于人机界面显示介质的显示能力限制，必须以可视范围为准结合正常人的视距和视觉条件（如可见度、即时识别等），提供合适的设计。

①数码、字符和图标的形状设计

数码、字符和图标这些界面元素的形状设计，应使其特征显著，减弱或者摒弃那些容易混淆的部分，使它们具有容易识别的特征，比如文本，不管是中文还是英文，不同字体的识别和阅读准确率是有很大区别的。另外，无论是图标设计、数字设计，还是特效，形式要简洁明了，轮廓辨识度高。

②数码、字符和图标的大小设计

界面元素的大小应根据人的正常视力、观看距离和视觉条件来确定。在正常视觉条件下，它们的高度应按最佳视角来设计。实验表明，人眼的最佳视角大约为 10°至 30°，当观看距离确定了，高度就确定了。表 3.1 给出了不同观察距离小字母和图标设计的高度参考值。数码和字符多为狭长形，其高宽比一般为 3∶2～5∶3；而图标多采用方形。

表 3.1　不同观察距离小字母和图标设计的高度（单位：cm）

观察距离	小字母和图形高度
＜50	0.25
50～90	0.5
90～180	0.9
180～360	1.8
360～600	3.0

③数码和字符笔画宽度的设计

数码和字符笔画宽度对其识别和阅读的准确性有巨大的影响。一般用横条的宽度与字符（或数字）的高度之比来决定字体的粗细，粗体的比例为 1∶5 或 1∶6，常见的字体比例为 1∶8～1∶10。在正常视觉条件下，粗体比细体更容易阅读。

④考虑运动和闪烁

界面元素的运动状态对视觉识别有巨大的影响。通常，运动元素更容易看到，但更难看清楚。从视觉辨别效果来看，目标的速度越高越不利于观察，人的视力程度一般与目标的速度成反比。因此，界面元素是否移动、移动速度的选择要慎重。元素的闪烁也造成了易检测和易辨别的冲突，所以一定要注意界面元素的闪烁设计和闪烁频率，在二者之间找到一个平衡点。

⑤使用色彩对比

人眼对颜色非常敏感。在一块基本没有颜色的信息中，局部的一小块颜色很容易引起人们的注意。在一条彩色信息中，一小块背景色的对比色也会产生同样的效果。背景和视觉元素在颜色对比上采用黄黑、黑白和蓝白对比会非常明显。

（2）界面布局

界面布局就是将大量的人机交互信息，如文本、图形图像、图标、控件等，合理地安排在软件界面中，即将大量的信息以合理的方式排列到有限的屏幕空间中去。界面的布局规则和方法受人的视觉参数和视觉特征影响很大。

总的来说，一般的界面布局要求有两个：①考虑到人的视觉的局限性，适应其特点；②清晰、合理、重点突出、功能齐全，提高人机交互效率。

由于不同软件的功能不同，信息的种类也大不相同，但它们的界面布局一般应遵循以下规则：

①平衡

注意画面上下和左右的平衡。不要将数据拥挤地显示在一起，过度堆积的显示很容易导致眼睛疲劳和信息接收错误。对于信息量大的情况，可以采用滚动屏幕的方法。

②简明

在提供足够信息的同时，还应注意简洁明了，例如采用自定义工具栏、使用工具图标、多级下拉菜单等方式。另外，由于空白行和空格会使画面结构合理，易于阅读和查找，因此应注意提供必要的空白空间。相反，密集的展示会破坏用户的视觉体验，不利于用户将注意力集中在有用的信息上，势必会增加寻找有用信息的时间。

③重要

交互频率高的重要信息应位于最佳观看位置，应通过颜色、边框和其他图案与周围环境明显区分开来。比如弹出的对话框、绘图软件的编辑区一般都会位于屏幕中央。或者将信息置于一个容易被人的眼睛捕获的位置，比如绘图软件中的选择工具，通常在工具栏的第一位。

④顺序

各主菜单的菜单栏和下拉菜单的布局，以及工具栏上工具图标的布局，大多是按照操作顺序来设计的。例如，在一般的实用软件界面中，"文件"菜单是菜单栏的第一项，文件下拉菜单一般按照新建、打开、关闭、保存的顺序排列。

⑤功能分组和界面结构化

根据信息的功能和交互需求，可以将信息划分为区域和模块，如导航区、编辑区、工具栏、预览区等，然后根据相关视觉原则制定合理布局。基于以上布局原则，根据视觉功能要求（视野中心核心、水平优于垂直原则、顺时针原则、四象限理论等），软件界面布局可以归纳为常见的以下几种类型：T型结构布局、口型布局、三层布局、左右对称布局、自由布局等。

3.2.1.2　听觉

听觉是人们获取外界信息的重要渠道之一。心理学认为，人从外界获得的信息中约有15%来自听觉。因此，在人机交互界面中，听觉是视觉的好帮手，用以提高用户信息获取量，可以有效解决复杂系统中用户视觉信息过量的问题。然而，在传统的以视觉为主要渠道的人机交互界面设计中，听觉并没有得到充分的发挥。

1. 人的听觉系统

人体的听觉系统由耳、传入神经和大脑听觉中枢等部分构成。

（1）耳朵的构造

人耳是声音刺激的感受器，它包括外耳、中耳、内耳，其基本构造如图 3.7 所示。

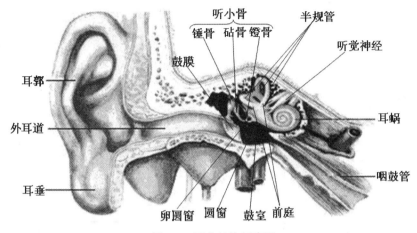

图 3.7　耳朵结构示意图

外耳包括耳郭和外耳道两部分。耳郭前表面有一个大开口，称为外耳门，与外耳道相通。耳郭呈漏斗状，起收集外界声波的作用。大部分由皮下的弹性软骨支撑，皮下的一小部分只含有结缔组织和脂肪，这一部分就叫作耳垂。耳郭在临床应用上是耳穴治疗和耳针麻醉的部位，而耳垂还常作临床采血的部位。外耳道是一条自外耳门至鼓膜的弯曲管道，长约 2.5～3.5cm，一直延伸至鼓膜。

中耳主要由鼓膜和听小骨组成。鼓膜是个半透明的膜，呈浅漏斗状，外侧凹陷，边缘至骨。它是外耳道和中耳的分界线。声波通过外耳道传入，引起了鼓膜振动。鼓室位于鼓膜和内耳之间，是一个充满空气的小腔体，体积约为一立方厘米。鼓室是中耳的主要组成部分，里面有锤状、砧状和镫状三个听小骨，镫骨底板附着在内耳的卵圆窗上。三个听小骨由韧带和关节相连，形成一个听小骨链。鼓膜的振动通过这个听小骨链传递到卵圆窗，引起内耳中淋巴的振动。鼓室有一条小管即咽鼓管，从鼓室前下方通到鼻咽部。咽鼓管是一条细长、扁平的管道，全长约 3.5～4cm，靠近鼻咽部的开口平时闭合着，只有在吞咽、打呵欠时才开放。咽鼓管的主要功能是将鼓室内的空气与外界空气进行通气，从而维持鼓膜内外气压的平衡，使鼓膜能够更好地振动。鼓膜中的气压高，则鼓膜向外鼓出；鼓膜内气压低，鼓膜就会向内塌陷，这两种情况都会影响鼓膜正常振动，影响声波传递。

人们乘坐飞机，当飞机上升或下降时，气压急剧降低或升高，因咽鼓管口未开，鼓室内气压相对增高或降低，就会使鼓膜外凸或内陷，因而使人感到耳痛或耳闷。在此期间，如果主动吞咽并打开咽鼓管口，可以平衡耳膜内外的气压，从而缓解上述症状。

内耳由前庭、半规管和耳蜗组成，由弯曲的管道构成，结构复杂，因此被称为迷路。迷路中充满了淋巴液，前庭和半规管中有与身体平衡有关的位置感受器。前庭在直线运动中可感知头部位置和速度的变化，半规管可感知头部转动和速度变化。当这些感官刺激反映到中枢以后，就引起一系列反射来维持身体的平衡。耳蜗是听觉感受器的所在处，与听觉的形成有关。

（2）声音是怎样形成的

人类的听觉非常灵敏，可以听到每秒振动 20 次到 2 万次的声波。当外来声音被耳郭接收到时，会从外耳道传到鼓膜，引起鼓膜振动。鼓膜振动的频率与声波完全相同。声音越大，鼓膜的振动幅度就越大。然后鼓膜的振动导致三个听小骨以相同的频率振动。振动传递到听小骨后，由于听小骨链的作用，振动力大大增加，起到放大声音的作用。听小骨链的振动继续引起耳蜗内的淋巴振动，从而刺激内耳的听觉感受器。当听觉感受器受到刺激时，神经冲动在听神经中沿耳蜗神经传递到大脑皮层的听觉中枢。这就是听觉的产生。

2. 听觉参数及特性

（1）频率

频率是声波时间特性的体现。音体每秒振动的次数称为频率，单位为赫兹（Hz）。频率在 20～20000Hz 范围内的声波是可听见的声音，20000Hz 以上的超声波和 20Hz 以下的次声波是人耳听不见的。

（2）声压

声波作用于物体的压力，称为声压，单位为帕（Pa），声音都强度主要是由声压来决定的。

（3）可听范围

能被听到的声波不仅要有特定的频率，还要有特定的声压。声压太低听不见，声压过高会引起疼痛。

（4）分辨声音的强弱

听觉对声音的频率和强度非常敏感。由于物理特性并不能很好地衡量人们对声音的感知，响度通常被用作声音的心理衡量标准。响度是人耳对各种声音强度和频率的综合感知。例如，音量为 60dB、频率为 1000Hz 的声音的响度级与音量为 78dB、频率为 50Hz 的声音的响度级相同。

（5）分辨音源的方向和距离

听力正常的人在听到声音时，一般不仅能判断声音来自哪个方向，还能估算自己与声源的距离，这是听觉空间特性的一种表现。听觉可以对声源进行空间定位，这主要是取决于听觉的双耳效应。当人听到声音时，声源的方向是由到达双耳的声音强度和时间顺序决定的。基本上，声音的方向是由高音的强度差异和低音到达顺序的差异决定的。声源远近的评估主要取决于人的主观经验。

（6）声音掩蔽效应

声音掩蔽是指一个声音作用时，使人对另一个同时或继时发生的声音的感受性降低或感觉阈限提高的现象。例如两人谈话时，若旁边的电视机或收音机的音量开得很大，谈话声就听不清楚，这就是因为电视机或收音机的声音掩蔽了谈话声。声音掩蔽作用的大小不仅受掩蔽声强度大小的影响，而且也与掩蔽声和被掩蔽声的频率和性质有关。掩蔽声的强度越大时，掩蔽作用也越大，且被掩蔽声的频率越广；与掩蔽声频率越接近的声音，被掩蔽的程度也越大。

3. 听觉特征对人机交互界面设计的启示

听觉功能的特点决定了它在视障人士和非视障人士的软件界面设计中，都起着不可或缺的作用，具有广阔的应用前景。这主要是由于听觉的以下交互特性：

（1）声音是全方位的，引起了人们不由自主的注意。视觉注意点是一个小范围，在视网膜中心凹区域，而听觉却可以接收到整个 360°背景的声音。

（2）人对声音信号的反应速度和处理速度快于视觉信号。

（3）听觉信号和视觉信号的联合使用将提供更自然、更高效的人机交互效果，因为人在真实环境中获取信息的方式是"多通道"听觉和视觉，纯视觉感知信息不仅会造成视觉信息过量，而且效率不高。

（4）听觉是视障人士获取信息的主要渠道之一，听觉界面使视障人士同样能够使用计算机等信息工具。

目前，人机交互界面中使用的声音类型可分为两大类：语音（Speech）和非语音（Non-speech）。语音是用特定语言进行的人机交流，主要显示信息内容，广泛应用于多媒体软件界面。非语音主要作为及时交互信息的反馈，目前常用的非语音听觉成分主要有自然声和音乐声。

自然声音，即真实世界的声音，被映射到提供音频反馈的界面事件和对象，以提高人机交互效能。比如操作系统中，清除垃圾桶的音效反馈，与现实中倾倒纸篓时候产生的声音一样。

音乐声，比如电脑的开关机音乐。软件界面中音乐声音的使用并未普及，因为不同的人对音乐的认知和反应有很大差异，另外编码音乐会增加学习难度和用户记忆负荷。

语音交互不仅是人机系统的常见输出手段，也是向系统输入数据的有效方式，这主要得益于语音识别技术的不断发展。语音交互一定要注意语言的清晰度，包括语速、声音强度、节奏等。非语音交互最常用于图形用户界面的听觉增强，通常有带有音频增强的按钮和菜单，显示并发运行的后台任务的状态，例如，下载任务是否已完成。对非语音交互的设计应注意以下几点：

①声音力求简短，悦耳；

②声音编码应合理，能被用户正确理解；

③切不可滥用，以防止干扰用户思考问题和正常工作；

④听觉增强对初学用户很有帮助，但软件界面应提供用户对此功能的自定义设置，使熟练用户能根据自己的意愿设定/关闭听觉增强。

3.2.1.3　触觉

人与外界的交流，包括输入和输出，在现实中是多通道的，例如通过视觉、听觉、触觉、嗅觉、味觉等。基于此，多通道界面被提出，即使用多种交互设备，例如用于语音识别的设备、直接指向设备、眼动追踪设备、触觉和力反馈设备等，通过各种交互设备方法的合作，利用它们之间的特性互补，让用户很轻松地传达交互的意图并理解计算机的反馈输出，提高交互效率，使交互更加自然。最终让用户能够以日常技能使用计算机。目前，触摸交互已经成为人机交互领域的较新技术，对传统的人机交流方式产生了重大影响。

触觉的生理基础来自施加于皮肤和皮下组织的触觉感受器的外部机械刺激。狭义的触觉是指刺激皮肤表层触觉感受器的微弱机械刺激引起的皮肤感觉；广义的触觉还包括强烈的机械刺激引起皮肤深层组织变形而产生的压力感。由于皮肤厚度和神经分布位置的差异，皮肤的不同区域具有不同的触觉敏感性和准确定位触觉刺激点的能力。

触觉交互为人机交互开辟了许多可能的应用领域，包括产品设计与制造、医疗应用、职业培训、计算机游戏、基于触觉的 3D 模型设计等。例如 CAD 虚拟装配，设计师不仅需要在系统中看到数字模型，还需要利用触觉反馈技术，让手感受模型内部的零件及其空间布局，以判断设计是否方便组装和维修。触觉交互让人们实现了"看得见、摸得着"的自然需求，能够实现人机自然交互与真实用户体验的完美结合。但这有赖于触觉反馈技术和设备进一步的研发和应用。

3.2.2 多媒体用户记忆特征

3.2.2.1 记忆的分类和特征

记忆是大脑对过去发生的事情的反映。通过记忆，人们可以保留对过去体验的反映，现在的反映建立在以前的反映之上，记忆可以使反映更加全面和深入。换句话说，得益于记忆，人们可以积累经验并扩展经验。从信息处理的角度来看，记忆是对输入信息进行编码、存储和再现的过程。认知心理学普遍认为，人的记忆可分为知觉记忆、短时记忆（工作记忆）和长时记忆三种类型。

1. 知觉记忆

知觉记忆为通过感官接收到的刺激充当缓冲区。每个感觉通道都有一个知觉记忆：对视觉刺激有影像记忆，对听觉刺激有回声记忆，对触摸有触觉记忆。

知觉记忆是人的信息加工的第一个阶段。在这个阶段中，关于刺激的一定信息以真实的形式短暂地记录在感官记忆中。接着，刺激转化为新的形式，并传递到系统的另一个部分。

知觉记忆的特点是刺激信息停留在寄存器中，会迅速地自动"衰变"，保留的时间很短暂，大约 1s 左右。另一方面，原有的刺激信息通常会由于新的刺激信息进入感觉寄存器而被掩盖和抹掉。

2. 短时记忆（工作记忆）

短时记忆（工作记忆）是用来暂时回想信息的"便笺本"，用于存储一瞬间需要的信息。例如，心算 35×6 的乘积。可能会先算 5×6，再算 30×6，然后把它们加起来，为了做这样的计算，就需要把中间的运算结果存储起来供以后使用。再如，阅读一个句子后面的部分时，需要记住开头，才好理解这个句子。上述两个例子都是短时记忆（工作记忆）的典型应用。

短时记忆的特点是获取速度很快，甚至可以达到 70ms 的量级。短时记忆的信息存储的时间要比知觉记忆长些，但其存储材料的时间也只有 1min，或者更短些。Miller G.A.（1956）的实验数据表明，短时记忆的容量极限为 7±2 个项目，而且这些项目不像计算机那样以字节的方式存储，而是以信息组块的形式存储。

3. 长时记忆

如果短暂记忆是工作记忆或"便笺本"，那么长时记忆就是一个有关知识的永久性仓库，是知识的最主要来源。长时记忆存储事实性知识、经验性知识、行为的程序性准则等。

长时记忆的能力是一切记忆系统中最大的一个，长时记忆有以下几个特点：

首先，容量极大；

其次，访问时间相对较慢，大约是 1/10s；

第三，长时记忆中的遗忘会发生得比较缓慢；

第四，长时记忆几乎没有衰退，几分钟后的长时记忆与几小时或几天后的一样。

长时记忆有两种：事件记忆和语义记忆。事件记忆是与一定的时间、地点以及事件的具体情景相联系的记忆。正是根据这种记忆，人们可以重构在生活中某一时刻所发生的实际事件。语义记忆是已经获得的事实、概念和技能的结构化的记录，具有层次网络的特点。语义记忆在提取时是以激活态在网络通道上扩散而实现的。语义记忆的层次网络模型可用图 3.8 来表示。

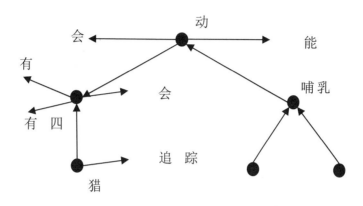

图 3.8　语义记忆的层次网络模型

3.2.2.2　记忆信息三级加工模型

完整的记忆系统是由感觉记忆、短时记忆、长时记忆这三种不同类型的记忆同处理和传递于不同记忆体之间的信息进行交互，这就是记忆信息三级加工模型。如图 3.9 所示，其核心是短时记忆与长时记忆。

图 3.9　记忆信息三级加工模型

这三个部分包含：

（1）在三级记忆信息加工模型中，外部信息首先进入知觉记忆，根据感觉通道分为视觉通道和听觉通道，即图像记忆和声音记忆。

（2）感觉记忆信息丰富但消失快。部分信息进入短期存储，进入短期存储的信息可以有和原来感觉不同的形式，即进行了转换或编码，而且信息也可以很快消失，但其擦除的速度与感觉记忆相比较慢。

（3）在非复述条件下，信息在短期存储中可以保留 15～30s。在这个模型中，短期存储被认为是一个具有两个主要功能的工作系统，一个是知觉记忆与长时记忆之间的缓存，另一个是信息进入长期存储的处理器。

（4）在短期存储中，新输入的信息占用通道，可以挤出通道中原有的信息，导致原有信息消失，而新的信息可以在复述缓冲区中保存更长时间。这个时间越长，信息越有可能被转移到长期存储中。

（5）输入长期存储的信息相对来说是永久的，但仍然会因为记忆减退、受到干扰或强度损失，导致无法检索。当检索到长期存储中的信息时，它将再次移动到短期存储中。以上三个不同的存储功能各不相同，各自进行特定的信息处理，构成了这个记忆加工信息的三级模型。

3.2.2.3 用户记忆特征对人机交互界面设计的启示

计算机是认知工具，提供了大量信息，不断冲击着用户的记忆，因此减少学习记忆和操作困难是设计和改进人机界面设计的一个重要思想。因此，在人机交互界面设计中，可以参考下列设计准则：

（1）人机界面的设计应简洁明了，避免把无关信息显示在用户的眼前，从而分散用户注意力。

（2）为不超过短期记忆容量，在设计人机界面时，应将大量信息按相互关系进行分类组织，也就是分块。这样，短期记忆器不管在何时，只需要处理整体信息的一小部分即可。

（3）学习的信息总量应尽可能减少，当学习不可避免时，应借助记忆线索帮助回忆。分类法可以将复杂的事物分解成更简单的成分，为人们提供记忆线索，帮助人们理解和记忆更加复杂的信息。

（4）提供记忆辅助工具。例如在网上查询信息时，帮助用户提供查询路径、查询目的等工具，防止用户忘记自己目前在什么地方、要去哪里等。

（5）适合用图像表达的信息就不要用文字表达，适合用文字表达的信息也不要用图像表达。

不要用文字来表达适合图像表达的东西，否则人们必须通过思维将文字转化为图像才能理解，这会增加思维的负担。同样，不要用图像来表达适合用文字表达的东西，比如提供的图示太多，超出了人们日常经验的理解范围，就会失去图示原有的功能，造成与文字一样难以理解的问题。另一个问题是图像过于复杂和精致，在不用简单的图形来表达意思时，人们需要更多的时间来认识和理解，这就失去了图像的作用。在人机界面的设计中，应选择合适的图像和文字，使其适应人的感知和思维的特点和能力。

（6）了解人脑中知识的结构和表达方式，有助于人机界面设计和信息设计，减轻用户的记忆负担。

认知心理学认为，知识主要可分为两种：陈述性知识和过程性知识。陈述性知识是指"知道它是什么"，主要包括对象、事实、概念、规则和原理等。过程性知识是指"知道要怎么做"，主要包括观察、思考、行动、实验、操作和加工等。陈述性知识可以用文字、各种符号（数学、物理、化学符号）、句子或图形等多种形式来表达。陈述性知识的基本单元是概念。从日常生活经验中可以发现，过程性知识往往以"动画"的形式出现。学习知识与理解和记忆紧密相关。

在人机交互界面设计中，知识表达主要应用在用户使用说明文档的设计上。冗长的用户使用说明主要是由三个问题造成的。第一，人机界面设计得过于复杂，因此操作过程十分复杂，不适应人的心理特性。要想精简使用说明，必须从改进人机界面设计入手。第二，操作过程太复杂。应该减少操作步骤，减少用户必须记忆的操作信息量。这样可以简化用户的学习和培训过程，还可以减少用户的出错率和事故率。第三，没有把过程性知识或用户主要操作任务作为编写说明书的主要线索。用户看说明书的目的是学习如何完成特定的操作任务。用户关注的首要问题是操作过程，而不是某一条命令的格式。因此应该首先通过实例来描述典型操作任务的过程。

3.3　目标与任务分析

3.3.1　目标分析

3.3.1.1　目标分类

任何设计都是以某些目标为基础的。目标有很多不同的种类，例如用户目标、设计目标和商业目标等。从"以用户为中心"的角度来看，最重要的目标就是用户目标。用户目标就像镜头，设计者必须透过它来考虑产品的功能。而且，产品的功能和行为必须通过任务来表达目标，任务只是达到结果的手段，目标自身才是最终的结果。在人机交互界面设计中，用户目标通常是第一优先级的目标。用户目标可分为三个基本类别：生活目标、体验目标及可用性目标。

1. 生活目标

生活目标就是用户的个人期望，这些期望通常超出了产品设计的范围。这些目标是解释用户为什么努力实现他们想要实现的最终目标的潜在驱动力和动机。这些生活目标有助于在更广泛的背景下了解用户与其他人之间的关系，并有助于从品牌角度了解用户对产品的期望。作为设计开发者，要关注这些生活目标。例如，在设计基于社区的在线约会平台时，开发人员收集了用户的以下生活目标：

（1）能够与新认识的朋友分享自己的生活细节；

（2）让自己的业余生活更加丰富；

（3）能认识更多的有机会成为朋友的陌生人；

（4）拓展自己的知识，提高自己的修为。

上面提到的几点可能很少与最终产品界面的设计元素直接相关，但设计师应该牢记它们。用户会发现这样的社区约会平台让他们更接近他们的生活目标，而不仅仅是最终目标，这种方式将比任何其他营销活动更能打动用户的心。立足于用户生活目标去开发产品可以将仅对产品基本满意的用户提升为狂热的忠实用户。

2. 体验目标

体验目标是简单的，普通的，也是个人的。体验目标表达了人们在使用产品或与产品交互质量方面的感受。贝恩特·施密特曾把用户体验分为五大体系：

（1）感官体验—诉诸视觉、听觉、嗅觉、味觉及触觉的体验；

（2）情感体验：用户的内心感受；

（3）思维体验：用户利用认知思考并理解和解决问题；

（4）行为体验：用户通过自己的行动经验来产生互动；

（5）关联体验：超越情感和人格，是与理想的自我、他人、文化相联系的综合体验。

基于这五种体验，可以描述多种体验目标：愉快的、满足的、有吸引力的、有趣味性的、有意义的、美丽的、有参与感的、有成就感的、激发创造力的、得到鼓舞的，等等。

以上五种体验之间存在递进的层次关系，感官体验是用户最直接、最基本的需求，情感体验、思维体验等是递进的，关联体验是顶层体验。同样，用户的体验目标也可以分为五个层次递进的体验目标：感官体验目标、情感体验目标、思维体验目标、行为体验目标、关联体验目标。体验目标代表人们分配给产品的无意识目标。人们不自觉地把这些目标放在体验环境中，甚至不需要描述它们。人们无意识地期待得到体面的有尊严的对待，并且获得支持，而不是得到惩罚。当产品让用户感到很蠢时，无论其他目标如何，用户的自尊心都会受到损害，他们的工作效率会下降，并且他们的不适和怨恨会增加。这时候，就根本无法实现完整的用户目标，更谈不上超越用户目标的商业目标了。

3. 可用性目标

可用性目标表示用户对特定产品可以实现的可衡量结果的期望。对于用户来说，可用性目标可以特定于某些任务目标。例如，当使用百度在互联网上搜索信息时，是有着一个很明确的任务目标的。只有当产品满足用户的使用目标时，用户才愿意为产品付出时间和钱财。因此，产品必须关注的大多数目标都是可用性目标。可用性目标是交互设计的重中之重。可用性目标可以分解为以下几种：可行性、有效性、安全性、共用性、易学性和易记性。

4. 生活目标、可用性目标及体验目标之间的关系

可用性目标是用户的最终目标，是用户期望的有形反馈，因此处于界面设计的核心位置。而体验目标是当今时代用户越来越重视的目标，也是能否在实现开发者商业目标的关键之处。但是，如果真正的产品忽略了可用性的实际问题，只服务于用户体验目标，那么最终的设计很有可能就是一个玩物，而不具备商业价值。生活目标是用户最深层的目的，只有了解生活目标，才能发现用户最深层的需求，这也是一款成功的产品能够真正激发消费者产生消费欲望的动力之源。

3.3.1.2 目标定义

前面提到用户目标就像镜头，设计者必须透过它来考虑产品的功能。而且，产品的功能和行为必须通过任务来表达目标，任务只是达到结果的手段，目标本身才是最终的结果。以下主要介绍一下用户目标的定义。Newman & Lamming 曾提出用一个句子作为目标定义的模式。这句话由四个要素组成：

系统用户：谁才是产品或系统的最终用户？

用户行为：用户可以用产品或系统做什么事？

实施方法：产品或系统将如何实施？

支持水平：用什么来衡量产品或系统的成功与否？

虽然用一句话定义目标的方法非常直接有效，但实际上一个项目的目标要复杂得多。目标分析是对所有项目目标进行系统的规范化和标准化，还可以根据以上四个要素对每个目标进行进一步的定义和分析。

图 3.10 说明了目标定义与人机交互界面设计的关系，图中目标的四个部分分别映射为用户功能描述、任务分析、系统功能设计和可用性指标、体验指标。将用户目标添加到预定义的人物角色中，可以使人物角色对目标用户特征的描述更加具体和完整，也可以强化这个人物角色在设计中的主导价值。研究和改进用户行为为任务分析提供了大量有用的材

料。实施方法的细化保证了系统功能与用户分析和任务分析的结果没有差异，保证了目标产品的功能是对应目标用户的真正需求的。支持水平的细化和量化使得效用和体验指标得以实施，但需要注意的是，体验指标在很多情况下是很难去量化的。

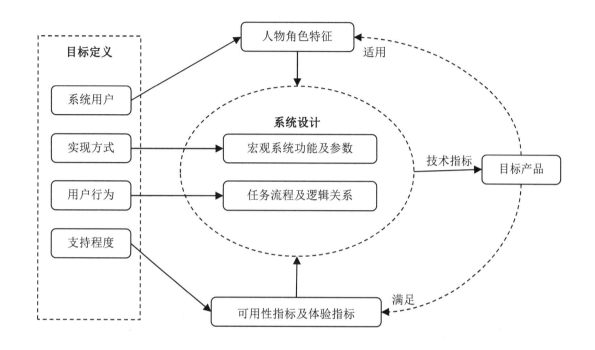

图 3.10　目标定义和人机交互界面设计之间的关系

3.3.2　任务分析

3.3.2.1　人机交互设计中的任务分析

从狭义上讲，交互设计包括任务分析、对象模型化和分析、视图的抽象设计、视图的粗略设计、视图的关联性设计、视图的全面设计等步骤；从广义上讲，任务分析之前的用户特征描述、需求收集及分析、目标定义都可以包括在交互设计的范畴。任务分析是交互设计中一个重要环节。

同时，"以用户为中心"的分析的主要流程中，需求分析是起点，动机分析和目标设定是这中间的关键过程，也是最终驱动用户进行某些行为的内在动机。用户行为是具体的、碎片化的，设计人员需要通过任务分析过程，对任务分解重组，将用户行为提取到任务模型中，最终进入具体的设计阶段，逐步生成设计模型。

3.3.2.2　任务分析模型

随着"以用户为中心"的设计理念被广泛采纳，传统的任务分析模型不再局限于系统设计和分析领域，在面向用户的交互设计领域也具很强的实际价值。现有的任务分析模型较多，如 HTA、GOMS、TKS、CCT 等，其中很多方法很容易被设计者和用户所接受，也便于设计者和用户之间的交流。下面重点介绍 GOMS 模型。

Card、Moran 和 Newell 三人于 1983 年提出了 GOMS 模型。GOMS 模型是一种描述任

务和用户执行任务所需知识的方法,描述了目标(Goal)、操作(Operation)、方法(Method)以及选择规则(Selection Rule)四个方面。这种模型一直以来都是非常重要的人机交互领域的任务分析模型之一。

(1)目标是指用户的目标。例如,用户使用产品的目的是什么?想什么时候完成任务?出错以后可以返回到哪里?

(2)操作是指为达到一个目标而进行的认知过程和身体行为,是用户为达到特定目标而产生的一系列行为。比如网络查询时,先找到并打开搜索引擎,然后想关键词是什么,最后输入关键词开始查询。

(3)方法是目标和操作经过精心设计以后的、为实现特定目标而采取的特定步骤。例如,用鼠标点击输入框,输入关键词,然后点击"搜索"按钮。

(4)选择规则是用户必须遵循的判定规则,用来决定在特定环境下的使用方法。它用于选择特定的方法,适合用户在任务中的某个时刻有多种方法可供选择的情况。

GOMS 模型包含对实现目标所必需的方法的描述。方法是包括用户为实现目标而必须执行的操作的步骤。如果实现目标的方法不止一种,需要使用选择规则来确定在给定情况下哪种方法更合适。

3.3.2.3 GOMS 任务分析过程

在用户的使用过程中,一个相对复杂的人机交互产品通常会被分解成多个子任务,每个子任务都要实现对应的子目标,当所有子目标都实现时,产品的整体目标也就实现了。在分析每个子任务的过程中,往往有很多方法可以达到任务的合适效能,此时需要设立一些标准用于选择出最优的方法,这个标准就是 GOMS 模型中的选择规则。

GOMS 任务分析模型鼓励开发者与真实用户进行深度接触,比如采用与用户访谈等方式,与用户直接面对面交流,了解用户如何进行任务分解,选择何种操作方法来实现任务目标。选择方法和规则的出发点是用户目标的有效定义。然而,认知心理学的一些历史经验告诉我们,在很多情况下,用户只能有限度地认识到自己的目标、决策和心理过程,所以我们不能只依赖于用户告诉开发人员的内容。自然观察法是一种比较有效的补偿方法。自然观察法让用户使用现有的产品或竞争对手的产品,或提供一个设计模型多试用品(Demo)供用户试用,并观察他们如何使用、如何分解任务、犯错时如何寻求帮助等。

3.4　多媒体人机交互策略

3.4.1　多媒体人机交互界面模型

多媒体人机交互界面模型是一种人机界面软件的框架,它以理论和整体的方式描述了人与计算机之间的交互行为。人机界面的设计随着多媒体人机界面功能的增加,越来越复杂,在交互应用系统中,界面代码会达到 70% 以上。因此从界面开发者的角度来看,不论是用户界面管理系统(UIMS)还是用户界面开发系统(UIDS),都应确保应用开发与界面开发的相对独立性,即采用界面与应用分离的原则,这样才便于界面的独立开发与维护。

目前人机交互界面的模型表示有许多种方法,如任务分析模型、对话控制模型、结构模型和面向对象模型等。

任务分析模型基于所要求的系统功能进行用户和系统活动的描述和分析，通常把任务层次分解为任务子集。

对话控制模型主要用于描述人机交互过程的时序和逻辑顺序，也就是人机交互中动态行为的过程，例如状态转换的网络、上下文自由语法和事件驱动模型等。

结构模型旨在从交互系统软件结构的角度来描述人机界面的构成元素，将人机交互中的各种因素有机地组织起来，如提示、错误信息、光标移动、输入输出、确认、图形、文字等。对话控制模型比较强调结构化的实现原理，其核心是强调界面和应用程序的分离，这样有利于创建独立的可重用的软件组件。

面向对象模型是为支持图形用户界面的直接操作而开发的，它可以将人机界面中的显示和交互结合起来，将其看作一个基本对象，或者将显示和交互分别看作两类对象，然后建立起相应的面向对象模型。

3.4.1.1　Seeheim模型

"用户界面管理软件工具"研讨会于 1985 年在美国西雅图召开，会上提出的 Seeheim模型是一个非常具有代表性的人机界面结构模型。它为用户界面软件体系结构的研究提供了基础支撑。这个模型基于对话独立性原则，即对话和应用由控制单元通过松散耦合连接起来。Seeheim 模型将一个交互系统划分为几个具有不同功能和不同描述方法的逻辑组件，如图 3.11 所示。

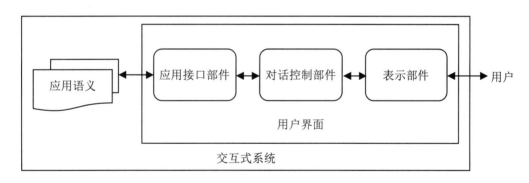

图 3.11　Seeheim模型

表示部件：涉及界面的外部表示，包括屏幕生成、图形生成、输入设备管理、词法反馈、将用户操作转换为内部形式。其具体技术包括核心图形和窗口系统界面、交互技术、现实技术、词法反馈和界面布局，界面的其他部分则无法直接与外界沟通。

对话控制部件：它是用户和应用程序之间的协调者，定义了它们之间的对话结构。一方面，用户通过呈现部分发送请求，将数据提供给应用程序，这些请求的词汇元素通过对话控制部件进行检验，之后传输到应用程序的相应部分；另一方面，应用程序将对请求的响应和其他数据请求转发给相应的表示组件部分，对话控制部件应保持一定的状态，以响应执行控制或协调的输入/输出动作。

应用接口部件：应用程序从人机交互的角度来看的一种表现形式，包括应用程序维护的数据对象；可用于人机交互的应用程序相关例程，即应用程序中定义的语义；应用程序的使用限制条件。它可以用来检查人机交互输入的语义合法性。

在界面设计中，这三个部分可能分别对应于词汇、语法和语义。

Seeheim 的模型在用户界面软件设计中得到了广泛的应用，由于它基于对话独立性原则，可以使界面设计结构相对清晰，适合于实现界面和应用程序编程分开进行。但是，Seeheim 模型只是人机交流的一种概念模型，存在以下不足：

（1）夸大对话的语法性质，忽视对话的动态性，不支持同步事件的并行处理，比如多线程，就是很多会话交替或者同时发生。

（2）强调语法完整性。在直接操作对话中，用户与应用程序的各个语义对象的图形表示发生交互，而不是与整个应用程序系统发生交互，这意味着与各个对象相关的语法应该包含在每个图形的表示对象中，不是作为统一整体的独立部分。

（3）为了提高与应用领域相关的语义反馈，有时应该允许对词汇层面的操作进行语义反馈，于是要求语义应该更接近表示部分。

（4）容易造成结构不平衡，例如应用的语义组件可能有与接口模型不匹配的接口定义。

（5）没有明确描述对话过程。它也不提供一致和连续的语义反馈。

显而易见，Seeheim 模型本身并不支持直接操作的语法和语义要求，因此不适合图形用户界面的直接操作。

3.4.1.2　Arch模型

Arch 模型是在 Seeheim 模型的基础上于 1992 年提出的。用户界面开发人员发现应用程序功能和界面开发工具对用户界面开发施加了限制。用户界面软件必须能够管理这两个外部组件。因此，在 Arch 模型中，领域软件和用户界面开发工具是值得思考的两个关键因素。

Arch 模型比较强调在创建交互系统时从垂直角度（即从用户到应用程序）将系统分解为多层次结构。Arch 模型支持使用现有应用软件（DBMS）和界面工具包开发用户界面。因此，交互系统在设计阶段可以分为层次化和模块化结构，以简化交互系统。Arch 模型由五个部件组成，如图 3.12 所示。

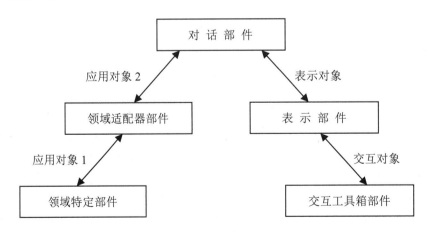

图 3.12　Arch模型

交互工具箱部件：产生与最终用户的物理交互。

表示部件：协调对话部件和交互式工具箱部件之间的信息传输，为对话部件提供一系列与工具箱无关的交互式对象。例如，"选择"工具可以通过工具箱中的菜单或按钮来实现。

对话部件：负责排队任务，保持多个窗口一致，映射特定领域的部件信息格式和用户界面信息格式。

领域适配器部件：协调对话部件和领域特定部件之间的信息传输，可以重组领域相关数据，为用户对话任务提供面向领域的功能。同时，它也用于检测和报告语义错误。

领域特定部件：可以对领域的相关数据进行控制、操作和检索，并完成领域的具体非交互式的功能。

图 3.12 显示了部件与部件之间传输的对象类型。注意，这里的"对象"只是说明部件间传输信息采用的格式，它是通信机制的一种抽象描述，而非面向对象技术中通常所指的"对象"概念。领域特定部件和领域适配器部件均使用应用对象，但二者的目的不同。在领域特定部件中，应用对象 1 使用的数据和操作功能与用户界面没有直接关系。在领域适配器部件中，应用对象 2 使用的数据和操作提供的功能都与用户界面有所关联。表示对象是控制用户交互的虚拟交互对象，包含显示给用户的数据和用户生成的事件。交互对象用来实现与用户交互关联的物理媒体的方法，并可能由交互式工具箱软件提供。

在 Arch 模型中，人们可以根据每个部件的功能进行不同的定义。与 Seeheim 模型一样，Arch 模型不提供任何没有特定语义的用户行为反馈。因此，该模型在提供快速图形结果和复杂的语义反馈方面存在一些局限性。例如，应用组件的输出有时需要直接链接到表示组件。

结构化用户界面模型基于对话独立性原则，交互系统的设计一般分为对话部件和计算部件两部分。对话和计算的分离在实际实现中往往会造成语义反馈的延迟，因此提供强大的语义反馈是支持直接对图形用户界面进行操作的结构化界面模型的关键点。

3.4.1.3　面向对象的人机交互界面模型

典型的面向对象的人机交互界面模型包括 MVC 模型、PAC 模型、LIM 模型和 YORK 模型等。一般而言，这些人机交互模型"通过采用在多个抽象和求精层次上的分离，而泛化了概念和表示技术的区别"。

1. MVC模型

MVC（Model-View-Controller）模型是最早提出来的面向对象的交互式系统概念模型。该模型是在面向对象语言 Smalltalk 编程环境中提出来的。如图 3.13 所示，该模型由三类对象组成：模型（Model）、视图（View）和控制器（Controller）。

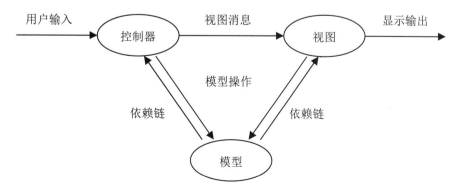

图 3.13　MVC模型

　　模型（Model）表示应用对象的状态属性和行为，是用于表示应用领域知识的接口模型（抽象数据类型）的构件。

　　视图（View）负责描述对象的可视化属性，是将模型映射为用户可读形式的组件。视图在交互环境中是一个预定义的基类，其子类提供了构建应用程序主窗口内容的各种功能，如 TextView、FormView、ListView 等。

　　控制器（Controller）是对用户的输入行为进行处理并向控制器发送事件的组件，用于表示和实现用户与其的交互。控制器在交互环境中也是一个预定义的基类，它的子类提供了实现交互式技术（如输入设备等）的各种功能。

　　用户—系统交互循环的过程始于用户对控制器的操作，该操作被视为抽象操作并传递给适当的模型，向模型提出要求改变其状态。然后模型命令视图和控制器更改其显示属性和状态。

　　MVC 模型的一个特点是它允许语义和它的视图直接相互信息传输，前提是对话是独立的。MVC 模型的另一个特点是允许人机交互处理与输出显示部件发生分离，从而减少一方的变化对另一方的影响。但是，在直接操作模式下，输入事件和实时输出反馈是密切相关的。可以通过在 MVC 中的不同对象之间传递消息来维护系统的一致性。此外，视图和控制器的改变与模型内部结构密切相关，因此更改一个 MVC 的对象会影响到其他部分。

　　2. PAC模型

　　1987 年，Coutaz 提出了一种称为多智能体（Multi-agent）的交互式系统概念模型，也就是 PAC 模型。PAC 中三个字母分别代表 Presentation 表示、Abstraction 抽象、Control 控制。此模型将交互系统递归地构造成多个对象的层次结构，并将交互系统的各个功能模块表示为一系列的信息传输对象。其中，箭头表示通信关系，垂直流表示对象之间的信息传输，水平流表示对象内部中不同方面之间的信息传输。每个 PAC 对象的构成都包含三个方面，如图 3.14 所示。

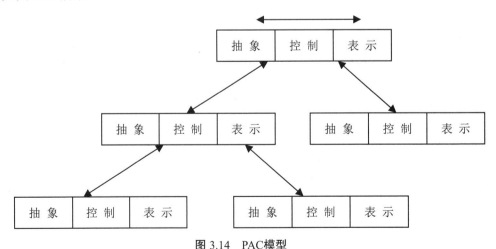

图 3.14　PAC模型

　　表示：定义用户的输入行为和应用程序的输出行为。

　　抽象：与应用程序要完成的功能对应的功能语义信息。

　　控制：控制对话并保持表示和抽象的统一。

PAC 强调垂直用户界面取功能，不同的功能模块可以由一个 PAC Agent 来表示，但是不同的 PAC Agent 具体的"表示、抽象、控制"内容是各不相同的。体系架构下层的 PAC 用于与终端用户发生交互行为，而上层的 PAC 用于在交互系统中与应用程序相关的功能的实现。

PAC 模型和 MVC 模型相比，有四点重要区别。

（1）PAC Agent 将应用程序的特性和性能、输入和输出行为结合在一个可以主动与其他对象通信的对象中。MVC 模型中的模型、视图、控制器则分别对应一个 Smalltalk 对象，这些对象通过消息的传输来保持一致。PAC 模型相比 MVC 模型，能够更清晰地定义对话过程。

（2）PAC 模型使用独立的控制器来维持应用语义和用户界面的一致性，而 MVC 模型并没有将这个功能直接分配给具体的组件，对话实现过程也不是很透明。

（3）PAC 模型不基于任何开发环境，通常是基于面向对象的语言，因此有比较多种多实现方式。

（4）PAC 模型将控制器分离出来，与具体的实现并无关系，因此它具有更高级的抽象层次，可以表示用户界面的不同功能部分。

3.4.2　多媒体人机交互策略的制定

优秀的多媒体交互界面设计应该简单方便，用户乐于使用，用户在使用过程中能真正享受人机交流和人性化操作带来的愉悦，达到真正的"人机和谐"。而"人机和谐"这个最终目标与有效的、优秀的人机交互策略密切相关。界面的人机交互策略的制定就是在明确总体要求前提下，分析人、机、环境三要素对软件性能的影响，从三者的有机联系中寻求最佳参数、选择合理的交互方式并通过界面设计来尽可能使每个要素为实现目标而协调一致地发挥出各自的作用，使人机之间的交流畅通无阻，以确保人机系统的综合效能。因此，人机交互策略的制定过程可以分为如下几个步骤。

3.4.2.1　分析

首先调查用户类型，定性或定量地测量用户特性，建立用户模型，了解不同用户的认知心理特征、知识技能和经验等，预测用户对不同交互设计的反应，保证软件交互活动的适当性和明确性。调查用户对交互的要求或环境。软件成功与否的评价在很大程度上取决于未来用户的评价，因此，在开发初期，应特别关注用户在人机交互方面的需求。需要尽可能广泛地研究未来的直接或潜在用户，关注人机交互所涉及的硬件和软件环境，以增加交互活动的可行性和易用性。在对用户研究和分析后进行任务分析。从人机两方面入手，分析系统的交互任务，将各自或集体承担的任务分解，然后进行功能分解，制定数据流图，绘制出任务网络图或任务列表。

3.4.2.2　原型设计

原型设计包括交互界面模型的建立、任务设计、环境设计和交互类型设计。原型设计是指描述人机交互动态行为的结构层次和过程，规定图形描述规范、解释性语言形式，创建特定的形式语言定义。根据基于用户特征的交互方式需求描述和任务分析，将任务的动作进行详细分解，分配给用户、计算机或两者，确定适合用户的操作方式。识别由于软件支持环境造成的限制，甚至包括了解用户的工作场地，为用户提供不同的文档等。根据用户的特点，以及软件的任务和环境，定制出最适当的交互类型，包括确定人机交互将如何发生，估计可以为交互提供的支持水平，预测交互活动的复杂性等。

3.4.2.3　方案制定

根据交互规范需求描述、设计准则和设计的交互类型，对交互结构模型进行具体设计，考虑存入和取出的机制，划分接口结构模块，形成交互功能详细结构图。制定屏幕显示信息的内容和顺序，并进行交互元素的布局和显示结构的整体设计。其中包括根据对主系统的分析，确定输入输出内容和系统要求；根据交互设计，制作特定的屏幕和窗口等结构；根据用户的需求和特点，确定交互元素在屏幕上显示的合适层级和位置；指定屏幕上显示的数据项和信息的格式；考虑标题、提示、帮助和错误等信息；允许用户测试，发现错误和缺点，并进行修正或重新设计。规定和组织帮助和错误信息的内容，组织查询方法，设计错误和帮助信息的显示格式。

3.4.2.4　测试与评估

在上述的总体屏幕布局和显示结构设计的基础上，进行了屏幕美学的详细设计，包括增强显示的设计，以吸引用户的注意力。在对需求进行初步分析后，开发者可以在相对较短的时间内以相对较低的成本开发出满足基本需求的简单、可运行的软件。软件可以供用户试用，让用户评价并提出改进建议，进一步完善设计，然后进行交互测试和评价，以便开发者尽快发现漏洞，改良和完善软件的交互设计。

软件交互性的良好与否将直接影响到用户的使用。一个好的人机界面的交互设计应该是让用户易于使用，使用户能够在有限的时间内迅速适应软件的操作，掌握多媒体环境中的应用，从而方便用户的工作或学习。通过制定有效的人机交互策略，能够保证人机之间交流的畅通性，以达到增强用户体验，人机和谐的最终目的。

第4章　多媒体画面的要素

本 章 要 点

1. 静止画面中的视觉要素
2. 运动画面中的视觉要素
3. 文本设计
4. 图标设计
5. 排版设计
6. 听觉要素的设计

多媒体画面基本元素（Elements）是构成多媒体画面的基本单元。画面上的全部内容都是由基本元素构成的，人们可以通过肉眼直接观察到，并能引起视、听知觉反应（主观方面），因此将基本元素称为"显性客观刺激"。例如图 4.1、图 4.2 所示。

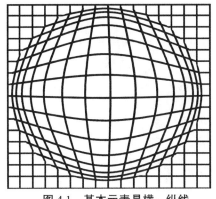

图 4.1　基本元素是横、纵线

图 4.2　基本元素是人体

多媒体画面的基本元素就是多媒体画面语言的"单词"，由这些单词组成了每一句话（每幅多媒体画面）。需要强调的是，这些基本元素也是相对的。例如，图 4.2 中，人体是这幅画面的基本元素，这些基本元素经过一定搭配和布局，共同构成了这幅画面的纵深感视觉效果。但人体并不是组成画面的最小单元，也可以以黑色像素为基本元素，组合构成一个个人体，人体再组合构成这幅多媒体画面。

4.1　静止画面中的视觉要素

点、线、面及其构成图形所引起的视觉效果，称为视觉要素。

静止画面上的构图视觉要素是指基本要素（构成形态的点、线、面及空间）在画面上变化和互相搭配。静止画面上的色彩视觉要素是指基本元素（构成色彩的色相、色系、明度、纯度及其在画面上的位置、面积）的变化和搭配。

4.1.1　构图的设计

所谓构图设计，是指在平面上或是在空间上对形体进行组合。在人们的心目中，影响构图的因素很多。这里的构图设计主要研究以下几个方面：对比、均衡、变化、联想与意境以及节奏与韵律。

4.1.1.1　对比

在构图设计时，要善于比较同类视觉要素中的差异，形成一种视觉反差的美，即对比。

对比主要是用于主体与背景之间、不同形状之间和形状内部的各部分之间，以突出主旨、比对差异、优化画面。

根据画面中显示的不同视觉元素，可将对比划分为大小对比、疏密对比、曲直对比、亮暗对比、动静对比、虚实对比及形状对比等。

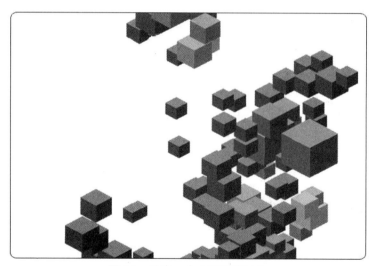

图 4.3　疏密、大小和明暗对比

图 4.3 所示的图案中，采用了疏密、大小和明暗对比，使人产生一种由近及远、错落有致的感觉。如果该画面没有这些对比，例如这些正方体不用大小和疏密对比，则无法体现由近及远的意境。

在大小或形状的对比中，一般采用人们熟悉的事物作参照物，以突出被比较形体的过大（或过小），或者显示其形状特殊。例如，将现代较流行的小型迷你手机与一款旧时的"大哥大"放在一起比较，用以说明这种新型的手机的小巧玲珑和便于携带。

将不同质感的物体放在一幅画面中对比，结果就是粗糙的显得更加粗糙，细腻的显得更加细腻。在用质感对比手法时，应该注意用好光线，丝绸的轻薄感只有在逆光或散光状态下才显露出来；同时还应注意影调层次，光照过强或过弱都很难展示质感。

4.1.1.2　均衡

画面均衡是视觉追求的一种心态，不均衡就会觉得画面失去平衡。均衡的画面是人们共同的心理需求。

画面的几何中心位于水平中线与垂直中线的交点，但人们的视觉习惯了重力环境下的现象，认为只有坚固的基础才有稳定感，自然而然地把水平中心线向上移动。如此移动后，它与垂直中心线形成的交点就成为了视线的中心。在多媒体人机交互界面中，一般把交互的主题或主体安排在画面水平中线偏上一些的位置，如图 4.4 所示。

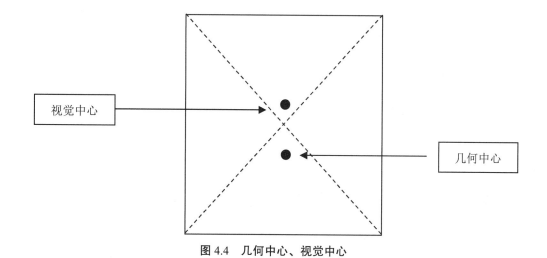

图 4.4　几何中心、视觉中心

维持实（虚）形态的量感在画面上的均衡，形成一种视觉上平衡的美，即均衡。

画面均衡是指量感上的均衡，而量感是一种心理量，受一些客观因素和主观因素的影响。影响量感的因素有：数量因素、面积因素、位置因素、形态因素、方向因素、色彩因素、明亮因素、知识因素及心理因素等。

处于引人注目位置的感觉重，反之则轻。有生命的感觉重，无生命的感觉轻。人造物（车、船）感觉重，自然景物感觉轻。运动的物体感觉重，静止的物体感觉轻。深色影调比浅色影调感觉重，浅色影调比深色影调轻。暖色感觉重，冷色感觉轻，纯度高的感觉重，纯度低的感觉轻。轮廓清晰的感觉重，轮廓模糊的感觉轻。近景感觉重，远景感觉轻。

对称，是一种高度整齐的概念，是指图形或物体在大小、形状、位置等方面与某一点（或线）一一对应。例如，蝴蝶一直以其形状和翼纹的对称美感，在各种艺术展示中受到人类的赞赏。在多媒体人机交互界面设计中，对称的画面也常可见到，但在构图中不是追求一半对一半的对称，而是刻意于画面的视觉均衡。近来，在构图艺术中流行这样一种风格，即在整体上维持对称的风格，而在局部出现一些变化（或翻新），这样既能保持整体上的稳定、和谐，又能增加一些活跃气氛，如图 4.5 所示。

图 4.5　均衡与对称在画面中的应用

因为在构图上，绝对的对称会让人感到静止、僵硬、单调，人们在生活中的审美要求还是以追求均衡为主。使用过多的对称会让人感觉沉闷、缺乏活力。均衡是为了突破比较僵化的局面，它既有"均等"的一面，也有灵活的一面。结构均衡是指画面中景物的每一部分都应该有呼应和对比，以达到平衡和稳定。

呼应是构图的表现手法之一，意思是画面中的物体之间存在某种联系。通过对物体、光影和色彩的运用，在画面构图上达到平衡、和谐、微妙的画面效果。呼应是主题的需要，能使整个画面丰富；呼应还是表达的需要，能使视觉的各个对象有了联系，有了感情；呼应当然也是结构的需要，使整幅画面看起来更平衡更妥帖。

4.1.1.3　变化

用统一的规则作为变化的"度"，形成一种视觉构图的美，即变化。

对于静止画面，则应理解为避免构图形式或画面过于单调、死板而增添的一些变异。对于静止画面的构图，要做到"单一时找变化，变化时求统一"。

界面的生气与活力在于变化，单调、死板是构图的大忌。有规律的变化才能显示出有序与和谐。

变化式构图故意将主体安排在某一个角度或某一边，能给人思考和遐想的空间，留下进一步判断的余地。这种构图富有韵味和情趣。如图 4.6 所示。主体在画面的右上方，剩下部分留有大量的空间，给人以无限想象的空间。

图 4.6　变化在画面中的应用

4.1.1.4　联想与意境

在构图设计时，优秀的画面设计不仅具有良好的视觉冲击，同时具有丰富的内涵，给人无限遐想和创造的空间。即通过视觉传达而产生联想，达到某种意境。

联想是思想的延伸，从一件事延伸到另一件事。不同的视觉形象及其元素创造出不同的联想和艺术意念，由此产生的图形象征意义，作为一种视觉语义表达方式被广泛应用于构图设计中。如图 4.7 所示，画面中细细的光束，点缀着画面的主题，画面下方的文字犹如上述光束累积的结果。同时，从远处看，整个画面又如黑夜中星光照射下的树林，给人留下无限想象的空间。

图 4.7　联想与意境在画面中的应用

4.1.1.5　节奏与韵律

在构图设计中，节奏是一种时间感的概念，指的是同一视觉元素反复出现时产生的运动感。

在构图设计中，单一单元和重复的组合容易显得单调，将有规律变化的图形或色组按数量和等比例排列，以营造音乐和诗歌般的旋律感，称为韵律。有韵律的画面构图具有积极的活力和能量，增加了吸引力。如图 4.8 所示，画面中有规则的桥栏杆和竖杆排列在桥边，一个人在桥上行走的动感油然而生。

图 4.8　节奏与韵律在画面中的应用

4.1.2　色彩的设计

在多媒体人机交互界面设计中，色彩的设计应受到格外重视。人们长期生活在一个色彩的世界中，对于许多常见的色彩已经习以为常，形成了相关的视觉经验。

多媒体人机交互界面的色彩设计既要考虑色彩的对比和调和，又要考虑用户对于色彩的感觉和心理表现。仅从色彩角度看画面时，人们要么是在寻找颜色的差异，要么便是思考如何将不同颜色融合。前者属于色彩的对比，即强调色彩的冲突和反差，后者属于色彩的调和，即强调色彩的协调和统一。

4.1.2.1　色彩对比

当两种以上颜色在同一画面上出现时，色彩的色相、纯度、明度都可以形成对比，而且这些对比又可大体分为强对比与弱对比两大类：强对比可用来突出主体，而弱对比则是为了起烘托、陪衬作用。

由色相差别而形成的色彩对比称为色相对比。色相对比有两个要点：一是对比的色彩中不含黑、白、灰成分，即仅指高纯度色彩之间的色相对比；二是指由色彩在色相环（如图 4.9 所示）中的位置来决定对比的强弱，对比的二色在色环上的距离越远，对比越强，反之越弱。

图 4.9　色环

色彩的纯度对比有两种解释：一是指纯色与含有黑、白、灰等浊色之间的对比；此外，也可以看作是不同纯度的颜色组合形成的对比。纯度对比通常用于强调纯色。这时必须加大主体与背景的纯度差，并且一般用低纯度的颜色来突出高纯度的颜色。

4.1.2.2　色彩调和

色彩调和其实与一般事物的调和概念相同，有两种解释，一种是指将不同的、对比鲜明的颜色进行调整、组合，形成一个和谐统一的整体的过程；另一种是指有明显差异的颜色或对比色，组合起来产生的色彩关系能给人以和谐、美感而不会有强烈刺激的感觉。这个关系就是由颜色的色相、亮度、饱和度三者组合成的一种韵律关系。

常用的色彩调和方法有色彩三要素调和、空混调和等。色彩三要素调和是指从色相、明度、纯度三方面去增加或减少其共性，常用手法为降低双方或一方纯度，也可以提高或降低一方的明度。如图 4.10 所示。

图 4.10　三要素调和

至于空混，则是被普遍使用的一种重要手法。它是指一定距离内，人眼自动把两种以上对立并置的颜色感应同化为柔和的中间色，从而获得画面和谐效果的色彩表现形式。古罗马和拜占庭时期的镶嵌细工艺术和马赛克壁画，特别是 19 世纪的新印象派，将这种色彩调和形式发展到极致。

1. 色彩感觉

在多媒体人机交互设计中，培养对色彩的感觉是运用色彩的重要组成部分。

色彩的感觉是我们对于色彩与造型所呈现的信息，设计者通过共有的经验来表达色彩的感受。

色彩的感觉取决于色彩的纯度、明度、色相、面积等因素，通过这些因素的变化和配置，可以调节出色彩的各种感觉。

每个人对于色彩的感觉不同，人类在处理色彩的信息时，多半和他对于周围环境的认知、他的文化背景有很大关系。人们对于色彩的感受力受以下因素的影响，如图 4.11 所示。

人们对于色彩的感觉，包括明快与忧郁、华丽与朴素感、膨胀与收缩感及冷暖感等。

2. 明快与忧郁感

色彩的明快与忧郁感主要与明度及纯度有关，明度较高的鲜艳色具有明快感，灰暗浑浊之色具有忧郁感。高明度基调的配色容易产生明快感，低明度基调的配色容易产生忧郁感。在无彩色系列中，黑与深灰容易使人产生忧郁感，白与浅灰容易使人产生明快感，中明度的灰为中性色。

色彩对比度的强弱也影响色彩的明快与忧郁感，对比强者趋向明快，弱者趋向忧郁。纯色与白组合易明快，浊色与黑组合易忧郁。

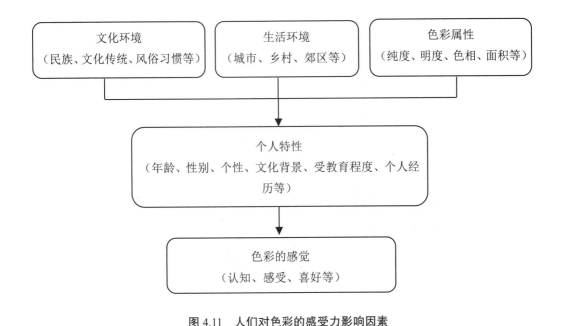

图 4.11　人们对色彩的感受力影响因素

如图 4.12 所示，图中采用绿色和白色搭配，使人感觉明快，仿佛走进了大自然里一片绿树成荫的森林中，闻到了清新的空气，画面里也充满了天然的气息。

图 4.12　色彩明快

3. 华丽与朴素感

华丽与朴素常用来描绘人的服饰、装扮及物体外形、色彩等。人们常说"这颜色太艳""那颜色太素"，究竟是什么决定了色彩具有华丽的感觉还是朴素的感觉呢？

色彩的艳丽和简洁与饱和度关系最密切，其次是亮度。红、黄等暖色，以及鲜艳明快的色彩给人以富丽堂皇之感，青、蓝等冷色和暗色则给人以朴素之感。图像在彩色系统中传达出一种宏伟的感觉，在消色差系统中传达出一种简单的感觉。

色彩的艳丽与简洁还与色彩搭配有关，使用颜色对比的配色传达出华丽质感，其中互补色的组合最为丰富。金和银最常用于增强色彩的华丽度，比如，金碧辉煌的宫廷色彩，往往就需要昂贵的金银来装饰，以显得富丽名贵。如图 4.13 所示，左侧图中的饰物采用暖色红色和金色搭配，显得具有华丽而高贵的感觉，右侧的饰物采用饱和度较低的灰色为主色系，显得朴素大方。

图 4.13　色彩华丽与朴素

此外，通过色彩心理测量的分析发现，华丽一般与动态、快活的感情关系密切，朴素与静态的抑郁感情密切相关。

4. 膨胀与收缩感

色彩有不同的面积感觉。比较两个颜色一黑一白面积相等的正方形，可以发现，由于各自的表面色彩相异，给予人们的是不同的面积感觉。在图 4.14 中，我们会感觉到，白色正方形的面积似乎较黑色正方形的面积大，而实际上，两者面积相等。

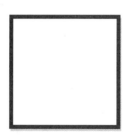

图 4.14　黑白正方形

这种因心理因素造成的物体面积大于实际面积的现象，称为颜色膨胀，反之称为颜色收缩。颜色的膨胀和收缩与色调密切相关，暖色调是膨胀色，冷色调是收缩色。

5. 冷暖感

物体可以通过颜色向人们传达不同的感受，体验到暖的、冷的、凉的感觉。一般来说，温度的感觉是用人的感官接触物体时产生的，与颜色本身无关。但实际上，各种物体都是利用各种各样的颜色来给人以一定的温度感。

红色、橙色、黄色常使人联想到太阳和火焰，因此有一种温暖的感觉，称为暖色；青、蓝、紫常使人联想到大海、晴空和阴影，因此有一种冰冷的感觉，称为冷色。所以，带有红、黄、橙的色调的被称为暖色调，带有蓝、蓝、紫的色调被称为冷色调。绿色和紫色是不冷不暖的中性色，白色是冷色，黑色是暖色，灰色是中性色。

　　人们对暖色和冷色的感知主要取决于色调。因此，分为暖色系、暖色调、冷色系、冷色调和中性色系比较合适。但是，颜色的冷暖是相对的，由于不同颜色的对比度、亮度和饱和度不同，以及物体的表面纹理等原因，颜色的冷暖特性会有所变化。

　　如图 4.15 所示，是一组国外儿童家纺的展示。主体物由地毯、床上用品和收纳盒组成，较好地勾画了儿童活跃的个性。色彩采用暖色调，并通过靠垫、布玩具的灵活摆放使画面充满动感。

　　如图 4.16 所示，是一个室内摆放的小品设计，深绿、蓝、青等颜色的运用，营造了冷静思考的氛围，图中那零星的一点橙色，又使得画面的整体较为和谐，避免了造型过于陈旧冷酷的问题。

图 4.15　**暖色调**　　　　　　　　　　图 4.16　**冷色调**

4.1.2.3　色彩心理表现

　　当色彩以不同的光强度和不同的波长作用于视觉系统后，将使人发生一系列的生理、心理反应，这些变化与以往的经验对应时，就产生了情感、情绪方面的心理共鸣。

　　色彩的心理表现是以抽象思维形式，间接、概括地联想出来的，包括色彩的表情、象征表现等。

1. 色彩表情

　　表情是人面部肌肉的活动体现。这种外在体现表达了人内在的情感和心理活动。色彩的表情是人从主观上为颜色赋予的生命意义，它是色彩学概念中的一个隐喻。人类不自觉地将过去在环境中的视觉经验和色彩体验融入到主观感受中。在视觉艺术里，表情特征是色彩领域最重要的研究对象之一。

　　红色具有强烈而复杂的心理作用，它性格热情突出，使人感到炎热、温暖、热情、兴奋、活泼，象征革命、喜庆、幸福、希望、吉利、具有青春活力，是属于年轻人的色彩。

　　橙色使人联想到果实和美味，容易引起食欲，是食品包装主色。

　　蓝色使人联想到无际的天空和海洋，象征广阔、无穷、遥远、高深、博爱和法律的尊严，带有沉静、理智、大方、征服自然的力量。

黄色象征着阳光，寓意光明和希望，给人以灿烂、壮丽、温柔、庄严、神秘、威严、超然的感觉。相反，它也象征着淫秽、不信任、野心、阴险，是色情的代名词。

绿色象征着出生、发展、成长、成熟、衰老、死亡的过程和不同阶段的变化。黄绿、淡绿、浅绿象征着春天，以及植物的生长、青春和生命力。

紫色给人尊贵、高雅、流动、躁动等感觉。但暗紫色是痛苦、伤病、尸斑的颜色，容易导致精神压抑、痛苦、焦虑。

棕色通常用来表现麻、木等原料的质感，或传达产品原料的颜色，如咖啡、茶叶、小麦等。它也适用于强调经典风格和优雅的企业或商品形象。

白色具有高级、科技的意象，通常和其他色搭配使用。纯白给人以寒冷、严峻的感觉，在使用时，会掺些其他色，如象牙白、米白、乳白、苹果白。

黑色使人联想到休息、安静、深思、坚持、考验，显得严肃、庄重、坚定，还有捉摸不定、阴谋 、耐脏的印象。

灰色是复杂的颜色，美丽的灰色只有通过优质原料的精心配制才能产生，需要具有较高文化素养和审美功底的人来欣赏。因此，灰色给人以高雅、精致、耐人寻味的印象。

2. 色彩象征

随着色彩想象逐渐社会化，颜色越来越成为具有一定意义的符号。人们的想象也从具体的事物向抽象的、感性的和其他艺术的理解转变。

色彩象征是色彩想象的一种方式。当人的感官被色彩所触及，审视色彩表象的背后时，也会体验到一种神秘的力量，给人一种启示。为了表达这种神秘的启示，人们用色彩给予一种象征，随着时间的流逝，不断地改变着过去的面貌和意义。

由于时代、地域、民族、历史、宗教、文化背景、阶层地位及政治信仰等差异，人们对色彩的喜好、理解有较大的差别。如黄色，在中国历史上象征皇权；紫色，在古罗马时代象征高贵，在荷兰却代表不幸；红色，在基督教中象征仁爱与殉教。

在日常生活中，色彩的象征意义扮演着重要的角色。白色象征着纯洁与神圣，比如护士穿着白色的衣服，新娘穿白色婚纱等。

色彩也代表着企业精神和产品形象，例如，宝洁用蓝色，壳牌用红色和黄色等，均已成为消费者心目中熟悉的颜色。

4.1.3　质感的设计

所谓质感，是指物体表面的材质在人的视觉上的一种心理映射，也是表面质地的精细度在人眼中的直观感受。对质感的深刻体验往往来自人的触觉，但由于长期通过视觉与触觉进行协调实践，人们逐渐积累了经验，往往只通过视觉就可以感知质感。例如人用手去触摸棉花时，眼睛也同时在观察棉花的形态，人们所感觉到的棉花表面的柔软、质软等特性是手眼共同实践的综合结果。所以日后人们再看到棉花的时候，不必用手触摸，通过视觉经验就可以认识到棉花表面的质感状态。

所谓质感的表情，是指粗糙、中等、精细质感的表面对人的视觉心理冲击和情感反应。一般来说，粗糙的质感给人一种朴素、厚重、温暖、粗犷的视觉心理反应。另一方面，质地粗糙也有负面的心理影响，如果使用不当，还会产生庸俗、丑陋、笨拙的副作用。细腻的质感具有精美、优雅、静谧的视觉心理效果。当然，它也有着缺点，如果使用不当，会产生单调乏味的副作用。就中等质感而言，它柔和、柔弱，具有平静的视觉和心理效果，也是一种和谐过渡的感官形式。此外，光线和布料的质地也会产生特定的心理影响。一般情况下，光亮的质感营造出高贵、靓丽、明快、动人的效果，而哑光麻面则营造出简洁、真实的视觉效果，其应用较为广泛。

　　所谓质感的要点是一个应该注意的问题。设计中的面积问题在这里尤为重要。简单来说，就是理解"两头小，中间大"的道理。所谓"两头小"，就是粗纹理面和细纹理面的面积要小，起点缀作用，不要喧宾夺主；"中间大"是指质感面积应以中等质感纹理为主，这样才能在整体布局上保证良好的比例关系，从而营造出对比而统一的良好构图形态。

　　在现代造型设计中，由于总的发展趋势趋于简约，风格元素淡化而精致，很少有多余的装饰，因此特别注重质感。设计中的质感元素是现代设计形式达到"以少见多"视觉效果的重要手段之一。

表 4.1　色彩象征表

色调	象征含义
白	欢喜、明快、洁白、纯真、神圣、素朴、纯洁
黑	寂静、悲哀、绝望、沉默、黑暗、严肃、寂寞
红	喜悦、热情、爱情、革命、热心、活泼、幼稚
橙	快活、积极、温情、任性、精力旺盛
黄	希望、快活、愉快、发展、光明、明快、冷淡
绿	安慰、平静、智慧、稳健、公平、理想、柔和
蓝	沉静、深远、消极、悠久、真实、冷静、冷冷清清
紫	优美、神秘、不安、高贵、温厚、优雅、轻率

4.2　运动画面中的视觉要素

　　运动画面的基本元素实际是指使画面内容产生变化、运动的技术手段。视觉要素是隐性的、可变的（即体现在基本元素的布局、配合上），可由设计者进行操作的。

　　构成运动画面的基本元素，是指那些使画面上的主体、背景及色彩、肌理、影调产生变化、运动的技术手段。

　　动态效果的优势体现在说明原理，表现内部结构或一些需要创意的内容，通常这些内容都是多媒体人机交互界面中的重点。

　　按照认知规律，环境的改善对认知过程是有帮助的。因此，精美、逼真的动态效果制作，有利于激发用户兴趣，改善多媒体人机交互界面使用效果。在界面产品的交互设计中，采用动态效果给使用者带来良好的用户体验就是一个很好的方法。

　　研究表明，在软件产品的交互界面设计中加入适当的动态效果，可以显著提高产品的友好度和吸引力。为了给用户提供更好的操作体验，界面设计在交互设计方面越来越多地使用动画。交互式动画不仅让操作界面更美观，让操作更有乐趣，更重要的是可以让操作成为一个过程，提高操作者对操作的理解，使其操作更具辨识度。

　　然而交互式动画设计并不仅仅是动画设计，也不是在交互方式中胡乱加入动画，而是通过在交互设计中加入动画，使交互产品的亲和力、友好性更强，更具有易用性。在动态效果设计中，也要遵循以下原则：

　　（1）产品应提出完善的理论模型，使用户能够预测行为的结果，而不是盲目行动。设计一个动效就是设计者要向操作者介绍动效的过程，用一些自然的方法来设计动效，这样操作者不需要专门去学习，简单易行，能够通过动态效果管理动作。

　　（2）提高可见性，即每一个动作对应一个变化或反馈，让用户知道当前动作是否有效。

　　（3）动态效果与主题相吻合。用户在设计动效时，应该将动效和界面作为一个整体来考虑。动态效果的样式和实现方式应包含与界面主题相关的元素或想法。

　　（4）导航一致性。在界面设计中，往往把导航都设计成动态展示的样式。按钮的外观及其大小和位置也应保持一致。

　　（5）动作连贯性。界面中的动画可以是位置的变化、形状的变化或颜色的变化。无论是什么变化，交互界面的设计都必须保持动态效果的连贯性。

　　界面设计中动态效果的加入在一定程度上会降低用户的工作效率，但是在计算机技术以摩尔定律飞速发展的今天，界面动态效果产生的效率问题对于绝大多数的用户来说，已经很难察觉。只要我们在设计动态效果的过程中遵循以上几点原则，根据实际的需要在界面交互中加入适当的动态效果，这些动态效果几乎不会影响我们操作的执行效率。

　　从呈现艺术的角度看，在多媒体人机交互界面中，设计者通常采用三类方式表现动态效果，分别是视频、动画及视频与动画的结合。

4.2.1　视频的呈现艺术

　　在多媒体人机交互界面设计中采用视频表现内容时，计算机磁盘采用了压缩技术记录数字音、视频信号，但其数据量大运行速度慢，占据了相当的磁盘存储容量。因此，在多媒体人机交互界面中，选择视频画面要较为慎重，而且运用得十分节省。

　　哪些场合选择使用视频呢？

4.2.1.1　在实验、技能操作以及示范等活动中

　　一些现场拍摄的视频，有利于给用户进行示范和演示。

　　在一些宣传手工制作的网站中，比如中国结的制作，如图 4.17 所示，为了吸引用户的注意力，同时为了让用户了解制作方法，通过拍摄视频的方式将一些规范的操作实际记录下来，放到网站上，用户可以反复观看。

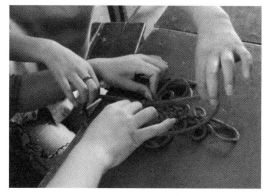

图 4.17　手工制作画面

如图 4.18 所示，现代的体育发展讲究的是科学教学，在体育教学训练中，通过观看拍摄的视频，领会教学要领，无疑是成本低、效果好的教学模式。

图 4.18　体育训练画面

如图 4.19 所示，在讲解绘画技巧时，最好结合一位教师的教学做出示范说明。通过视频的反复播放，用户可以进行反复练习，不断体会其中的画法、规律等。

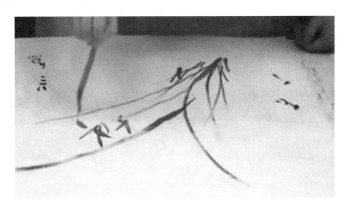

图 4.19　讲解绘画技巧画面

类似的例子还出现在各种球类、游泳、体操等项目的训练中，教练可以采用微格教学来检查每一个动作的要领；用户可以通过拍摄记录的实况来揣摩其中的神韵等。

4.2.1.2　在多媒体人机交互界面中

一些珍贵的、无法模拟的视频镜头，可以显著提高界面的科学性、实用性及说服性。

例如，如图 4.20 所示，火箭发射现场摆设的一些与教学有关的重要材料，是在正常情况下无法得到的重要资料。视频资料将火箭发射的状况以及一些瞬间景象，一览无余地呈现在画面上。在一些科普讲座或相关知识的培训课堂中，其教学效果是超乎只用书本或图片等静态元素来展示的。

类似的例子还有很多，如水库建成后首次放水的一些重要数据的视频采集；泥石流滑坡等重大自然灾害的飞机俯拍视频，它能够帮助相关技术人员分析灾害发生的原因，找出破解方法等。这些宝贵的资源，恰如其分地应用于多媒体人机交互界面中，无疑会增加其应用效果。

图 4.20 火箭发射画面

4.2.1.3 在多媒体人机交互界面中

对于一些本身具有动态性或者不适合用动画表现的，只能通过视频来展示。

例如，一些旅行社的网站，往往要介绍旅游路线及旅游景点，这些内容可以用照片和文字进行介绍，但是不如视频画面形象生动。用音频视频介绍旅游景点，可以说是配合得相得益彰，将这种在电视上已被证实效果极佳的形式用于网站中，也会取得更好的效果。如图 4.21 所示。

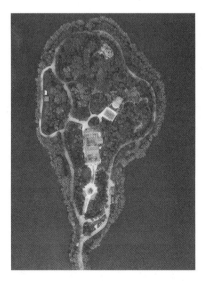

图 4.21 介绍旅游景点的画面

　　类似的例子还有大型歌舞表演、交响音乐会、京剧表演、介绍舰船等，这些都只能通过视频展示。

　　制作或选择视频时，应该注意：

　　（1）在多媒体人机交互界面中，视频的作用应以传递信息内容为主。在拍摄或选择视频时，应按照具体的需要，尽量保证画面质量。

　　（2）由于视频数据量很大，为了节省数据量，在不影响效果的前提下，拍摄或选择的视频尽可能短些，也可以尽可能减少视频图像画面的尺寸，适当压缩处理视频数据量等。

4.2.2　动画的呈现艺术

　　动画是一种动态的视觉上的表达、形式和结构，随时间推移而变化。动画十分普遍，用途不尽相同，使用动画来传递信息是多媒体人机交互界面动态设计的一个重点。

　　哪些场合需要运用动画画面呢？

4.2.2.1　采用动画表现信息内容

　　用动画表现信息内容，可以达到突出重点、删繁就简的效果，同时便于用户反复使用。

　　例如，如图 4.22 所示，游标卡尺的读数规则就可以用动画形象生动地表现出来。不仅如此，用户通过鼠标拖动卡尺，可以分别调出不同的数值，并练习读数。用动画演示和练习，比用演示实验仪器简便，同时也便于用户自主学习。

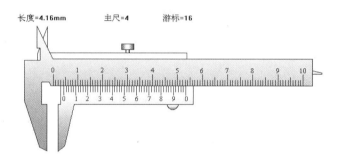

图 4.22　游标卡尺读数动画

　　类似的例子还有很多，如在讲授机械传动系统这类与生产实际相关的知识时，传统的教学方法会结合实际机械设备上的齿轮、连杆或凸轮实例进行讲解。但这些设备上与传动系统无关的一些零件会遮挡视线或分散注意力，产生干扰。采用计算机动画演示，可以使得上述问题得到圆满解决：一方面可以将设备中与传动系统无关的零件省略掉，只画各传动部件的图形；另一方面，能够动态演示设备的传动路线及要领。

　　又如，在给运动员讲解动作的力学分析时，采用简易图以动画形式连续完成的全部动作，并且配合矢量箭头讲解每一步动作的受力情况，可以达到很好的效果。

4.2.2.2　采用动画进行内部演示

　　动画可以不受实物结构的局限，深入到物体或系统的内部进行演示。

　　例如，如图 4.23 所示，为了介绍减压阀内部结构，设计者将减压阀内部结构的运行机制，做成一个简单的动画，让用户一目了然，既能看到里面的具体工作流程，同时也能了解到减压阀的内部构造零件。

　　医学上很多地方也需要动画的支持，比如人体或生物的内部构造、人体大脑的活动、心脏的跳动等。

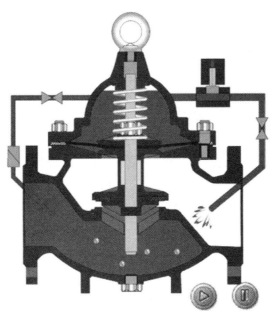

图 4.23 减压阀的内部结构动画

4.2.2.3 采用动画模拟现实

将现实场景的实物转变成动画进行模拟演示，根据表达需要设定其运行时间，以节省布置真实现场的时间和消耗，同时便于用户使用。

例如，现在的企业培训中经常使用虚拟现实的方法，将一些员工在实际工作中遇到的场景用动画的形式表现出来，虚拟演示一个活动场景，在员工入职培训中使用，取得了非常好的效果。如图 4.24 所示，企业为客服部门的员工讲解工作中经常遇到的各种场景，图为在遇到客户投诉时，员工应如何与客户进行电话沟通。

图 4.24 企业培训动画

又如，在宣传安全教育时，用虚拟现实演示防火、防盗、防煤气泄漏及宣传交通安全等。用这种动画形式可以达到教育的目的，而且成本大幅度降低。图 4.25 为对小学生进行安全教育宣传的动画。

类似的例子还有化学实验、物理实验及生物实验等各种模拟实验，配合交互功能，既可以让学习者动手操作，取得实验反应预期的结果，又能节省试验材料。图 4.26 为一组化学实验动画。

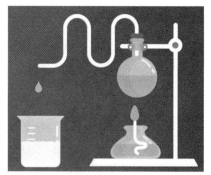

图 4.25　小学生安全教育动画　　　　图 4.26　模拟化学试验动画

以下几点为选择或制作动画时的注意事项。

（1）动画的优势体现在说明原理、表现内部结构或一些需要创意的内容，通常这些都是多媒体人机交互界面中的亮点。因此，一定要将其优势充分体现在所需表达的地方，使其运用得恰到好处。

（2）一定要按照认知规律去选择或制作动画，精美、逼真的动画制作，往往有利于激发用户兴趣，但是过度追捧动画，使其占据主体地位，反而失去了动画辅助的作用。

（3）动画制作往往需要较高成本、较多的人力物力，因此在做出决定时，一定要慎重。

4.2.3　视频与动画结合的呈现艺术

在多媒体人机交互界面的设计中，视频与动画是两种常用的动态设计方式，但也有两者兼用的情况。

现代视频技术可以将视频图像从蓝色背景中抠出，然后叠加在动画画面上，这便可以按照优势互补原则，将视频图像的"真实"优势与动画的"创意"优势结合起来，其效果远胜于只用动画或视频。

例如，如图 4.27 所示，一些电视台和学校使用的"虚拟演播室"，是到目前为止视频与动画组合制作的最成功的案例。在演播室中，演播员周围的布景全部由动画制作完成，而播音员则是通过色键叠加到动画中去的。虚拟演播室的技术难点在于，要求拍摄播音员的真实摄像机与动画制作软件中"摄像机"保持同步，以保证真实摄像机面对播音员推拉遥移和变焦操作时，播音员周围的虚拟布景也能相应地随之变化。

类似的例子还有天气预报节目，节目主持人的视频影像，通过色键叠加到用动画制作的地图上，如图 4.28 所示。

图 4.27　虚拟演播室合成效果

图 4.28　天气预报节目合成效果

选择或制作视频与动画相结合的画面时应注意以下事项：

（1）视频与动画结合的优势在于"真实"与"创意"的结合，因此要求以创新思维设计动画，使其与视频图像融为一体；

（2）动画和视频的选择或制作，均应以实际需求为依据，并且应时时考虑性价比。

4.3　文本设计

多媒体人机交互界面中的文本较其他媒介上的文本，在表达方式和呈现方式上有其独特之处。

在表达方式上：多媒体人机交互界面上，文本可以采用简略的表达方式，只须罗列提要或大纲，尽可能省略那些属于语法范畴的冗余信息，而且可以配合图、声、像等元素，对内容的阅读、理解和记忆更加有利。

在呈现方式上：

（1）屏幕上呈现的文本可以具有动感，并且可以与色彩、声音、图形和图像配合，形成声色俱备、形象生动的画面，这是纸介质上的文字所不及的。

例如，网页中经常为标题设计的动感背景或变化的 Logo，电视节目的片头片尾，多媒体课件中的字幕运动等。

（2）屏幕文字在多媒体人机交互界面上具有与音视频相协调的优点。通过声、光、色、动媒体的协同作用，所呈现的艺术冲击力是纸媒无法比拟的。

（3）屏幕上显示的文本可以更新。在多媒体人机交互界面中，整句话甚至整段文本的全部内容都可以改变和调整，比在纸上编辑文本更高效、更好。

例如，在制作多媒体课件、编制音视频或在网上发布信息时，可以利用剪切、复制、粘贴、删除等功能，将整句、整段文本内容进行移动或修改，效率更高。

4.3.1　文本呈现的两种方式

屏幕上呈现的文本，可以归纳为由软件制作的文本和从字库中调出的文本两大类。

前者是将文字图形化，属于"图"的范畴，十分适合与图像有机地结合起来，使两者融为一体，增加文字的可视性和表意性，使画面的主题在活泼生动的形式中表现出来。这类文本广泛应用于网页的 Logo、标题、广告、海报等场合，如图 4.29 所示。其中，从字库中调出的文本也可以类似地按照图形、图像的呈现艺术处理。

图 4.29   文字图形化处理

4.3.2   文本呈现的基本元素

从字库中调出的文本的基本元素包括：文本的字体、字体的特征元素等。

1. 字体

宋体是一种印刷字体，起源于宋代木版印刷术。宋体字形方正、线条横竖、横细竖粗、棱角分明、结构严密、工整匀整、笔画规律性比较强，使人观看和阅读时有舒畅醒目的感觉。

楷体是一种模仿手写习惯的字体，线条平直均匀、字体端正，广泛用于学生课本、通俗读物和屏幕批注中。

黑体是在东方采用现代字体后，在西方无衬线黑体的基础上创造出来的。黑体字体端庄、横平竖直、笔画粗度一样、结构醒目紧凑、线条粗壮有力、撇捺线条不尖锐，便于供人们阅读。由于其引人注目的特点，经常被用于标题、指南、标识等。

多媒体人机交互界面	（宋体）
多媒体人机交互界面	（楷体）
多媒体人机交互界面	（黑体）

图 4.30   三种常用字体

2. 字体的特征元素

字体的特征元素包括字号、行间距、字重、字体宽度、字形和字间距等。

不同的交互界面中对于字体的要求往往略有区别，下面以网页为例加以介绍。

网页中的信息主要是以文本为主的。在网页上，可以通过字体、大小、颜色、底纹和边框来设置文本属性。这里的文本是指文字中的文本，而不是图片中的文本。制作网页时，文字可以很方便地设置不同的字体和字号，但是建议正文使用的文字不要太大，不要使用太多的字体。对于中文文字，使用宋体字体， 9 磅或 12 像素就可以了。这是因为显示器显示过大的字符时，线条不够流畅。颜色不宜过于斑驳，以免造成浓妆艳抹的俗气效果。建议参考一些优秀的杂志或报纸来组织大段文字。

4.3.3　屏幕上文本呈现的视觉要素

屏幕文本呈现的视觉要素，是由构成该屏幕文本的基本元素在画面上变化、布置、搭配和运用技巧衍变而来的。

1. 由字体及其特征元素衍变而来的视觉要素

文本字体及其特征元素的变化，不仅美化了画面，而且便于理解和记忆，如图 4.31 所示。文字屏幕化，需要将文字进行再创造，即需要设计文字的字体、字号、颜色、行间距、样式及字重等特征元素，使其具有更强的阅读性和欣赏性。

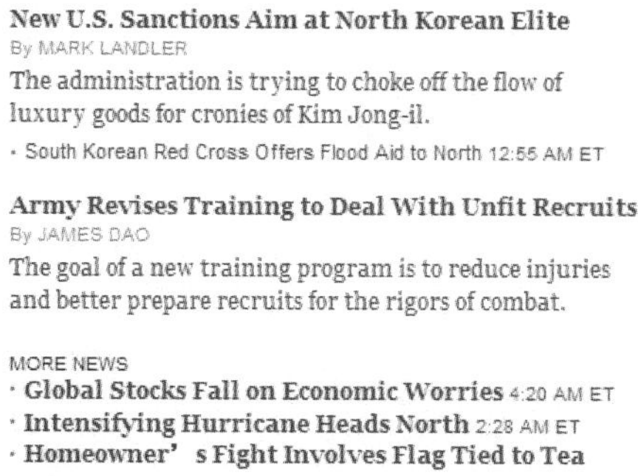

New U.S. Sanctions Aim at North Korean Elite
By MARK LANDLER
The administration is trying to choke off the flow of luxury goods for cronies of Kim Jong-il.
· South Korean Red Cross Offers Flood Aid to North 12:55 AM ET

Army Revises Training to Deal With Unfit Recruits
By JAMES DAO
The goal of a new training program is to reduce injuries and better prepare recruits for the rigors of combat.

MORE NEWS
· **Global Stocks Fall on Economic Worries** 4:20 AM ET
· **Intensifying Hurricane Heads North** 2:28 AM ET
· **Homeowner' s Fight Involves Flag Tied to Tea**

图 4.31　屏幕化文字

2. 由文本和其他媒体配合衍变而来的视觉要素

图 4.32 所示是图片与文字配合的案例。背景图片与文本内容呼应，因而产生了能够满足认知和审美需求的视觉效果。

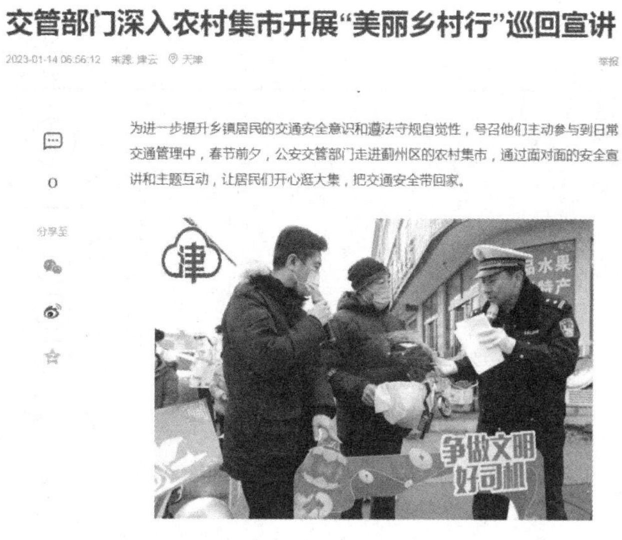

图 4.32　屏幕上文本与图片配合

3. 文本的动态呈现艺术

在屏幕中，文本也和图形、图像一样可以使用具有动态的呈现艺术。

屏幕文本一般采用软件制作手段，因此其动态效果的制作一般隐含在软件制作运动方式的技巧之中。

在多媒体人机交互界面中，常见的文本动态呈现形式，有横向飞入、飞出，纵向远、近移动，中心旋转运动，多层叠加或变色运动，书写效果等。

图 4.33 所示是一个视频的片头，在片头中，文本由无数"×"型光束堆积形成，在形成文本"VIDEO COPILOT"后，又有零星光束围绕着文本闪烁。此例为视频中常用的片头制作方法，使观者感受到画面上文本呈现的神秘感。

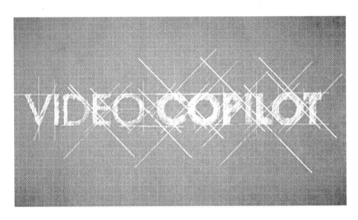

图 4.33　文本动态呈现 1

在图 4.34 的示例中，由三个象征力量的火球沿着既定文本"VFX"的字形运动，通过三个火球留下的火焰痕迹，形成所要呈现的文本，使观者在等待文本呈现的过程里充满了好奇感，同时也使得文本呈现充满了力量。

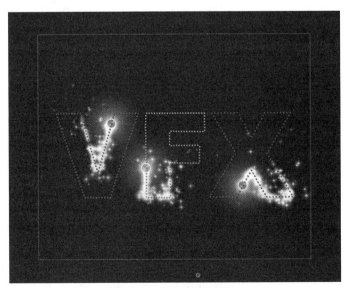

图 4.34　文本动态呈现 2

文本动态呈现时一定要做到"突出主体""优势互补""动静一体"。"突出主体"是指在文本动态呈现过程中，要确保画面的主体内容成为观者的注视中心。"优势互补"和"动静一体"是指屏幕上的文、图、声互相配合表现主题时，不论动态呈现或静态呈现，均要合理分配其用场，并且充分发挥各自的优势。

4.3.4　文本呈现的原则

在界面中，文本呈现要考虑四个方面：简化性、易读性、适配性及艺术性。

1. 简化性原则

E.B.White 在 *The Elements of Style* 一书中提到"最好省略掉多余的文字，简练才使得文字更有力度。一句话中不应该有多余的文字，一个段落中不应该有多余的句子。同样地，图画上不应该有多余的线条，机器上也不应该有多余的零件。"

当浏览网页的时候，发现大多数页面上的大部分文字都不过是在占地方，因为没有人打算阅读它们，但是它们确实在那儿。所以，这些文字可能都在暗示用户真的需要阅读它们来理解到底是怎么回事，这样常常使得页面看起来理解难度更高了。

文本呈现使用简化性原则，有三个好处：可以让有用的内容更加突出；让页面更简短，让用户能够在尽可能简短的页面上看到他所要的内容；降低制作成本。

2. 易读性原则

文本呈现不如图形、图像那样直观、生动，一费眼，二费脑。但文本又是多媒体人机交互界面中不可缺少的组成要素，一些内容需要文本才可表达清楚。因此，要特别注意提高对屏幕文本的识别率和降低用户阅读过程中的视觉疲劳。

（1）适当选用字体及其特征元素。

界面中选用的字体，以楷体为宜。

从语法中剔除冗余信息后，尽可能按照学习内容的知识结构或比较结构来组织文本信息，更利于阅读、理解和记忆。

在标题、关键词等位置，最好使用粗体、不同颜色、下划线等来强调结构体系或引起注意。

（2）确保字色和背景色之间有足够的明度差。合理选用文本的色彩明度，确保字幕和背景的明度差达到 50 灰度级以上，这是保证文本能在背景上清晰、醒目地被用户阅读的关键。背景与主题内容相配合，起烘托、陪衬的作用。要保证背景上的文本清晰易读，而且还应注意背景内容不能背离主题或者过于抢眼，以免喧宾夺主。

（3）将文字占用的信息区和装饰区合理分配。在制作多媒体人机交互界面时，通常根据人机交互界面的实际应用需求，将画面分为信息区和装饰区两部分，两个区域的面积大小要合理得当。大量实践证明，一般情况下，当文本集合的信息区占用整个画面的 60%～70%时，不仅兼顾人的视觉感觉，而且具备所谓"黄金分割"的特点，符合审美艺术规则。

（4）凸显重要的部分。例如，作为最重要的标题部分，最好选择更大、更粗的字体，更鲜明的颜色，并且旁边留出更多的空白，或者更靠近界面的顶部，如图 4.35 所示。

图 4.35　文本易读性

3. 适配性原则

在多媒体人机交互界面中，对文本适配性的要求有两方面内涵：与表达的内容适配和与其他元素适配。

需要强调的是，对于多媒体人机交互界面设计来说，适配性原则是一条根本性的原则，即不仅文本，还包括图、声、色、动等元素的设计，都应遵循与内容适配的原则。设计的目的是更好地呈现内容。

4. 艺术性原则

信息化学习环境认为，学习环境对学习过程是有影响的，良好的学习氛围不仅有利于提高学习效率，而且还对学习动机的激发、情感意识的升华、认知结构的优化、知识迁移的促进都会起到积极的作用。

因此，在设计多媒体人机交互界面时，应注重文本呈现的艺术功能，按照对称、均衡、对比、韵律等法则设计文本，并利用动态、色调等协调呈现文本，以及对文本字体及其属性做适当调整，利用特征元素重新组织文本等，使多媒体人机交互界面既传达了合理的知识内容，又为用户创造了友好的用户学习环境，呈现出生动的造型、简洁的表达、便捷的交互。

4.4　图标设计

图标是具有指代意义和标识性质的图形，它不仅是一种图形，更是一种标识，具有高度浓缩并快捷传达信息、便于记忆的特性。

抛开技术不谈，从多媒体人机交互界面设计的角度讲，图标设计应该注意三点：创意、整体性和细节。

1. 创意

创意是具有新颖性和创造性的想法，是站在一个好的出发点或独特的角度，让图标在整个多媒体人机交互界面中与众不同，脱颖而出。创意从何而来？很简单，从生活和其他各个领域的优秀作品中发掘。下面介绍一些创意的原则和方法。

生活中有太多值得探索和赞美的东西，它们也许就能成为多媒体人机交互界面设计中的图标。当然作为设计者来说，选取的主体必须和主题相配合，但也不要局限于固有的风格。

学习各个设计领域的优秀作品，优秀作品往往能激发灵感，尤其是工业设计领域的那些令人叹为观止的创意。在设计的时候，首先要明确界面设计中哪个位置需要安放图标，然后找到一个想表现的东西，最后用自己的方式来表现它。

2. 整体性

多媒体人机交互界面设计中的图标设计应该具有一致性，即让人感觉是一组图标。

在控制整体性的技术上，一定要有把握。比如控制形状，图片的边角是否都用圆角或者直角；控制颜色，色彩上是否都采用渐变；控制样式，加不加反光，加不加描边等。这些都要统一在所有图标里。让它们发出的声音是一致的，表达的思想是相同的。如图 4.36 所示，这一组图标的风格样式具有明显的整体性。

图 4.36　图标的整体性

在多媒体人机交互界面中，图标的整体性可以使用户感觉到设计者的专业性，同时还可以增加用户对于产品的信任感。

3. 细节

要注重图标细节的设计，也许你的图标再加上一点就能变成一流的创意图标。著名咨询业专家余世雄说过："细节是追求完美的意思。"图标本身就是多媒体人机交互界面中的细节，那么注重图标的细节，就是注重整个界面设计中细节的细节，就是追求整个界面设计完美的过程。

如图 4.37 所示，两个表达相同含义的图标，只是因为细节处理的不同，就会给用户带来不同的感受。显然，左侧的图标显得更加专业，更加美观。

图 4.37　图标的细节性对比

那么在多媒体人机交互界面中，哪些地方应该放置图标呢？我们应该注重图标的可用性。

（1）图标的指代意义应该尽可能的直接、简单，不要让用户有误解

在一般的图标设计中，用户将不得不花费相当长的时间来猜测图标的含义，而且很有可能会猜错。错误的认识导致错误的行动，错误的行动导致不好的结果。这绝不是一个很好的用户体验（UED），尽管从美学的角度来看这个图标可能是一件很好的艺术品。

"直接"的意思是：不要绕弯，不要让用户思考，让他们瞬间即可得到正确的操作指示。设计者的设计目标应该是让每一个交互图标都不言而喻，如果能达到某个目标，普通用户只要看它一眼就能知道是什么内容，知道如何使用它。一个图标的视觉表现和它背后的意义只需要通过一个简短的意义路径就可以连接起来。

认知心理学家提出了激活扩散模型，即在人类的知识和概念系统中，当一个概念被处理或刺激时，概念节点被激活，然后与该节点直接相连的多个节点被激活，并继续向四面八方蔓延。在概念网络中，与当前概念的连接关系决定了其激活的强度。这种关系取决于一个人的知识体系的组织结构（即两个概念是否同属于一个类型）以及概念共现或使用的频率。因此，设计者在设计图标时，应仔细考察或直接调查用户的知识体系，找寻最短的概念联系。

（2）每个图标的映射关系应该是唯一的，不要使用过于复杂的图标

这个原则的要点是，不要让图标产生歧义。因为一个图标的视觉元素越多，它具有多种含义的可能性就越大，用户就越有可能从不同的角度来解读它，因此这个图标的可用性就越差。

简单地说，就是要让图标产生"一对一"的映射关系。图标要充分考虑用户的感受，要越简明越好。来看一个例子，在绝大多数的网上书店，搜索某本书之前，用户首先必须思考自己要怎么搜索。

如图 4.38 所示，用户看一看，就会思考"快速搜索"，这与"搜索"是一样的吗？一定要点击那个下拉菜单吗？只知道书的作者是 Bill，Bill 是一个关键词吗？（到底什么是关键词？）

图 4.38　步骤 1

估计得点这个下拉菜单，如图 4.39 所示。

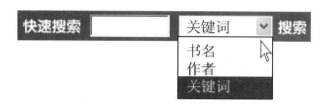

图 4.39　步骤 2

"书名、作者、关键词"，好，点击"作者"，如图 4.40 所示。

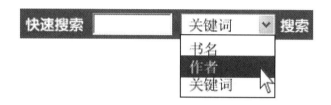

图 4.40　步骤 3

输入作者 Bill。点击"搜索"，如图 4.41 所示。

图 4.41　步骤 4

　　当然，这种心理活动通常在一刹那间发生，但是，这个过程因为一个小细节——图标"搜索"变成了"快速搜索"，使得用户产生了一个问号。既然两个图标都是搜索的作用，就应该用相同的"搜索"。

　　当用户看到一个多媒体人机交互界面时，脑袋里浮现的应该是："嗯，这是＿＿，那是＿＿，我想要的东西在这里。"

　　（3）使用简短文字作为图标的冗余编码

　　在信息传播过程中，增加信息冗余度是保证信息传递可靠性的最有效途径。在人机交互设计中，红绿灯是最常见的冗余编码方式，每种颜色都有一个固定的对应位置，这样即使是色盲人群，也可以获取到交通信号的信息，了解是否可以通过路口。图标设计也需要加入冗余编码，以确保在各种情况下，绝大多数用户能够快速准确地理解图标的含义。

　　如图 4.42 所示，这是一个做统计处理的多媒体交互课件，图标下方的注释文字"画统计图"，便于用户做出清楚的选择。

分数段	90分以上	80分～90分	70分～80分	60分～70分	50分～60分	50分以下
人　数	14人	15人	26人	人	人	人
比　例	%	%	%	%	%	%

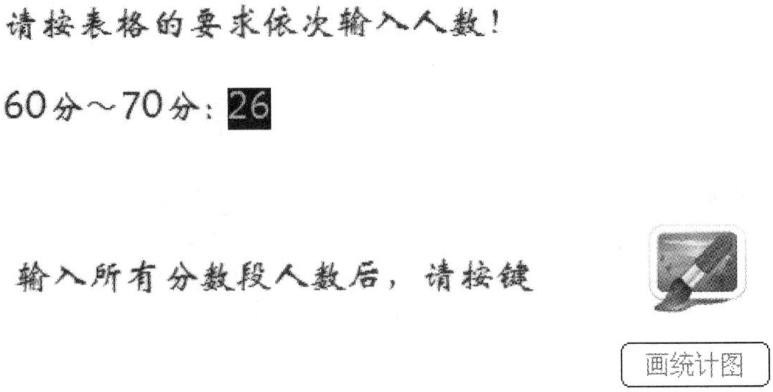

请按表格的要求依次输入人数！

60分～70分：**26**

输入所有分数段人数后，请按键

画统计图

图 4.42　文字作为图标的冗余编码

4.5　排版设计

多媒体人机交互界面的最终使用者是人，因此在其排版设计中，要严格考虑人的因素，要考虑人的记忆特点，要便于人们使用、聆听、思考，要考虑人的情感因素和个体差异等。

在多媒体人机交互界面设计时应注意：

（1）减少语音菜单和命令的数量。研究表明，人们难以浏览包含三个或四个以上语音选项的菜单，也难以记住包含多个部分的语音命令。为了充分考虑到用户的记忆容量，要尽量减少过于复杂的任务完成步骤。

（2）由于用户更愿意"识别"，不愿去"回想"，因此在界面设计中应使用菜单和图标，并使其位置保持一致。

（3）多媒体人机交互画面上，应该注意各文字占用的面积和位置。还有各文字块选用的字体、字号及行间距、字间距，其中，大、粗字体可以造成视觉上的强烈冲击，而细、小字体则可以造成视觉上的连续感。用细、小文字构成的版面，可以带给人一种精细、舒适之感。此外，越重要的部分越应突出。如图 4.43 所示，页面非常重要的部分用较大字号显示，且加粗，比较接近页面顶部，当然也可以换个醒目的颜色或周围留出空白。当页面的视觉层次不清晰时，例如所有内容看起来一样重要，用户扫描页面的速度就会降低。

图 4.43　重点突出

（4）逻辑上相关的部分也应该在视觉上相关。例如，如图 4.44 所示，可以将类似的内容分在同组或放置在同一标题下，使用相似的显示样式，或者将它们全部放在一个明确定义的区域中。

图 4.44　逻辑上相关部分的排版

（5）逻辑上包含的部分，视觉上进行嵌套。例如，在浏览网页的时候，会发现很多设计者都采用分组和嵌套的方式为用户提供有效信息。如图 4.45 所示，这张照片和新闻内容是归属于同一个新闻标题的，所以，在排版时，它们位于同一个标题的覆盖范围之下。

（6）把界面划分成定义明确的区域。理想情况下，用户应该能在任何设计良好的界面上，明确指出："这是我能在这个界面上进行的活动，这是重要的新闻，这是到其他部分的导航。"把界面划分明确，让用户快速关注界面的特定区域，或安全地跳过某些区域。在心理学实验中，对浏览网页的用户进行过几项眼动跟踪研究。研究表明，良好的页面布局设计可以让用户快速识别页面的哪些部分包含有用的信息，然后忽略其余部分。因此，明确的定义区域，能够避免造成用户轻视某重要信息的后果。

（7）一个好的交互系统，应该能够充分考虑人在各种情感状态下的认知特点，有针对性地进行交互设计。

（8）无论进行哪一种交互设计界面的排版设计，都应考虑是否会对目标用户中的一部分带来不方便。

图 4.45　逻辑上包含

排版设计要遵循一定的原则，排版的设计原则一般有四点：

①思想性与单一性

多媒体人机交互界面的排版设计本身并不是目的，设计是为了实现更好地传播信息的目的。一个成功的排版设计首先要明确用户的目标，深刻理解、观察和研究与设计相关的各个方面。可以从对用户简短的咨询作为设计的开始。版面与内容密不可分，设计要体现内容的主题，以增加读者的关注度和理解度。只有主题清晰、突出、一目了然，才能达到版面设计的最终目的。

②艺术性与装饰性

为了使排版设计更好地为版面内容服务，寻求合乎情理的版面视觉语言就显得非常重要，这也是达到最佳诉求的要求。主题明确后，用户界面的构图、布局和表现形式将成为排版设计的核心。实际上，设计是一个有难度的创作过程，如何做到创意新颖、造型优美、变化统一、有审美情趣，取决于设计者的文化修养。因此，排版设计是对设计者思想境界、艺术造诣和技术知识的综合考验。

排版设计的要素是由文字、图形、色彩等通过点、线、面的组合与排列构成的。因此，排版设计者要充分考虑这些要素的艺术规律和表现形式，让其能够合理科学地得到应用，并采用比喻、夸张、象征等手法来展现视觉效果，对版面来说得到了美化，对信息传达来说，也提高了效率。

③趣味性与独创性

排版设计的乐趣主要是指形式的乐趣。如果本身没有很多精彩的内容，一定要以趣味性取胜，这就包括在构思上调动艺术手段。界面趣味十足，使用户在获取信息上更能集中注意力，同时使界面更具吸引力和感染力。版面趣味性可以通过有寓意的结构、幽默的图示、抒情的文字等表现形式来产生。

独创性原则本质上在于突出个性特征。鲜明的个性是排版设计的创意灵魂。一定要思考，敢于创新、独树一帜，在排版设计上增添一些个性化元素，少一些共性化元素，多一些原创内容，少一些传统内容，才能赢得用户的好感。

④整体性与协调性

排版设计是传递信息的桥梁。设计师所追求的完美设计必须与主题的思想内容相对应，这是版式设计的基础。只谈表现形式而忽视内容或只求内容而无艺术表现，界面是不会成功的。只有合理地协调形式和内容，加强总体布局，才能获得版面构成的独特的社会价值和艺术价值。

强调界面的协调性原则，即在界面中加强不同元素的结构，以及色彩方面的关联度。由图、文、声、像的综合组合、协调排列，使界面井然有序、井井有条，从而达到更好的视觉效果。

4.6　听觉要素

听觉要素一般是用声音来表达，而声音都是以语言、音乐和音响效果三种形式来展示。三种形式的声音，尽管表达方式各异，但是都可以在人机交互界面的设计中发挥各自的作用。

音乐是一种声音语言，它以不同于解说的特有方式表述问题，如同图形、图像以不同于文字的方式表述内容一样。因此，运用音乐配合画面表述内容时，需要具备起码的音乐素养，并且了解音乐表现的特点。与解说相比，音乐属于陪衬角色。

4.6.1　音乐在多媒体人机交互界面中的作用

在人机交互界面设计中，音乐一般在三个方面发挥作用。

（1）作为陪衬，用以烘托画面或解说

音乐是一门时间的艺术，它只有在时间的不断展开中才能逐步展现其形式和内涵。人机交互界面所呈现的内容本身所具有的前后联系，趣味性往往不够，客观上很难使用户保持注意力的高度集中和稳定。将这些内容和流畅的音乐联系起来，借用音乐烘托画面内容或解说，把文字表述赋予情境，使人学起来不感到枯燥零碎，激发学习者的热情来完成学习任务。

（2）延伸解说或文本内容的意境，以动促静

事物总是波动前进的，一节课是这样，一个小节也是这样，甚至一句话也需要抑扬顿

挫，人机交互界面中的内容难易、多少等也应有波动性。基于这样的认识，在安排呈现的主体内容与音乐之间没有内在的思想联系时，适当地错开主体与背景之间的"波峰"与"波谷"有助于调节学习过程的张弛结构。当一小段学习任务完成时，音乐暂时占据主导地位，此时的背景作为一种过渡，是一种美好的结束，是一段短暂的休息，又是一个美好的开始。美好的、能激发想象力的开始或结束总是令人难忘的。因此背景音乐的这种暂时的"前显"，有利于主体更顺利地向前发展。

（3）营造无法用语言、文字表达的氛围，渲染感情，提高效率

对于用户而言，视觉、听觉甚至还有运动器官协同工作，共同致力于同一个目标，既符合认识规律，也适合人的情感需要，有助于用户产生积极的学习愿望，从而达到较好的学习效果。

4.6.2 音乐在多媒体人机交互界面中的应用

音乐通常在以下几种场合运用。

（1）片头，一般为多媒体交互设计内容的主题，应该选择适合于该内容的主题音乐，吸引用户的注意力，此时选择的音乐最好有些力度和新鲜感。

（2）片尾，主要用来介绍制作人员名单和制作单位，或以滚动方式，或以换屏方式，一般能预测其播放时间，因此可选与播放长度相当的音乐，其节奏最好与画面变动速度同步。

（3）画面上出现明显交互时，经常需要在鼠标点击后才更换，等待时间不能预知，播放音乐往往可以避免冷场后的尴尬局面。

（4）在某些特定环节，某些需要特别渲染或特别强调的环节，需要音乐渲染环境、增加情境效果。

4.6.3 音乐是多媒体人机交互界面的一个薄弱环节

在人机交互界面设计中，运用音乐是一个薄弱环节。归纳起来，目前存在的问题主要表现在两个方面：一是缺乏目的性，二是缺乏完整性。

所谓缺乏目的性，是指目前那种给画面消极地填充音乐的现象。人机交互界面的动画制作完成以后，既不考虑画面是否需要配音乐，也不考虑画面的内容应该配什么样的音乐，随便从音乐素材库中挑出一段"好听"的乐曲给配上。这种配音，与其说是有声，不如说是有声中的"无声"。因为在这种情况下，音乐的作用并没有发挥出来。

所谓缺乏完整性，包含两个方面的内容：其一是给整个人机交互界面设计选配音乐时，没有预先考虑音画的匹配度，也没有从总体构思上处理各段音乐之间和音乐与解说之间的统一协调；其二是指对交互功能给配音带来的问题认识不足，致使音乐在手动操作中变得支离破碎。

出现上述现象的原因，主要是目前多媒体人机交互界面的设计者大多数缺少音乐知识，对于音乐表达的特点和音乐在多媒体人机交互界面中的运用规律不甚了解。

因此，设计者们应该学习音乐知识，增加自己的音乐修养，研究在多媒体人机交互界面中运用音乐的艺术规律。

第 5 章　视觉思维

1. 视觉思维的原理
2. 视觉查询
3. 视觉描述

本章主要介绍视觉思维的相关原理和原则，并以这些原理作为设计视觉图像的指南。什么颜色和形状更醒目、更有效，什么情况下应该用图像而不是文字等，都是设计细节中需要考虑的问题，这些细节通常会决定设计方案成功还是失败。本章介绍了人类视觉的生理结构、影响人类视觉思维的设计元素，以及利用视觉思维去提高影响人们对设计的接受度。

5.1　视觉查询

在某个时间段内，我们只能从周围环境中获得所需要的信息，它们并不像我们想象的那样多，而只是信息总量中很小的一部分。不过眼睛的快速运动可以帮助我们洞悉事物。眼睛在注意力的驱动下运动并发现图案的一系列动作被称为"视觉查询"。

5.1.1　视觉器官

眼睛是人和动物的视觉器官，包括眼球和眼睛的附属器官，其中主体是眼球。眼睛是人类所有器官中最重要的感知器官，人类对于世界的认识主要是通过眼睛获得的。

5.1.1.1　器官和"看"的过程

"看"是基于眼睛的一种生理活动，要了解"看"的过程，首先要知道眼睛的一些工作原理。

眼睛的部分工作原理类似于数码相机。例如，眼睛同样可以记录三种基色信息，并将其存储起来，但不同之处在于信息的传递过程。大脑中的脑像素集中于名叫"中央凹"的区域，这些脑像素工作时并不只是扮演"记录者"的角色，而是形同一个小的图像处理器。

只有当物体位于视野的正中心时，才能通过中央凹看到细节；当物体位于视野边缘时，我们的视力就变得很差了。所以得通过眼睛的转动观察周围的环境。附着在眼球上强壮的眼肌能使眼球快速转动，然后停下来，形成"扫视"活动。眼睛通过一系列的"扫视"活动将中央凹对准被观察物的有用位置，做短暂停留后转向下一个有用位置。这便是"看"的过程。

5.1.1.2　感知动作

我们通过"看"来感知周围世界，眼睛的"看"并不是一个被动的记录信息的过程，而是一个积极主动的过程。

感知活动可由两个过程确定：一种是源自视觉信息的过程，被称为"自下而上的过程"；另一种则是出自注意力需要的过程，被称为"自上而下的过程"。图 5.1 可用于说明自上而下的过程是如何影响人们"看"的内容和方式的。

图 5.1　自上而下的过程

首先，我们从字母 v 开始来看那些字母和直线，按照字母和直线的顺序我们能拼出单词 vision。会发现自己的眼睛做了一系列动作，并总是把注意力集中于很小的范围内。虽然在看的过程中也会留意到人物的表情，但很快就会忘记了。

接着，来看图中的面孔并试图描述他们的表情。我们会发现，我们会把注意力集中于那些面孔及其细节之处，而忽略了字母和直线。由此可见，所看见的东西依赖于画面上的信息，即会发生自下而上的过程；同时也依赖于注意力自上而下的作用，注意力决定了我们看的位置和看到的内容。

当视线落在某个兴趣点上时，神经活动会有两次高潮。一次是由信息驱动的，接着是另一次由注意力驱动的。也就是说，我们会先看自下而上的过程，然后再看自上而下的过程。

5.1.1.3　自下而上

在自下而上的过程中，信息会被连续处理，该处理过程可分为三个阶段。

第一阶段为特征处理阶段。在此阶段，信息的尺寸、方向、色差、运动成分和立体声度成分等特征被获取并处理。第二阶段为图案构建阶段。在此阶段，许多经第一阶段处理的特征被连接起来形成轮廓，这对设计是很重要的。第三阶段将特征进一步缩减、提取，得到为数不多的几个视觉目标。由于人的视觉工作记忆的容量是有限的，所以在某一时间段内，我们只能提取三四个目标，而这些目标是意义和行动的一种暂时性连接。

值得一提的是，视觉思维的真正作用在于图案发现，不过，视觉工作记忆并不是真正产生视觉思维的地方。应该把视觉思维看作一个具有多组织部分的系统，而每个部分只处理相对简单的内容。

5.1.1.4　自上而下

前面的内容一直在介绍自下而上的过程，即视网膜成像——特征——图案——目标。其实这些阶段都相应地包含着自上向下的过程。

"注意力"是自上而下过程的核心。注意力是由某些目标驱动的，这里的目标可能是一个认知目标，如看懂某张地图，也可能是一个动作。在特征获取和图案分析过程中，自上而下的注意力会让人特别在意自己正在寻找的信号。如果要在人群中寻找一个身穿红色衣服的人，那么红色探测器的信号就会变强。也就是说，感知到的关于周围环境的信息，总是倾向于我们要完成的任务。

还有一点值得关注，那就是，最重要的注意力处理过程就是眼睛的运动顺序。

5.1.1.5　设计启示

如果我们通过一定的视觉查询来认知世界，那么信息设计的目标就是设计出显性图形，使得一些重要的认知任务在这些图形的支持下进行得又快又好。想要做出好的设计，就得理解某个图形所支持的认知任务和视觉查询。

5.1.1.6　嵌套循环

可以把大脑运作并解决问题的过程当作一系列嵌套循环。外层循环负责处理一般性问题，而内层循环则处理细节问题。

在外层循环中，大脑构建出解决问题的算法并执行，而很少涉及视觉的具体内容。当眼睛注意到某一点时，内层循环就会被执行，视觉查询过程也会随之开始。这时，眼睛会快速地判断位于视野中央的图案，从而得知这时我们看到的是不是我们所需的。

嵌套循环在大脑中表现出了很高的灵活性和适应性，并依赖我们的经验而起作用。

5.1.1.7　分布式认知

大脑的工作原理就像是分布式计算机。大脑由许多工作区组成，每个工作区都执行着特定的任务，同时又相互配合产生视觉思维。

在前面的内容中，已经介绍了大脑的结构及其处理图像的过程。之所以要了解大脑和眼睛，是因为它们是设计的生理学基础。只有从理论上理解感知过程，才能有效地获得设计过程所需的信息。

分布式认知的核心观点是，认知是由许多相连的处理单元共同作用的结果，每个处理单元只完成一些相对简单的工作，然后将处理的结果传递给其他单元。

5.1.2　视觉搜索

优秀的设计应当是建立在了解视觉搜索过程之上的，一名好的设计人员应确保做到用视觉表现最为清晰独特的对象，从而为最重要、最频繁的视觉查询提供支持。

5.1.2.1　低层特征分析机制

视觉处理的早期阶段会涉及低层特征分析机制。

大脑后部有一个叫作初级视皮层的区域（也叫作"视觉 1 区"简称为 V1）。V1 是一片紧密连结的交织区域，不同的交织区域处理着形状、颜色、纹理、立体的深度和运动等成分。视觉 2 区（V2）接收视觉 1 区（V1）传来的信息，并做进一步处理。视觉 1 区（V1）和视觉 2 区（V2）都可被看作并行计算机。这些"并行的计算机"同时处理着图像中的每一个部分，计算局部的方向信息、局部的色差信息、局部的尺寸信息和局部的运动信息，比人类建造的任何东西都要复杂。

1. 内容通道和位置通道

视觉 1 区（V1）和视觉 2 区（V2）为"内容"和"位置"这两个截然不同的处理系统提供输入。

"内容通道"关注的是在某特定环境下，一事物区别于他事物的特征，例如特定的光线、色彩等图像含义。例如，我们看到的是一只狗、一辆车还是小王叔叔。"位置通道"关注的则是位置信息和对行动的指引，例如火车从 A 站开往 B 站。

2. 计划眼睛运动

视觉搜索不是随机的，而是计划性的眼睛动作。

根据之前的内容，我们知道，人们在"看"时，总是倾向于自己需要的信息。例如，当我们在寻找橙子的时候，视觉 1 区（V1）中的对橙色敏感的细胞十分活跃，而对蓝色、紫色等其他颜色敏感的细胞则保持沉默。于是橙色的东西容易被我们看到。同样的倾向性还表现在事物的方向、尺寸和运动等其他特征中。

需要补充的是，关于事物位置的先验知识也会决定我们首先看哪里。

5.1.2.2　醒目 = 倾向于

想要内容醒目，让用户一眼就能注意到，这就得根据视觉搜索的特性来完成。

心理学家 Anne Triesman 系统地研究了简单图案的相关特性。实验表明，"与众不同"更能吸引注意。比如在一堆相同大小、相同颜色的圆点中，若其中一个圆点与其余颜色不同，或者大小不同，那么这个圆点能有醒目的视觉效果；若在一堆静止的圆点中有个圆点在移动，那么这个移动的圆点能达到醒目的效果；在一堆水平的、相同长度的线段中，有少量线段倾斜，这些倾斜线段比较醒目。他的实验得出如下结论：某一个单一目标在一些特征上不同于其他对象，且其他这些对象都是同一特征的，那么这一目标就能得到凸显。这些特征主要体现在颜色、方向、尺寸、运动和立体深度。当然也包含其余例外情况。

以上所说的是基于一种特征来寻找目标的，基于多种特征来搜寻目标叫作"视觉联合搜索"，可是大多数的视觉联合是难以看见的。在下面的例子中，有些事物易于发现，有些事物则不然。这是因为难于发现的物体只能由"内容通道"紧靠上面部分的神经元来辨别。

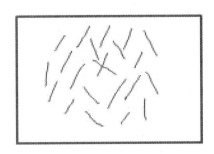

图 5.2　视觉联合搜索

如图 5.2 所示，图中的"╳"就比较容易被发现，而"│"就没那么容易被发现。原因是"│"被相似方向的线段包围起来了，自身特征就无法达到醒目的效果。

导致目标难于发现的原因，通常是这些差别还不够大。根据经验，30°的方向差异才能使其特征明显。此外，背景也会起到关键作用。如果背景中的元素相似度极高，只需要一点点差别就能突出某个特别的特征。相反，对于某个特别的特征，背景的变化（例如颜色、纹理、方向变化等）越多，这个特征就越不容易显现出来。

上面所说的实验及案例对设计的启发是很直接的。若想让目标易于发现，就应该赋予其与周围物体有明显区别的特征，使其与众不同。而设计中的问题往往更为复杂。很多时候我们希望多个物体同时突出，这里就要用到不同的通道（如颜色通道、符号通道、大小通道等）。前面已经知道，初级视皮层中各个层面被分割成许多小区域，不同区域处理不同通道的信息。我们的设计就是要利用这一点，使每种视觉查询都使用不同的通道，从而实现醒目的目的。但需要注意的是，在满足设计目的的同时，必须保证设计产品风格的一致性。

另外，运动也是一种视觉增强方法。从视网膜中央凹向外，对静态细节的敏感度下降非常快，但是对动态细节的敏感度下降却不快。即使看不清目标形状，也能看见目标在视野范围内的移动。

运动常作为信号提醒广泛用于计算机界面设计中。在设计信号运动时，应考虑运动速度、方向、闪烁等因素，合理搭配使用才能起到良好的提醒作用。若是运动应用不当，则是很糟糕的视觉污染，反而会引起观者的反感。所以在设计运动的时候，应该根据场景和人眼特性来设定适当的动作。

5.1.2.3　视觉搜索策略和技巧

之前都是在说具体特征，然而人眼搜索目标是一个具有技巧的过程。我们的设计应该是基于这些技巧来制定使目标醒目的方案。

1. 探测域

在视网膜中央凹中心周围，能够探测到的目标出现区域称为"探测域"。如果目标在探测域内，就能成为注视的目标被识别。

技巧来源于眼睛之前所注视的信息以及习惯性的视觉搜索模式。比如打开网页时，我们都会先浏览网页名称和图片，这是人眼的本能反应。图形设计要紧贴视觉结构搜索规律，如果想要在网页上使一个小区域成为搜索目标，那么就要想办法使人眼的注意力移动到那里。这就要使用搜索策略，使高级别结构的信息要优先于中低级别结构的信息。一种解决方法就是让这个小目标嵌入到大图案中。这就是利用了探测域的原理，使视线先集中在特定的一个区域，接着再搜索这个区域里的下一级别内容。

2. 视觉搜索过程

下面详细介绍前面提到的视觉解决问题过程的内部循环，重点介绍眼睛运动的控制过程。

（1）移动和扫视循环：如果我们明确了搜索目标，那么就会从一个地点出发开始扫视周围，若是找不到便会移动至另一个地点继续扫视，直到发现目标为止。

（2）眼睛运动控制循环：眼睛的运动根据目标的基本特征（包括方向、大小、颜色和运动等）来确定它们是否成为候选目标。在访问地图时，通过眼睛的运动记录访问过的区域。

（3）检验循环：目光落在一定区域上，接着检验该区域内是否包含搜索目标。大脑执行一次检验要花 1/20s 的时间，一般来看，每次注视会有 1~4 次的检验。

3. 多级结构设计

设计中同时存在的、不同的等级结合在一起组成的结构就是多级结构。在设计中，多级结构相当重要，它能使搜索变得更加容易并且可以重复使用。设计多级结构时可根据用户视觉搜索特性制定眼睛的运动序列，能够达到使小目标醒目的效果。

5.1.3　视觉思维

视觉思维是一个较新的概念，这一概念的提出打破了传统的感性与理性二分法的思想僵局。视觉思维的出现不是突然的，而是在继承不同思想流派的研究后，根据科学理论逐渐发展起来的。本节将从构造二维空间、颜色及获取信息三个方面进行介绍。

5.1.3.1　构造二维空间

图案是设计的基础，理解图案的处理机制、形成过程及特点能有效地帮助我们最大程度地提高设计的视觉效果。

1. 图案处理机制

图案感知要经历处理过程，一个是通过连续的轮廓和区域的连接来划分空间，形成物体的轮廓，涉及大脑中的外侧枕叶皮层区域，如图 5.3 所示。另一个处理过程是在"内容通道"中完成对更加繁杂的图案的处理，最终形成一个物体。

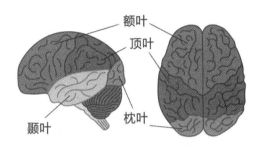

图 5.3　大脑外侧枕叶皮层区域

2. 捆绑：边界的特征

把那些用于识别同一轮廓或者区域各个部分的不同特征联合在一起的过程就叫作捆绑（binding）。平日看到的图片中并没有切切实实的物体，而是光线、阴影和运动的图案。要使得断开的信息片段构成互相连接的信息进而形成图片，捆绑就必不可少。

若干个单独特征探测神经元的响应是怎么被捆绑到表示物体连续边缘的图案中的呢？每一个初级视觉皮层里的神经元的状态都要受几千个其他神经元的影响，因为神经元既接收来自视网膜的信息，也接收来自邻近神经元的输出，边缘探测神经元与邻近的、探测相同特征的其他边缘探测神经元是相互加强的关系，而与响应不同特征的神经元之间则是相互抑制的关系，这种关系会使相同的信息更加凸显，而不同的信息相互削弱。初级视觉皮层上有一种响应定向边缘信息的神经元，当边缘或者轮廓信息落入这种神经元的敏感区域时，它就会兴奋，它爆发出的电能就沿神经轴突向外伸展，最终一起与其他几千个神经元形成兴奋或抑制，这几千个神经元的兴奋或是抑制的响应状态就能引起对图案的感知。

神经元除了接受视网膜上的图像信号和相邻神经元发出的信号外，还要关注自上而下的注意力活动。如果一个特定的边缘是某个物体的一部分，而这个物体又与当前正在执行的任务相关时，寻找图案的脑力活动会使那个图案更加明显地显现出来；相反，这个物体与当前任务不相关时，神经元就会舍弃它。

捆绑机制不仅用于边缘机制，还用来将存储在大脑中各个部分的信息融入整个视觉思维。捆绑机制将在当前环境中看到的视觉对象及时地与已经存储在大脑中该物体的信息捆绑在一起，并将视觉获取的信息与活动顺序相捆绑。

在感知的图案处理阶段，大脑还需要一个抽象轮廓提取机制，从很多视觉间断中辨别出一个物体或一种图案。一个抽象轮廓不是某个特定物体的形状，而是大脑中某些神经元被激活形成的图案。不同的人看同一块火烧云可能会认为是不同的图案，这是因为火烧云并不像任何东西，它的轮廓使每个人脑中被激活的神经元不尽相同，形成的图案也就有所不同。

3. 干扰和有条件的调整

我们都知道相似的东西就会相互干扰。如图 5.4 所示，一眼很难分辨出隔行的五角星和六角星。

为了使这种视觉干扰最小（它不可能被完全消除），必须对图案进行调整，使信息图案之间的特征层次差异最大。如图 5.5 所示，就很容易分辨出黄色的五角星和蓝色的六角星。

图 5.4　五角星　　　　　　　　　　　　　图 5.5　六角星

4. 图案、通道和注意力

我们在前面讨论过，注意力调整发生在特征层，而不是在图案层。图案是由特征组成的，如果图案中的基本特征是不同的，则可以选择关注特殊的图案。一旦选择去关注一个特定的特征，例如平滑连贯的轮廓，如图 5.6 中的红线，轮廓捆绑机制就会自动发挥作用。

图 5.6　图案、通道

如果要显示多个相互重叠的区域，可以利用低层特征处理过程，使用不同种类的通道相混合。如果能够使用简单的特征诸如颜色、纹理、轮廓线等把不同的区域展现得尽可能地明显，它们就很容易理解了。

5. 图案学习

随着处理过程从视觉 1 区（V1）提升到视觉 4 区（V4），再到下颞叶皮层，个人经验对图案学习的影响就会变得更加明显。

在人出生后的最初几年，是神经图案发现系统形成的关键时期，随着年龄的增长，学习新图案的能力就越差。因为每个人的阅历不同，对简单图案的经验多少也会有些差异，但是这种差异相对来说是很小的，这就说明视觉 1 区（V1）属性的设计原则是可以通用的。

在视觉处理链的高级阶段，处理复杂图案在很大程度上来自个人的不同经历，有些图案是每个人都熟知的，有些则是只与个人特定的认知工作有关。例如教师、导演、音乐家、修车师傅都形成了其特定的图案感知能力，在他们大脑中的视觉 4 区（V4）和下颞叶皮层存储了特殊的编码。

随着个人技能的提高，越来越多的复杂图案融入内容通道中较高级别的快速处理过程中。比如，成年人都能快速辨别出大多数动物的形象，但对于儿童来说，他们还需一定的时间进行辨别，成年人的这种技能得益于视觉 4 区（V4）神经元连接的形成，这些连接将神经元改造成常见的高效处理器。

6. 视觉图案查询和可理解的内容块

设计时要特别注意图案的复杂度，最好能让我们看一次就能理解并读入大脑中。

图案的可理解性是指图案是否能让人清楚地看到，与图案的大小无关，但与图案本身的复杂程度和周围图案对它的影响有关。就像我们很容易看到一条直线，但很难找到一条走出迷宫的路。诸如直线这样能被人清楚地看到的内容块就叫作可理解的内容块，图案就是由这些可以理解的内容块构成的。

7. 用于设计图案

大多数图案的设计元素是由那些已知含义的符号、从经验中学习到的图形和通过各个成分间视觉上建立联系形成的图案构成的，通常使用易于理解的图案来表达关系，会使设计的视觉效果更好。

图形实体之间的关系可以通过连接起来的轮廓、邻近程度、排列、包围、颜色、纹理和共同的运动任何一种图案界定机制建立起来。

设计就是要让每种设计方法最大程度地发挥其优势，提供有效的视觉查询。

5.1.3.2　颜色

色彩充斥在我们的周围，不同的颜色有着不同的喻意与作用。颜色也可用于信息分类。本部分将就颜色在序列编码、细节信息呈现、如何表现突出强调以及颜色的语义做简单介绍。

1. 颜色序列与颜色编码

不同颜色所组成的序列可应用于颜色编码。颜色序列的亮度变化可以很好地呈现图案间的差别。例如颜色序列的编码信息应用于地图中，不同颜色可表示不同区域、不同海拔、不同温度等，使读者可以从图中读出数值。

在设计颜色编码时，应考虑到视觉区分度和可学习性。

用于编码的颜色数量是有严格规定的：如果设计较为复杂的小符号，颜色不要超过 12 种。这是因为使用太多的颜色会使小符号的外观变形。

若要实现视觉搜索，则要考虑背景颜色与搜索目标的亮度对比。如图 5.7 所示，目标符号■在左部区域里能明显被看见，而在右部区域里不容易被发现，就是因为左部目标符号与其他符号的亮度色差较大。

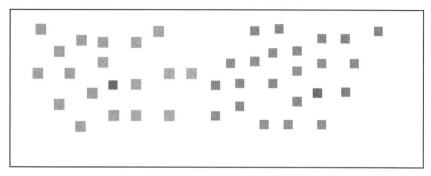

图 5.7　亮度对比

如图 5.8 所示，目标符号■混于多种颜色中，搜索是较为困难的。如图 5.9 所示，当目标符号■与背景和其他符号之间都存在很大差异时，搜索是较容易的。

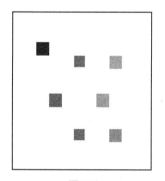　

图 5.8　■搜索图　　　　　　图 5.9　■搜索图

在设计有关数据分析的视图中，应考虑颜色序列的变化规律性。比如在表达高度的图像中，表示最底层的颜色亮度最低，往上亮度依次增加，如此可增强图像的可读性。

2. 细节呈现

细节信息主要靠亮度对比来呈现，具体地说：

（1）对文本来说，亮度对比对于相对较小的字体而言更为明显。如图 5.10 所示，背景是渐变色，字体颜色没有变化，上部文字明显比下部文字更容易看清，这是因为字体与上部背景颜色的亮度对比较大。图 5.11 与图 5.10 相比，字体与背景的亮度对比相同，但文字却更清晰。可见，亮度对比对于小字体的影响更为明显。

Pumas are large, cat—like animals which are found in America.
When reports came into London Zoo that a wild puma had been
spotted forty—five miles south of London, they were not taken
seriously. However, as the evidence began to accumulate,experts
from the Zoo felt obliged to investigate, for the descriptions given

图 5.10　细节呈现　　　　　　　　　　　　图 5.11　亮度对比

国际标准组织（ISO）推荐的文本亮度与背景亮度之比为 3:1。

（2）对同一图案来说，大图中颜色是最突出的特征，在小图中，亮度是最突出的特征。

如图 5.12 所示，左边的大图中比较明显的是色彩信息，可以看出一个个色块。而图越小，图中"R"的形状就越明显，这是由不同色块的亮度对比呈现出来的。

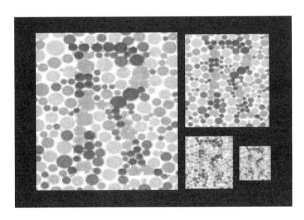

图 5.12　不同色块亮度对比

3. 强调与突出

要强调与突出的内容应在第一时间吸引人们注意力，使其更容易被发现。

在亮度对比相同的情况下，信息的强调与突出主要靠色彩饱和度来呈现。如图 5.13 所示。

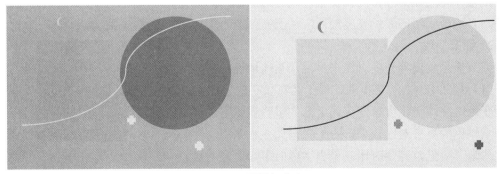

图 5.13　强调与突出

左图的背景采用了高饱和度颜色，小区域采用低饱和度颜色，无法突出小区域。而右图中小区域采用高饱和度的颜色，背景采用低饱和度颜色，能够很明显地突出小区域。这说明高饱和度的颜色更能吸引人的注意力。

4. 颜色的喻义

颜色是具有象征意义的。在不同的文化中，颜色的喻义不同。所以设计者在设计产品时应考虑颜色的象征意义。

在设计中最复杂的问题就是选择一整套颜色。在设计中，不可能让每部分的信息都具有最大的区分度，页面要遵循一致性的原则，所以最醒目的色调要用于最具标志性的符号和图案。

5.1.3.3　获取信息：视觉空间和时间

设计者在设计基于计算机交互的软件时，需要考虑选择信息检索的成本，理解选择决策过程中的各种权衡对于开发有效的认知工具也很重要。

本部分内容是关于空间的感知和认知结构的，既讨论了如何感知深度，也讨论了获取信息时所需的成本。下面，先看一看感知深度的方式。

1. 深度知觉和线索理论

什么是深度知觉？深度知觉（depth perception）又称距离知觉或立体知觉，是指人对物体远近距离即深度的知觉，它的准确性是对于深度线索的敏感程度的综合测定。

在大多数场合，物质世界是三维的。每个维度具有不同的"示能性（affordance）"，以感知为中心的空间通常包括上下、左右和深度维度。心理学家将深度维度中包含的信息称为"深度线索（depth cues）"。而大多数深度线索都是从特定视角判断距离的，并由环境信息组成。与其他两个方向相比，深度方向的信息明显较少。

深度线索可以分为图形深度线索和非图形深度线索两种。图形深度线索可以在真实影像画面中再现。其中最重要和最有用的是"遮挡（occlusion）"，如图5.14所示。非图形深度线索包括立体图和运动生成的结构，以及眼睛晶状体焦距的微弱影响和两只眼睛在注视附近物体时的视线汇合。

每个深度提示都有着自己独特的特征，能够配合不同的视觉查询。

遮挡：近处的物体会妨碍或在视觉上挡住远处的物体，挡住其他物体的那个物体似乎距离更近。

大小透视：在平面图上，远处的物体比近处相似大小的物体看起来更小。

纹理梯度：随着距离的增加，纹理元素的尺寸会变小，密度会增加。

线性透视：在平面图形上，平行线投影会集中到一处。

投影：一个物体向另外一个物体上投射的阴影能反映出它们之间的距离信息。

平面图中的高度：视觉世界受参考平面的支配，因此视野中位置较高的物体通常距离更远。

阴影：根据物体表面与光源朝向，它们反射的光线有多有少。

景深：指物体沿景深成像装置的轴线测量，在相机镜头或其他成像器前能获得清晰图像的距离范围。

参考附近已知物体：利用已知大小的物体作为参考来判断其他物体。

图 5.14　图形深度线索

对比程度：由于空气和水并不是完全透明的，物体与背景的对比会随着距离的增加而降低。

（1）立体深度

什么是立体深度感知？视觉 1 区（V1）可以利用两眼得到图像的微小差异来提取距离信息，这种能力叫作"立体深度感知（stereoscopic depth perception）"，如图 5.15 所示。

根据所要完成的任务，深度感知线索有不同的用途。当通过视觉控制手部动作以触摸附近的物体时，立体视觉效果最佳；在判断"几乎相同深度"的对象时，立体深度也很准确。但是大脑并不擅长根据三维信息估计较大的相对距离。

（2）从运动产生的结构

比立体深度更有用和有效的非图形深度指示器是"运动产生结构"。因为立体深度仅来自两个视点，当物体相对于特定视点旋转时，大脑可以通过多个连续视图来解释运动物体的深度信息。如图 5.16 所示。

2. 示能性

"示能性"是人在特定情况下发现的环境中存在的价值，也是环境"对人而言的存在特性"。示能性所传达的环境信息以及现实，代表着人们的真实生活感受。或者说示能性便是存在于我们自身的真实。

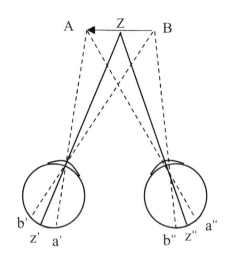
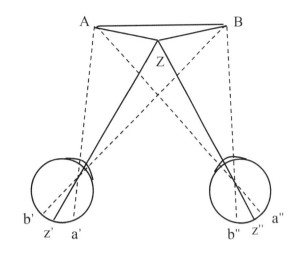

平面物体所刺激的视网膜的相应部位　　　　立体物体所刺激的视网膜的非相应部位

图 5.15　立体深度感知

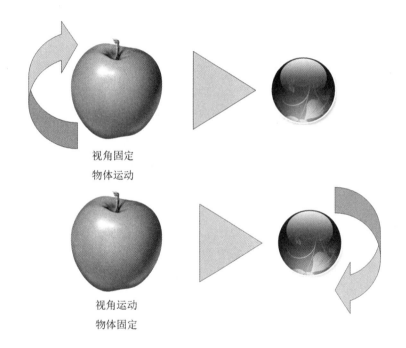

视角固定
物体运动

视角运动
物体固定

图 5.16　运动产生的结构

感知在当前环境中可能的行动是空间感知的基础。否定的示能性和肯定的示能性一样重要，因为它们控制整个活动类型。一堵墙是一种否定的示能性，它完全限制了人们对更大的空间区域的随意探访的可能性。

Gibson 认为，示能性是环境的物理属性。现在所说的"示能性"是指从 Gibson 的定义中分离出的认知维度，即认知示能性（cognitive affordances），这是可以轻易地感知到的一种动作的可能性。例如交互界面上的多种按钮暗示可用鼠标光标点击。

3. 位置通道

位置通道从视觉 1 区（V1）和视觉 2 区（V2）开始向前到达大脑上部中央区的顶枕叶，顶枕叶中包含大量未加工的"动作图"，视觉空间将视觉信息与一些指导活动连接起来，以注意力优先级作为这些区域的权重，侧顶区域会在视网膜坐标中产生一种视觉空间表示。侧顶与下一次眼睛运动密切相关；中顶用于指挥手部活动；其他区域用来控制身体运动。每个区域都与大脑动力皮层紧密连接，大脑动力皮层用于控制肌肉收缩来指挥身体某个部分活动。如图 5.17 所示。

以上描述中的图都是暂时的，这些示意的作用是为当前正在进行的活动提供支持，并只包含与那些动作有关的足够信息。

在位置通道中，大部分的工作是无法察觉的。

通过眼球运动看一个简单物体的基本能力可以是与生俱来的，并且随着时间的推移会变得更加熟练。但是其他视觉引导的活动必须从头开始学习，而且需要付出很大的努力。

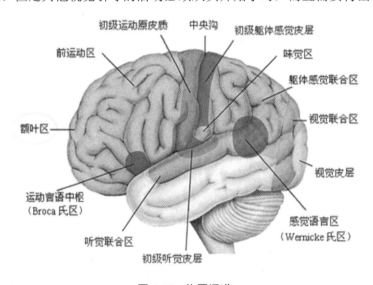

图 5.17 位置通道

4. 人造物的交互空间

在交互性电子游戏中，关键的"示能性"在某种意义上是对"人工制品"的隐喻。因为人类对空间感和重力感的心智模型源自物理世界。

当与之发生交互时，只要让物体表现出一些正常的物理动作，其中一些可能不完全符合物理定律，但人们很少注意到。即使注意到了，也能很快适应。视觉科学家将此称为感知的自然物理特性，这意味着神经系统中的内置模型只是物理反应模式的近似表示。

能有效收集信息的设计通常依赖于已有的视觉动力技能之上。

神经结构和大多数的基本能力都是天生的，而世界正在以某种莫测的方式发生着变化。随着时间的流逝，人的感知越来越少地建立在与真实世界的交互上。

5. 空间位移和认知成本

把空间中的来回移动看作一种认知成本，这里考虑的是认知上的权衡而不是时间，从这一点来讲，回顾一些常见信息收集模式的基本成本是很有用的。尽管认知效率从来都不是唯一的设计考虑因素，但应该予以考虑。

非隐喻导航方法随着强大的三维计算机图形的出现开始进入视野，它们并非基于真实世界的交互。其中的一个典型例子就是缩放界面。缩放是指单位时间内尺度的连续变化。每秒 4 倍的平滑缩放速率为我们提供了极佳的视觉连贯性。

超链接是导航信息空间的新的非隐喻方法的另一个例子。它在根本上改变了信息空间导航的成本，因为信息的获取不再只是跨越物理空间的问题了。

5.2　视觉描述

前面已经具体地讨论了视觉表达形式和语言表达形式、语言表达形式的特点、使用的符号，对比了视觉表达形式和语言表达形式的根本区别以及当我们设计作品传达信息时，要准确选择表达叙述的方式强度。本节将讨论大脑中视觉与语言两个单独的处理过程。

5.2.1　视觉对象、词语及含义

大家知道从图像中激活出某种含义的过程很快，几乎是在一瞬间完成的，远远少于阅读文字段落获取相同信息所需的时间。本部分将研究与目标和场景感知相关的大脑处理过程，并考虑视觉和非视觉（尤其是言语方面的）信息之间的连接。

视觉对象是一种暂时的意义关联，它将外部世界的某些视觉特征与我们已知的事物联系起来。我们的身体和认知活动通过识别物体做出准备，并执行随后的神经元激活序列。这说明我们看到一个物体会使大脑偏向于某种固定的思维和行为方式，从而导致进一步的动作。

心理学家将这种视觉对象的展示激活叫作"视觉工作记忆"，根据视觉对象的复杂性不同，视觉工作记忆能同时记录 1～3 个物体。这意味着我们只能同时保持 1～3 个有意义的连接，而这正是视觉思维过程的主要瓶颈之一。视觉工作记忆的能力对设计效果的影响很大。当根据一个生动的图像来思考时，总是可以收集到大量信息，将其存储在视觉工作记忆中，形成清晰的视觉查询，然后将记忆中的信息与来自外部现实的信息关联起来。

这能很好地解释我们普遍接受的错误概念。一般认为，右脑发达的人更富有视觉创造性，而左脑发达的人分析能力更强。证据显示实际情况要复杂得多。有明显证据表明：创造力是大脑中许许多多子系统间相互作用的结果。如果说创造力有固定的位置，那就是在大脑的额叶区域，它们对这些子系统的控制级别最高。

5.2.1.1　下颞叶皮质区与内容通道

现在看一下下颞叶皮质区（IT）。这里处理我们每天在生活场景中所遇到的有含义的图案。

下颞叶皮质位于大脑两侧，太阳穴后面，包含许多专门处理可识别目标和场景这类复杂视觉图形的神经元细胞，这里有许多分区可以对不同的景物做出响应，还连接着前脑和中脑的各种区域，在视觉信息和由其他感官通道处理的信息之间建立多模式的连接。

为了识别目标和场景，大脑必须解决许多非常困难的问题。那大脑是如何做到的呢？

5.2.1.2　标准图案观察角度

所有复杂的物体，像鼠标、碗筷和帽子等（多数下颞叶皮质神经元可能会敏感的东西）都可以被看作"由图案构成的视觉图案"。

例如，为了识别一辆车，我们的神经元必须对几个不同角度的图像进行分析并做出反应。比如车的正视图、侧视图、斜 45° 视图等，每个角度的车的图案都形成一个与其他角度完全不同的"由图案构成的视觉图案"。而在人的认知系统中，大部分车的其他角度的图像只与这些标准角度中的某一个或几个存在微小的差异，所以便会判断这是一辆车。

也就是说，之所以能够识别一辆车或者其他事物，是因为当一辆车在视网膜上成像时，接受输入信号的神经元组会产生强烈反应。这并不是一个匹配过程，也没有理想化的形式，仅仅是对一定范围内的图案做出反应。

5.2.1.3　构造的物体

大部分证据表明，大多数人的头脑中不存在三维"模型"。但是我们都具有一定的感知物体三维结构的能力。如果物体放置在某个角度上，清晰显示其各个组成部分之间的连接关系，就能更快地识别它们。出于这个原因，在设计中，应尽可能清晰地展现各个物体之间的连接部位。比如在图 5.18 中，由于各个连接部位比较清晰，所以一眼就能识别这是一个小人。

图 5.18　构造的物体

5.2.1.4　要点和场景感知

传统理论认为，我们是通过场景中包含的物体来识别某个场景的，这就意味着必须首先识别出该场景中的物体。但是这个观点明显是不对的，因为人们能够轻易地识别诸如医院、教室、树林之类的很多场景，哪怕没去过那间教室或者没亲眼看过那片树林，仍然可以在不到 1/10s 内做出这样明确的判断。

所以并非一定要识别物体才能感知场景，相反地，场景要点强有力地影响着我们如何看待场景中嵌入的物体。当一个场景中嵌入一个物体时，我们想要理解该物体的需求是强烈的，所以就会支配更多的神经元去完成识别它的任务。那么该物体就会在视觉中从场景中凸现出来。如图 5.19 所示，由于我们对理解这个物体的需求是强烈的，所以会集中精力去理解它，于是看出了是一个打伞的人，通过人打伞的辨别便可以联想到环境是下雨天。

透过带着雨滴的窗，甚至还可能联想到拍摄这幅画的人正坐在轿车里。

图 5.19　**联想**

5.2.1.5　视觉和言语工作记忆

到目前为止，一直把物体和场景作为纯粹的视觉实体来研究，但事实上，通过与存储在大脑中各个专属区域中其他种类的信息的连接，场景才会有意义。通过高层次的注意力引导机制，这些连接被激活，这就是所谓的"工作记忆"。

1. 言语工作记忆

大脑有一套专门处理语言的神经子系统，包含了解释语言的"韦尼克区"和产生语言的"布罗卡区"。言语工作记忆，如同视觉工作记忆一样，是一个临时的过渡性场所。

言语工作记忆能保留大约 2s 的言语信息，有时候称之为"回声循环（Echoic Loop）"，也可以将其视为三大块信息（在这里就不再赘述），其中大部分信息习惯上称之为"思维"，也就是我们有时候感受到的内心独白，这是一种隐藏在心底的说话形式。

2. 注意力控制与认知过程

视觉及语言工作记忆中的信息通常会临时结合在一起。比如一张小婴儿的图片会和短语"好可爱呀"联系到一起，视觉信息会引发后面连续几个思维动作和认知行动计划，于是就产生了"上去捏一下小脸"的打算。这些临时性的结合可视为注意力的行动，是思维焦点的不断变换。

3. 长时记忆

当我们看着某样东西的时候，所感觉到的内容中有大约 95%都不是它所呈现的原貌，而是已经存在于头脑中的长时记忆的内容。我们认为自己感受到了一个丰富而复杂的环境，是因为这些环境中丰富而复杂的意义早已经交织存储在大脑中了。这就可以解释为什么很多丈夫注意不到妻子换了新发型，妻子也没注意到丈夫刮了胡子，丈夫和妻子所感觉到的主要是记忆之前的彼此，也就是头脑中长时记忆的内容。

不要把长时记忆视为大脑中独立的存储区域，它与电脑磁盘驱动器不一样。它是一个每个神经元都处理并存储信息的系统。

视觉思维的过程变化多端，原因是我们的思考千变万化。大多数视觉思维都有与周围世界"情景交互（Situated nteractions）"的性质。比如思考一下做数学题、阅读一本小说、讨论一个出行计划这三件事。这三件事看似毫不相干，但每件事情都需要解释所看到的信息，并根据所看到的信息形成结构化的行动序列。每一个都是涉及认知动作模式的熟练活动，每次成功地完成行动时，认知动作模式就会得到完善和巩固。当然，在出现错误、识别错误和改正错误的过程中同样会得到完善和巩固。视觉思维程序会重复应用那些已经成为动作序列的记忆模式，于是就形成了"视觉思维技能"。

长时记忆分为两种：外显记忆（Explicit）和内隐记忆（Implicit）。外显记忆是在进行长期记忆测试时可以回想起来并且能够清楚描述的记忆。我们看到的和所做的事中只有一小部分变成了这种类型的记忆。而内隐记忆是每次所见所闻所做而保留下来的全部内容。内隐记忆很少能被清楚地回忆起来，但它的确会留下一些痕迹。内隐记忆远比外显记忆要多，但外显记忆在交流中可以发挥特殊的作用。毕竟，如果不能直接回忆起某件事，就无法针对它进行交流。

为了清楚地了解视觉图像以及由此引发的联想，这些图案必须是注意力的焦点——至少是某一时刻注意力的焦点。进入视觉工作记忆，这对建立视觉信息和言语信息之间的联系是很必要的。此外，为了形成长时记忆痕迹，需要在24h内再次巩固。

当然了，人脑中的海马体是形成长时记忆的关键，有一些海马体损坏的人是不能拥有长时记忆的，那么上面的话对他们巩固长时记忆就没有任何作用了。

4. 启动效应

举一个例子，今天翻阅了几百张照片，但它们很少会保存为我的外显记忆。第二天，能够准确回想起来的图片恐怕不过两三张，还有另外的几张图片会在脑海中残留依稀的印象。如果要再次从这个图片库中寻找一张特定的图片，那么我们的浏览速度就能稍微快一些了，因为之前已经浏览过这些图片，多少可以更迅速地排除所有不相关的图片，比如通过图片颜色、图片结构等去辨别。这种效应叫作"长时启动"或者"感知促进"。它是内隐记忆的一种形式。我们看到和处理任何图片，在某种程度上启动了相应的视觉处理通道。这表明在我们再一次看到这些图片和类似的图片时，处理速度会加快；至少在一两天内，反复处理会比较容易。

这就是为什么有些艺术家和设计人员每一天都要审视很多有关的图片素材的原因，因为他们要保证可以使相关的神经回路随时保持"启动"状态以获得更多的创作灵感。

5. 进入视觉工作记忆

认知过程是连续的，刚才看到的内容会影响接下来看向哪里和从视网膜图像提取什么样的信息；接着，这些信息又会影响接下来看的东西，如此往复。

下颞叶皮质皮层中每次激活的图案数量要取决于图片信息与特定的图案识别单元之间的匹配程度，但是当激活波到达下颞叶皮质皮层时，所有类似图案都会被激活。比如我们看到一个人正脸时，大脑中已有的与正面图像相符的所有图像都会被激活，根据匹配程度，只有一部分图案真正发挥作用。连续的认知活动也会对该过程产生影响。举例来说，要寻找一个人的时候，大脑就会启动那些与存储在语言工作记忆中相关的信息已经建立好连接的图案上。其中事先准备好的图案更容易被激活。

当想要从记忆中找到一个认识的人的时候，首先会在大脑中想到这个人的具体长相，这个过程其实是一种神经元的选择，它把大脑中许多人的图像都拿出来参与了竞争，在这些图像里，只有一种到三种能够获胜，胜利就意味着在所有的竞争者中，其他图案受到了抑制。而这个所想找的人的图像获得了竞争中的"胜利"，获胜的视觉对象通常会与其他的非视觉信息连接起来，言语工作记忆中的相关概念会被激活，也就是说，这个时候你会通过想到这个人的图像联想到他（她）的言语等一系列非视觉信息。

从视觉图像中提取目标的速度到底有多快？例如在参与者面前闪现一系列图片中只有一只狗，研究人员发现当闪现的速度达到 10 张/s 时，大部分情况下人们依然能够准确判断出来。根据经验，每次目光落定并停留在一个注视点上的时间大约是 1/5s，这个时间内我们可以识别或是辨别 1～3 个对象。

5.2.1.6　对设计的说明和启发

通过以上几节的叙述，大概可以知道：如果要让物体快速且准确地被识别出来，它们应该具有每类物体的代表性特征，并要从典型的视觉来呈现。此外，对于组合物体，各个组分之间的连接及其所有关键部分都应当清晰可辨。

5.2.1.7　新奇感

人类之所以能支配世界，部分原因在于我们有好奇心。搜寻看上去很新奇的事物是新生儿的一项本能。在以后的生活中，会继续主动寻找新奇的事物，要么为了得到利益利用它们，要么避免它，因为它很危险。当我们的注意力不集中在特定的认知过程时，我们会自发地寻找新事物。在这一点上，人们正在使用空闲认知周期来扫描他们的周围环境。寻求精神上的刺激，自己通常是不会察觉的。

为了确保人们在第一眼看到某个创意时至少能获得一些信息，广告商采用的一种方法是建立"要点与对象的强烈冲突"。如果某个场景的特点很明确，同时结合一个与其格格不入的目标对象，就会导致人们在某个方面付出的努力更多，然后才能从认知角度上去解决这个冲突，这也就为广告商争取到了一些观众的认知周期。另一种方法就是制造视觉疑惑（Visual Puzzle）。这样的图像通常主旨不是一目了然的。这种极为强烈且陌生的画面足以吸引观众去多看几眼从而激发他们进一步的探索。

5.2.1.8　用图像作符号

有些图形符号在很大程度上与语言功能功效相同，比如"禁止停车""限速 40"这样的交通符号，如图 5.20 所示。许多符号已经植根于我们的视觉文化当中。重要的是，人们已经从认知角度上将这些视觉符号与特定的非视觉概念集合在了一起。虽然这些概念被激活的程度依赖于当前的认知活动，但是当人们看到这些符号时，还是会自动而快速地激活这些概念。

图 5.20　图像符号

具有引发特定联系能力的符号有着巨大的价值。一些公司经常投入大量资金，让自己的标志能被大部分人自动识别。一个公司的价值与其代表符号的价值密切相关。极为经典的例子是可口可乐公司被估价 330 亿美元，其中大部分价值在于它的品牌，生产一瓶成本不到一块钱的可乐是很容易的一件事情，问题在于如何说服别人花费三五块钱去买它。仅仅可口可乐的商标价值估计超过 100 亿美元，如图 5.21 所示。

图 5.21　可口可乐商标

5.2.1.9　含义与情感

某些场景和物体能引起强烈的情感反应。有一些普遍受到欢迎，比如可爱的孩子和小动物。但是很多的图片会引发各种各样的个人联想。抛开表面不谈，相互交流和理解需要付出认知努力。除非人们有强烈的"自我动机（Self-motivation）"意识，否则就不会去关注某些信息，也不会对其进行处理。如果没有情感因素，很多演讲都不会精彩，听众根本不会关注讲了什么内容。增加一些能激起人们情感的图片可以使一个漠不关心的听众变得兴致勃勃。

5.2.1.10　想象与渴望

心理想象通常伴随着情感上的渴望，有的科学家认为，想象是对某种心理缺失的短暂缓解。遗憾的是，这种缓解是短暂的，而之后还会产生更强的缺失感，就会导致更多寻找想象的动作。这种效果有点儿像抓痒，最开始有效，但是时间不长，越抓就会越痒。有的想象是内在的，仅存在于脑海之中，也有的是外显的，来自网络杂志或别的什么地方。重点就是这个想象过程能够由外部图像（External Imagery）开始。科学家的研究还提供了一种摆脱想象循环的方法。让人们使用代替的，与期望对象无关的想象完成一些认知任务，这样就能够有效减少这种强烈的渴望。

5.2.2　视觉描述与语言叙述

好的设计中，图片和语言并不是互相对立的。关键问题是在什么时候和什么情况下应用图片和语言？手语的例子形象地说明了什么是真正的视觉语言。

手语并不是口语翻译而来的，它们是两种截然不同的语言体系，分别有各自的语法与词汇。尽管手语是基于手势的，并不是语言形式，但它与口语却有着很多相似之处。

大脑中用来产生和理解手语的部位与口语中用来听和说的部位是相同的，即韦尼克区和布洛卡区。即使手语传达看到的手势必须通过大脑的视觉图案发现机制，手语所使用的神经子系统也通常与语言的处理过程发生一定的联系。

5.2.2.1　视觉思维 VS 言语思维

1. 习得的符号

语言是人类交流的主要手段，是人们用来沟通的各种表现符号。人类使用语言来保存和传播人类文明的成果。符号是指具有特定代表意义的标志。语言也是一种符号。一个词一旦确定下来准确的定义，人们就可以学习这个符号。语言符号的制定传达需要大家保持一致。

视觉思维的基础是图案感知，我们通过图案理解含义的能力部分是天生的，部分是后天习得的。当看到好的图案和设计时，通过与感知过程的结合，我们能感受到图案中的对象和它们之间的联系。

视觉设计是眼睛主观塑造的表达方法和结果，它一方面通过图像发现支持视觉思维，另一方面也包含语言系统处理的常规元素。

2. 语法与逻辑

无论是手语还是口语，视觉表现的逻辑与自然语言的逻辑形式截然不同。

很多人尝试用图形式计算机编程语言替代书面语言。例如 20 世纪 80 年代的"流程图（Flowchart）"图示技术被应用在大型商业软件项目中，但事实证明，流程图的失误代价很大，耗费巨大。

视觉表达包含一定的逻辑与自然语言中更抽象的逻辑之间差别很大。

5.2.2.2　比较和对比言语形式与书面形式

作为人们进行社会交流的工具，口语、手语以及书面语，都使用了大脑中同一特定区域处理信息。

5.2.2.3　通过指示手势连接文字与图像

通过将注意力引导到现实世界的物体上，来为某句话提供主语或宾语的动作，叫作"指示手势（Deixis Gesture）"。如图 5.22 所示。

可以用很多方式表示指示手势，例如与他人挥手道别、某个人的眼神停留在街边商店的橱窗内、跳舞时候脚尖的指向方向等。

指示性手势不但可以简单地指明对象，还包含着更详尽的语义。例如一个大的圆形手势可以描述物体的巨大程度，一个精确的手势可以准确地表示事物的含义。

图 5.22　手势

5.2.2.4　幻灯片演讲与指点

一场精彩的演讲应该是演讲者的出色陈述和媒体展示的完美结合。幻灯片属于独立但相关的演示文稿元素，它能够更形象、更直观地表达内容，清晰、快速地呈现图表和文字。幻灯片中应该只有少量必不可少的文字，其他部分由演讲者借助指示性手势将两种介质联系起来进行口头表达。而这些清楚的指示性手势作为指点，将听众的注意力集中到图片的不同部分上。

事实上，幻灯片往往设计不当。很多情况下，人们在幻灯片里放置太多的冗余文字或者在幻灯片中列出一系列章节"要点"，这会大大削弱演讲的吸引力。现在的幻灯片软件一个主要的缺点就是在演讲者的词语和屏幕上图片内容之间缺少有效的指点连接。手势也是充分发挥幻灯片作用的一个重要部分，如图 5.23 所示。

图 5.23　演讲与指点

5.2.2.5　镜像神经元：模仿细胞

20 世纪 90 年代初，由 Giacomo Rizzolatti 领导的意大利研究团队，发现了人类所具备的一种最基本的认知能力。事实上，如图 5.24 所示，人类拥有大量被称为"镜像神经元"的神经细胞，它们促使我们的原始祖先从猿类进化而来。镜像神经元的作用是让人以他人的行为为范本，从简单到复杂开展模仿学习，从而逐渐发展语言、音乐、艺术、工具的使用等。人类的进步正源于此。人类体内有一种"移情神经元"的镜像神经元尤其普遍，因为我们在辨认其他人的情感时，使用的是与我们自己想表达情感、产生面部表情时相同的通道。

镜像神经元提供了前语言形式的沟通，形成"动作对动作"的映射，很可能为移情交流的"本能感受"提供了基础。镜像神经元支持的是相对自然的、非符号化的实时交流形式。

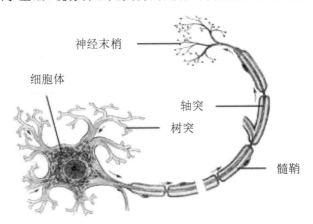

图 5.24　镜像神经元模式

5.2.2.6　视觉描述：获取认知线索

不管是视觉表达还是语言叙述，其目的都是获取受众的认知线索。认知线索是指在视觉和语言工作记忆中保持活跃的概念序列以及它们之间的连接。

每一个查找信息的人都具有各自独立的认知思路，并且这一思路会根据其解决问题的特定需求实时发生内部驱动的变化。

构建描述上述变化的大框架有三个组成部分：提出问题、说明问题、解决问题。

叙述就是在许多层面上重复"提出问题—说明问题—解决问题"这一模式。

1. 问答模式

一个短的视觉叙述的例子就是电影拍摄技术中使用的问答模式（Q&A）。Steven Katz

在他写的有关电影拍摄艺术的一本书中，讨论了在短片中使用"三镜头序列"的方法。前两个镜头提供一些看似无关的信息，引导观众质疑这些概念之间的联系，第三个镜头则给出其关联性和最终结果，称其为"问答模式"。举一个电影中老生常谈的例子，首先映入观众眼帘的是一个瘦弱的女人背着一把吉他，沿着马路朝屏幕左方走去，接下来我们的视线内出现一个奔跑的男人，他在朝屏幕右边移动，第三个镜头两个人相撞了，吉他摔落在地。这就是"三镜头序列"的结果，同时也带给我们一个新的问题：这两个人的关系如何发展呢？

2. 取景

在最基本的层面上，视觉叙述创作者的主要任务就是每时每刻捕捉并控制观众关注的内容并激发起观众的兴趣。电影摄像师十分注重每个镜头的背景，而他手中的摄像机取景框本身就是一种强有力的控制注意力的设备，如图 5.25 所示。

图 5.25　　取景

3. FINST 与分散的注意力

人眼只具有一个视网膜中央凹，这一视觉特性使得某一时刻我们只能关注一个点，或者跟随单一的移动对象。然而，人脑有一种不同的机制，可以让我们跟踪视野中的多个物体，即使我们无法感知视野中的大多数物体。加拿大西安大略大学的心理学家 Zenon Pylyshyn 对人脑的这种能力进行了研究。发现人们能同时追踪的对象最多为 4 个。他将人们为移动对象设置的心理标记称为"示例指针（Fingers of Instantiation）"，简称 FINST。例如我们在马路上行走，目视前方的同时，我们的视野边缘也可以看到周围一两个行走的人。

4. 镜头切换

眼睛的活动具有急动性，感知是断断续续的，随着信息集中在视网膜中央凹上，大脑处理一连串不同的图像。

事实上，之所以习惯于电影镜头切换，是因为感知本身就是一个一帧接着一帧的离散型处理过程。举例来说，我们看到远处大街上一个小女孩在和一个卖冰淇淋的小商贩攀谈，接着将镜头切换到两人对话的近距离画面，就可以听到小女孩告诉商贩她想要买一个草莓口味的冰淇淋的具体对话。

5.2.2.7　漫画与叙述性图表

连环漫画是视觉叙述的一种形式，与电影有着许多相同之处。它用文字代替口头语言，用一系列静止的图像代替移动的图像。与电影中镜头切换一样，连环漫画的场景只有依赖大脑的能力，才能弄清楚一系列离散图像的意义。

比如装配示意图就是一种经典的叙述形式：提出问题（装配物体）、说明问题（具体的操作步骤）、预期的结果（组装完整的物体）。

5.2.2.8　草图

　　设计者的视觉解释技能通过草图显示表达出来，草图是原型草图和概念草图的结合，既表达了设计外观，又表达了设计的内部概念。草图之所以可以作为人类思考的重要工具，主要因为它的简单线条可以表示许多内容。草图的易修改性和快速绘制性使设计工作可以重复进行。草图还可以为设计者增加想象的能力，它让一些无意义的符号变成思考的工具。

第 6 章 图形化用户界面设计

1. 图形化用户界面概述
2. 图形化用户界面的设计元素

6.1 图形化用户界面概述

图形化用户界面是目前数字界面中最常见的一种界面,一般被称作 GUI(Graphical User Interface)。图形化用户界面即为用户提供视觉界面。此类界面发展得相当完善,如今使用最为广泛的 Windows 操作系统就是最普及的图形化用户界面载体。优秀的图形化用户界面应该是人性化的、透明化的、非常容易上手使用的一种界面。

6.1.1 图形化用户界面特点

一般来说,图形化用户界面相较于其他类型的界面,更加生动和直观,由于其一些独特的特点,大众接受程度较高。图形化用户界面主要有如下特点。

6.1.1.1 直观性

图形化用户界面会广泛使用窗口、图标、菜单、指针、按钮、对话框等基本界面部件来表示各种应用。这种通过视觉来使用户获取信息的方式是图形化的关键属性。这种直观的可视性在人与操作界面之间形成一个有效的连接。另外,文本、图像、动画、视频、音效也是经常被使用的重要辅助手段。这些手段是否能发挥最佳效果,取决于用户界面所属的硬件设备的性能。

6.1.1.2 交互性

图形化用户界面具有高度交互性,在用户输入一条指令后会立刻得到结果,一般以文字、声音、图像、视频或动画等多媒体形式来表现。这样用户能及时了解自己的操作过程,及时纠正错误的操作,以便往正确的方向靠拢。界面对用户的操作及时地提供反馈信息是非常重要的,这些反馈信息会提高用户的操作感,突出其主体的地位,反映出用户的控制权。交互往往具有灵活性,系统会针对不同用户提供不同的界面,也允许用户自主选择交互的方式。交互功能使得用户与操作界面真正形成了有机连接。

6.1.1.3 操纵性

在以图形为主的界面操作中,用户的操作可以随时显示在界面上,使其直接观察到行动的过程。因此用户可以非常自由地对界面进行操作。如今流行的触摸屏技术即利用了图形化界面的强大的操作感。例如，翻页的时候，用户可以用手拨动书角；删除文件的时候，可以直接把文件丢到回收站中；放大缩小画面，可以用手指的分开和闭合来控制。面对这样的界面，用户非常容易上手，很快即可掌握操作技能。另外，操纵感的增强也会提高界面的使用效率，并使用户获得巨大的满足感。

6.1.1.4　易读性

图形化界面相对于其他类型的界面，更多采取各类动作或图示来代替复杂的指令语句。当用户看到某个图标或按钮，就能直接想象出其所代表的意义或功能。例如文件夹、文档、图片、影像、声音等各类图示，都非常容易理解其作用。包括指针在不同操作下的状态，沙漏、手形、箭头等形状，也可以及时反映用户操作的状况。这种易读的特性，使得图形化用户界面下，操作者工作起来非常轻松，毫无障碍，利用常识即可完成任务。

6.1.2　图形化用户界面的设计原则

相对于其他用户界面的开发，图形化用户界面的设计较为困难和复杂。在设计图形化用户界面时，应尽可能遵守下面几条设计原则。

6.1.2.1　操作标准化

由于图形化界面的丰富多样，在设计界面中很容易违背操作标准化的原则。规范界面的使用方法，反而使得用户的操作效率更高。例如，单击的效果一般都是用于选取；打开一个文件一般都采用双击动作；弹出的对话框必须具有相同的风格和使用方法；对当前状态不可用的命令进行隐藏或有明确的不可用表示，如颜色变灰。

界面应该以一致的方式完成对所有目标的显示和操纵。通过一致的显示和操纵方式，用户的记忆、学习负担和错误率都有所降低。这种方式也促进了人机界面都标准化。用户界面图形化设计中经常使用标准控件，呈现相同信息的方法，如字体、图标、标签、颜色、术语、错误信息等，都应该保持一致。

6.1.2.2　使用常识化

不同的用户组可能对同一个图标的工作原理有不同的假设。因此，设计界面时一定要考虑用户的习惯和环境。从界面布局到每个图标的设计，从整体规划到某个颜色的应用，都应该符合用户的使用常识。例如，大众都知道红色代表禁止，绿色代表通过，黄色代表警告。设计者在设计中就要考虑到这些因素。

6.1.2.3　含义明确化

对于图形化界面来说，大量的图形使用会使得用户对界面的理解从会意的角度变为象形的角度。因此每个图形的意义应该尽可能明确且统一。一个不恰当的图标不能很好地表示它的信息。例如，文件夹的图标就表示里面放有文件，回收站表示删除条目的所放位置。这些图标的意义就很容易理解。

6.1.2.4　控制简捷化

用户对界面的控制中，一些常用操作的使用频率会很大，因此应该设法减少操作的复杂性。例如，大部分软件界面都把菜单中某些常用功能用图标的形式提炼出来，组成一个快捷工具栏；或是把具有针对性的很多工具集结起来形成一个工具箱等。对常用工具提供简捷的使用方法，不仅可以提高用户的工作效率，还使得界面在功能实现上简捷高效，真正体现出图形化界面的便利。

6.1.2.5 布局合理化

设计界面时，应该合理划分并高效地使用显示屏。对每一部分窗口都应该衡量其大小及放置位置，尽量符合用户的观察和使用习惯。例如，一般快捷工具栏都在软件界面最上方形成横条，或者在最左方形成纵条；主编辑窗口一般都在屏幕的正中位置及占据较大的空间。另外，用户应该能够保持视觉环境，比如放大和缩小窗口，利用窗口分隔不同类型的信息，只显示有用的信息，避免用户对过多的数据感到混乱。

6.1.2.6 信息反馈化

一般来说，普通操作和简单操作可能不需要信息反馈，但对于异常操作或关键操作，系统应该提供信息反馈。图形化界面一般也采用图形信息表示来进行反馈，例如，等待时出现沙漏标识，出错时用黄色和叹号标识。另外，如果出现长处理过程，即对用户的操作需要进行较长时间反应，这时也应该加入信息反馈，让用户清晰了解系统的进程。以Windows 系统为例，一般如果等待时间 0～10s，鼠标显示成沙漏；10～18s，用微帮助机制显示处理进度；18s 以上时，应显示处理窗口或进度条；在长时间的处理完成时，应发出声音提示，避免用户遗忘操作或一直守在屏幕前。

对于不正确的信息，系统必须具有错误处理的功能。如果发生错误，系统应该能够检测到错误并提供简单易懂的错误处理功能。错误发生后系统的状态没有改变，或者系统要提供错误恢复的指导。

6.1.2.7 进程可逆化

对于任何的用户操作，都应该具有可逆（即撤销）功能。这一点对于不具备专门知识的操作人员相当有用。可逆功能的设立，可以有效减少用户对操作错误的担心，能够把精力集中在完成任务上。可逆的操作可以是单个的操作，或者是一个相对独立的操作序列。

6.1.2.8 过程透明化

图形化界面的宗旨就是要体现操作反映的过程。因此用户操作时，应该实现所见即所得，即所有操纵过程及效果是可直接观察到的。如光标移动、窗口缩放、选取文件等都是立即发生和可见的。在表现形式上可以模拟日常操作方式，易学易懂，避免误解。

6.1.3 图形化用户界面的艺术设计

图形化用户界面设计中的艺术层面也是一个重要的部分。有效的艺术感不仅为界面本身增色，也提高了用户的操作兴趣和注意力。一般图形化用户界面在艺术设计上需要从以下几方面来考虑。

6.1.3.1 对比

通过强调对比双方的差异所产生的变化和效果，来获得富有魅力的构图形式。对比从类型方面区分，在界面设计中主要有以下八种。

1. 大小对比

大小关系是界面布局中最有价值的要素。界面有很多区域，包括文本区、图像区、控制区等。它们之间的大小比例决定了用户对系统最基本的印象。尺寸上的微小差异给人以温和的感觉；巨大的尺寸差异给人一种更清晰、更震撼的感觉。例如，重要的菜单选项可以通过放大来突出显示。

2. 明暗对比

阴阳、正负、白天与黑夜等对比，可以让人感受到生活中光明与黑暗的关系。明暗是色彩感知的最基本要素。设计中经常通过使界面背景变暗并使重要的菜单或图形更亮来突出重要元素，正是利用了这种对比。

3. 粗细对比

字体越粗则越阳刚越有男子气概，精美的细字体常来表达时尚和女性气质。如果细字符的数量增加，则应减少粗体字符，这样搭配起来比较适当。重要信息以粗体大字甚至三维形式显示在界面上，配上动人的音乐，给人一种气势磅礴的感觉；对于比较柔美的篇幅，选择细斜体或倒影字体来显示为佳。

4. 曲直对比

曲线充满柔美与张弛，直线则充满刚硬与锐利。自然界中的线条一般都是由这两者协调而产生的，如果想加深用户对曲线的认知，可以用一些直线来装点画面，少量的直线让曲线更加醒目。

5. 横竖对比

横线给人以稳重、沉静的感觉，而竖线则与横线相反，竖线代表向上伸展的动感，可以表达执着和理性，这样界面显得沉稳清晰。不过如果过分突出竖线，界面就会变得冷漠、厚重、难以接近。竖线和横线的对比编排，可以让两者的表现更加生动，既营造了界面的简洁感，又避免了冷漠和呆板。

6. 质感对比

在平日中，其实很少有人谈论质感。然而，在界面设计中，质感是一个非常重要的形象元素，如松弛、平滑、曲率和凹度都属于质感。质感可以展示情感，可以使用质感来增加界面元素之间的对比。例如，以大理石为背景或以蓝天为背景呈现出的对比效果，前者给人一种沉稳、踏实、内敛的感觉，后者则给人一种活泼、开阔、自由的感觉。

7. 位置对比

对比也可以通过位置的差异或变化创造出来。例如，将某些对象放置在界面的两侧，既可以表达强调，又可以形成对比。界面的上、下、左、右和对角线的四个角都是合适的位置点，在这些点上放置图片、标题或标志等，非常具有表现力。因此，将不同的造型元素放在对立的位置，可以体现对比的关系，使界面给人一种紧致的感觉。

8. 多重对比

通过组合搭配上述各种对比方式，曲直、明暗、横竖、大小、粗细等，可以创造出多种多样、变化多端的界面。

6.1.3.2 协调

协调是相对于对比而言的。所谓协调，就是将界面上的各种元素之间的关系进行统一处理，合理搭配，使之构成和谐统一的整体。协调被认为是使人愉快和称心的美的要素之一。所谓协调，就是统一界面上各个元素之间的关系，使它们之间相互有意义，形成一个和谐统一的整体。在人机交互界面设计中，协调是令人愉悦和令人满意的美的要素之一。在同一界面中不同元素之间需要协调，在不同界面之间不同元素也需要协调。协调基本可以体现在以下四个方面。

1. 主从

界面设计和舞台布景设计异曲同工，其中一方面就是主与从的关系。当主要信息和次要信息之间的关系明确时，用户就会关注主要信息并感到舒服和安心。因此，在界面上清晰地表现出主从关系是一种非常正统的界面构成方式。当主从之间的关系模糊时，会让人感到不知所措。因此，主从关系是界面设计中需要考虑的一个基本因素。

2. 动静

在园林设计中，有假山、池塘、草木、流水等。同理，在界面设计中，动态部分和静态部分也是要相辅相成的。动态部分包括动态图像和动作的发展过程，而静态部分往往是指界面的按钮、文字、图片等。散状或流状是动，静止不变则是静。一般来说，动态部分和静态部分应该相对而立。动态部分占据界面的大部分，而静态部分占据较小的面积，在周围可以保留一些空白以强调它们的独立。这种布局对用户更有吸引力，也更容易展示。静态部分虽然占地面积不大，但存在感很强。

3. 入出

界面空间常可以设定得有力和动感来支配空间。因此，界面的入口和出口应该相互呼应、相互协调。两者之间的距离越大，效果越强，可以充分利用界面的两个端点。但要特别注意出入点的平衡，强弱要有相应的变化，一方太弱，就不会产生共振的感觉。比如整体的标题设计可以让它从中心逐渐辐射，最终停留在整个界面上，也可以从屏幕的一端推出，环绕屏幕的另一端，最后落在屏幕的某个特定位置。这两种方式都协调好了入出的关系，具有一定的艺术效果。

4. 统一协调

如果对比关系被夸大，空间中保留过多的造型元素，则很容易造成界面混乱。解决这类问题，最好加入一些共同的造型元素，使界面具有共同的风格和整体的统一协调感。重复使用相同的形状可以使界面感觉协调。通过将相同形状的元素放在一起，可以创造一种连贯感。统一和协调相互配合，呈现非常好的界面效果。

6.1.3.3　平衡

界面的平衡是相当重要的。实现平衡的一种方法是将界面在高度上分成三个等份，界面的中轴落在底部 1/3 的分界线上，以保持空间的平衡。

平衡不是对称的。从一点开始，同时向左右扩展的形状成为左右对称的形状。通过应用对称原理，可以创建复杂的形状，例如漩涡。在我国古典艺术中，最讲究对称原则。对称确实可以使用户感到庄重和威严，但它也使界面稍显呆板。界面设计领域一般不认可对称原则。现代造型艺术也在向着不对称的方向发展。当然，如果要表达一种传统风格，对称还是更好的表达方式。

平衡的另一个重要方面是中心。就人的感知而言，左右之间存在细微差别。如果某个界面的右下角有一个特别吸引人的地方，那么如何处理这个地方就成了考虑左右平衡的关键问题。人类视觉从左上流向右下更自然。将右下角留空来组织标题和插图会产生自然的视觉流动，否则会失去平衡并且看起来不自然。

6.1.3.4　趣味性

在界面设计上应注重趣味性，可以让用户"寓教于乐，乐在其中"。它是通过使用生动、直观的图形来优化界面，使软件变得吸引人的有效方法。

1. 比例

黄金分割，又称黄金比例分割，是一种非常有效的界面设计方法。设计一个物体的长、宽、高和位置时，如果能按照黄金比例来处理，可以营造出独特的稳重感和美感。

2. 强调

如果界面过于风格单一，可以添加适当的变化效果，会产生强调感觉。强调可以破解界面的单调，让界面充满活力。比如，界面上布满文字，看起来很呆板无聊，当添加图片或照片时，就好像将石头扔进静止的水中，产生新的涟漪。

3. 凝结扩散

事物的中心部分是人注意力的集中点，也体现了视觉上的凝聚力。一般来说，有凝聚力的界面看起来很温和，被很多人所接受，但它们很容易变得平淡无奇。扩散式界面的离心式布局，颇具现代感。

4. 形态意图

由于电脑屏幕的限定性，一般的排版方式总是以方形为标准形状，其他各种形状都包含在它的变形中。四个角全部是直角，体现界面的规律性。而其他变形则可以提供不同的新感觉。例如，三角形有锐利、明快的感觉，而圆形则时而稳重时而柔美。同样的形状也有不同的表现形式，比如用设备绘制的圆具有较硬的质感，而手工画的圆则具有柔和的曲线之美。

5. 变化率

在设计界面时，标题的大小要根据内容来确定。标题与正文字体大小的对比就是变化率。变化率高，界面风格生动；变化率低，界面风格板正。对变化率进行衡量，就可以判断界面设计的效果。在确定标题和正文的字体大小之后，还要考虑两者的比例关系。

6. 规律感

如果重复排列具有共通性的形状，就产生了规律感。只要能给人留下深刻印象就好，也不必非要是相同的形状。重复数次就可以营造出规律感，甚至有时将某种形状只使用两次就可以营造出规律感。在设计多媒体应用系统时，规律感可以让用户快速熟悉系统，了解使用方法。这方面，Windows 软件给我们很多启示。

7. 导向

按照眼睛注视的方向或物体指引的方向在界面中产生一条定向路线，称为导向。在设计界面时，设计师经常使用导向来使整体画面更加醒目。一般来说，用户的眼睛会下意识地关注一个移动的物体，就算这个物体在屏幕的角落也一样。场景的变化也会使眼睛跟随它移动的方向。知道了这一点，设计者就可以有意识地将用户的视线引导到需要用户关注的信息对象上。要记住，一个动作的结束应该引导出下一个动作的开始。创建导向最简单的一个方法是直接在希望用户注意的地方画一个箭头，给予直观的指示。

8. 空白

体育比赛的解说员一般语速都非常快，但是电视节目主持则不需要过快的语速，主要是因为话语中的空白区太少。同理，界面设计中的留白量也是需要重视的，绝不能在一个界面中放置过多的对象，使界面显得拥挤杂乱。界面的美感常由空白区的分布来体现。空白的量对界面的风格有决定性的影响，更多的空白可以提升界面的格调和稳定性；更少的空白可以使界面显得丰满热情。在设计包含大量信息的界面时，不宜使用大量空白区。

6.2　图形化用户界面的设计元素

图形化用户界面包含着各种基本的界面元素，从细节出发是设计一个优秀用户界面的根本。界面设计时，都是先构成基本界面元素，然后再进一步构成整个界面的。进行图形化用户界面的基本元素设计时，要注意到软件界面是交互的、不断变化的，因此不仅要考虑一种状态下的界面，而且要考虑所有可能的状态下的界面。不同界面元素之间可以相互转化，但这种状态的改变必须符合某种规则。

在设计过程中，建立完善的设计规范是有益的，尽管对于不同规模的项目，设计规范的复杂程度会有所不同。如果项目规模比较大，设计师一个人无法针对每种可能的界面状况进行设计的时候，设计规范就尤其重要，它将指导团队的其他成员顺利一致地处理相应的界面设计情况。

6.2.1　布局

对于一个界面来说，布局就像打地基一样，是最先也是最基本的设计步骤。设计屏幕布局时应该使各功能区重点突出，一般应遵循如下几条规则。

（1）注意屏幕上下左右平衡。

（2）对屏幕上所有对象，如窗口、按钮、菜单等应一致化处理，使用户的操作结果可以预期。

（3）提供足够信息量的同时要注意简明、清晰。

（4）对象显示的顺序应按需要排列。

（5）画面中显示的命令、对话及提示行，在一个应用系统的设计中尽量统一规范。

图形化用户界面不同于一般的信息呈现界面，它更像是提供给用户一个直观的操作平台。界面布局不需要特殊安放一个视觉重心，只要能够将用户的注意力集中在他所工作的对象上即可。界面元素的布局应以方便易用为准则，并根据用户的不同操作而及时产生相应的变化。同时允许用户部分或完全控制界面元素的组织和显示。

界面元素的布局应合理划分区域。同一类功能应该归于一个区域中。这样可以使用户对界面的整体架构产生清晰的认识，更易理解一组相关的功能。从另一方面讲，界面元素的相对集中，会减少用户在操作过程中的指针移动距离，降低用户的操作复杂程度。

另外，在设计中应采用比较主流的屏幕分辨率进行设计。虽然较高的屏幕分辨率可以使屏幕资源更好地被利用，以提高工作效率，但是依然要保证在较低的分辨率下，软件仍可以正常地运作。

6.2.2　指针

指针是用户操作的引航标，是界面控制的最直接要素。指针的定义为：用以对指点设备输入系统的位置进行可视化描述的图形。图形界面的指针常用的有系统的箭头、十字、文本输入、等待沙漏、手形等，如图 6.1 所示。

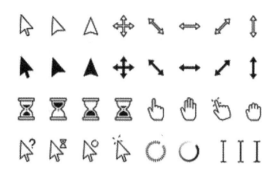

图 6.1   常用指针

指针是用户操作状态最直接的反馈。在用户操作时，指针一般总是处于视觉中心的位置，所以指针传递的信息能被用户最直接地接收。指针的尺寸一般需要控制在 24×24 像素以内，相对图形较小。因此，在指针的设计上，应把重点放在如何用较小较简单的图形反映操作的含义。

6.2.3   窗口

在目前计算机系统中，大多软件界面使用窗口技术。由于如今的系统广泛采用多进程多任务的运行模式，因此如何利用一个显示屏进行多个工作区域的展示，就成为窗口设计的重要目标。某些硬件设备，也提供了多于两个屏幕的情况，或者提供了辅助显示仪器。

一般窗口的定义为：一个包含软件应用或者文档文件的长方形区域。对于窗口的操作有打开、关闭、设定大小、移动等。多个窗口可以同时出现在界面中，针对某个窗口可以将其最小化成图标形式或最大化到整个屏幕。

6.2.3.1   窗口的构造

按窗口的构造方式可以把窗口分为以下几类。

1. 滚动式窗口

这类窗口是最简单的窗口，通过窗口的滚动，如上下翻滚，能够看到全部信息。此类窗口一般借助于窗口侧方的滚动条，也可以通过指针模拟拖拽页面的方式进行滚动。

2. 开关式窗口

这类窗口系统提供多个可滚动窗口，但每个时刻仅能显示其中的一个。系统可以通过开关选择当前要显示的窗口。这类系统的工作类似于大多数虚拟字符终端的工作。

3. 并列式窗口

并列式窗口一般把屏幕划分成几个不重叠的子窗口。每个子窗口都有默认的宽度和高度，但都可以控制，按所需进行改变。这样的窗口构造可以在一个屏幕上同时显示几个过程的运行结果。每个窗口内的信息不会被其他窗口遮盖。此类窗口的缺点在于分摊屏幕，因此相对来说空间有限，显示的信息也有限。

4. 层叠式窗口

层叠式窗口可以针对每一个窗口改变位置和大小，多个窗口可以叠放，相互遮挡。只有放在最顶层的窗口不会被其他窗口遮挡，其中的全部信息均可见。每个窗口都可以被激活成最顶层的窗口。此类窗口之间可以部分重叠，也可以全部重叠。其好处在于，使有限的屏幕空间得到充分的利用。弊处在于相互遮挡使屏幕显示较为复杂，需要用户有较强的层次感，影响使用者的注意力。对于多任务的软件界面，这样的窗口构造是合理的。

5. 弹出式窗口

弹出式窗口属于特殊的层叠式窗口。一般作为系统运行时临时动态生成的窗口。弹出式窗口总是自动放置于其他窗口的最顶层，为了吸引用户的注意力，或是体现目前操作的重要性。例如，操作成功提示、警告信息、提醒信息等都属于弹出式窗口。

6.2.3.2   窗口的组成

窗口是应用程序运行的主要输入输出载体，是人机交互的基础，大部分的操作和显示都通过窗口来完成。窗口的基本组成元素在各类界面都是相通的。一个窗口一般是由窗口框架、标题栏、工具栏、工作区、滚动条、状态栏等部件构成。

1. 窗口框架

一个窗口应该有明显的边界，并且可以按用户需求进行边界的控制，以能够改变窗口的大小。窗口框架通常为矩形，如图 6.2 所示。也有一些窗口框架为了表现出艺术特色，采用其他形状进行展示，如图 6.3 所示。较为正规的软件多用矩形作为框架，娱乐休闲等方面的软件往往会对窗口形状进行针对性的设计。很多软件的外观可以通过官方或自制的界面"皮肤"进行替换，包括窗口形状、背景图形和颜色等。但是无论如何改变其造型，窗口的构造也应该符合一定的通用规则，否则会造成用户上手慢的结果。

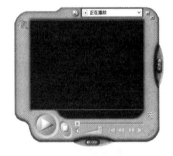

图 6.2   矩形窗口框架   图 6.3   特殊形状窗口框架

2. 标题栏

标题栏一般位于窗口的顶部，来说明窗口的内容或属性。通常标题是用文字表现的，也可以利用窗口的功能名称，或者进程的状态名称。标题还可以用图形来表现，但要求形象直观，体现出窗口的作用。一般通过标题栏，用户可以控制窗口的选中状态并进行移动。此外，标题栏一般也包含窗口的最小化、最大化和关闭等控制按钮。

3. 工具栏

这里的工具栏指快捷操作工具栏，并不是指软件操作工具箱。工具栏通常置于窗口的左侧或标题栏下方。工具栏一般设计成可活动的，用户可以通过指针选择并移动至窗口的其他地方。工具栏内含若干个大小相同、排列有序的图标，用来提供对特定命令或选项的快速访问，也可代表交互过程中的一些状态或属性。

4. 工作区

工作区是指窗口内位于中心的一个最大区域，窗口的其他组成部分一般都是为对工作区进行操作或改变显示方式来服务的。工作区空间相对较大，针对工作区的各种辅助部件一般围绕在工作区周围，便于用户选择利用。在工作区里用户可以进行各种具体的操作，例如文本、图形编辑，观看，控制等。

5. 滚动条

为了更好地利用有限的屏幕资源，窗口应该是被设计成具有延展性的。滚动条就是为此而生。在一个窗口里显示不下内容，可以利用滚动条上下或左右移动，使窗口在框架边界以内进行显示内容的滚动。

6. 状态栏

状态栏并不是每个窗口都必须拥有的组成部分。状态栏通常位于窗口的底部，一般显示有关窗口中正在查看的项目的当前状态信息或其他一些上下文信息，让用户可以及时了解操作的进程和界面的状态。

窗口的设计应该注意以下几个方面。

（1）对于简单的用户界面，使用并列式窗口即可，减少不必要的复杂性。

（2）尽可能减少窗口切换次数，以减少系统开销，提高运行速度。

（3）某些窗口可以设计成自动隐藏或关闭，以便降低屏幕显示复杂度。

（4）在允许的情况下，进行多窗口设计，提高工作效率。

6.2.4　菜单

图形化用户界面的菜单选项是供用户选择的、用于对对象执行动作的命令。在界面的菜单中应包含所有对用户命令。菜单通常呈现为窗口形式，最常见的类型包括下拉菜单、弹出菜单（右键菜单）和级联菜单（多层菜单）。

菜单选项的选择设计中，要包含选中状态和未选中状态，一般体现出名称和热键。选项前可以配以辅助图标。不同功能区间应该用线条分隔，如果有下级菜单应该有展开下级图标，如果有伸缩菜单或隐藏选项，应该有展开菜单图标。

菜单选项的设计焦点在于"广度"和"深度"的平衡。"广度"指在同一级菜单中显示的选项数，"深度"指菜单的分级数。广度大意味着用户可以同时看到更多的选项，但也需要占用较多屏幕空间、使用户感到繁杂——极端的情况是，在较小的屏幕上菜单无法完全显示，用户对菜单上繁杂的选项感到困惑。深度大即是将选项分为多级菜单上显示，理想的情况是，增强对用户的引导，提高选项的可检索度。但也可能造成分级过深、重要的选项被埋藏，不便于用户检索。一般来说，以三层以内为宜。另外，对同一级菜单选项分类排放在一起并在分类之间加以分隔，对菜单选项按音序排序，并将关键字尽量地靠近左侧、改变字体或加粗等，使用伸缩菜单，根据用户的使用频度自动隐藏和显示菜单选项来调节菜单的长度，都能有效地提高选项的可检索度。右键菜单则应根据用户的工作情况动态来组织选项。

6.2.5　图标

实现图形化用户界面的关键元素就是图标的设计。图标的特点是直观、形象、易懂，是图形界面的精髓。

6.2.5.1　图标的基本概念和工作原理

图标是图形语言的一种，是直观地表示实体信息的简洁抽象的符号，也是表示概念的图像符号。图标是用户快速直观地理解信息的强大工具。图标一般比较小，最小尺寸为 16×16 像素，较大的尺寸约为 64×64 像素。较小的图标通常为了节省空间，或便于同其他图标集成在一起。图标常表示某个工具或动作指示，如图 6.4 所示。当图标含义不明确时，可在图标上加文字说明。对图标进行操作的时候也可加上声效，一般同类型的图标使用的声效要统一，让用户听到声音就能了解自己的操作属于哪类。

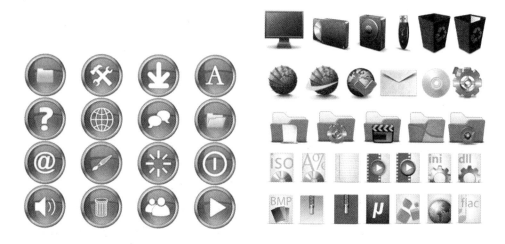

图 6.4　各种各样的图标

6.2.5.2　图标设计

由于图标一般较小，因此设计图标时应以精致的形象为根本，需要在很小的图像内表现出具体的内容。设计图标时应考虑到以下几点。

（1）使用常识化形象，使用户更容易理解其含义。

（2）考虑到图标的文化背景，符合用户的使用环境。

（3）避免使用字母、单词、手或脸。

（4）单个图标内的形象不要超过三个。

设计图标时，一般遵循以下几点原则。

（1）以熟悉和能辨认的方式表示对象和动作。图形应逼真地显示目标形状，尽量避免抽象，使人们可以快速、准确地识别图标。

（2）应该用不同的图标体现不同的目标。如果仅靠图形不能明确地表达图标的含义，可以在图标中添加简短的文字注释，让用户理解图标的含义。

（3）图标样式尽量简单，但不同图标之间要有一定的区分。图标的意义要符合常规的表达方式，且具有一致性。

（4）确定合适的图标大小。只要足够表达含义，图标就不必过大。同一系统中的图标应该具有统一的尺寸。

（5）图标类型不宜过多。

（6）图标突出于背景，确保被选择的图标在未选择的图标中清晰可见。

（7）设计活动的画面。拖拽图标时，图标、框架、灰色图标或黑块能跟着移动。

（8）增加详细的信息，如容量、色彩、打印等。

（9）探索图标的组合应用，创建新的对象或动作。

6.2.6　按钮

按钮事实上是图标的另一种表现形式。按钮的主要作用是进行人机交互，它是允许用户指点执行操作的一种图示。按钮可以是任意形状的图形或图像，也可以是文字。按钮一般设计成凸起的形式，类似于浮雕，为了使用户凭常识即可识别出这是按钮，如图 6.5 所示。

图 6.5　各种各样的按钮

按钮设计的关键在于按钮的状态变化。一般来说，按钮有四种状态，即默认状态、鼠标经过时状态、鼠标点击时状态、不可点击状态。特殊情况可以把鼠标点击状态拆分成鼠标按下状态和鼠标抬起状态两种。按钮的状态变化必须明显可见，其响应区域应尽量与按钮外形相一致，响应的方式可以是按钮上字体大小、颜色、位置等变化，利用动画或影像来表现。按钮交互发生的时候，应该伴随音效，音效应该与该交互功能有一定的意义关联。一般按钮不宜设计得太小，不方便点击；多个按钮之间的间距也不能太小，以免造成误点击。

按钮应既简洁又直观，应让用户一看即能理解。属于一个群组的按钮应该风格统一，功能差异大的按钮应该突出其区别。

6.2.7　文字

图形化界面中文字的重要性较其他类型界面略有降低，但依然是不可忽略的元素之一。文字元素是信息传达的主体部分，从最初的纯文字界面发展至如今的全图形化界面，文字仍是其他任何元素无法取代的界面重要组成部分。文字作为信息的重要载体，在图形化界面中一般充当提示、标识、说明等角色。尤其是一些抽象交互功能很难用确切的图形来表示的情况下，文字是最佳的代替方案。通常指针在经过某图标或按钮等标识性元素的时候，会自动显出对其解释的文字，便于用户理解其作用。

文字的设计主要集中在字体、大小、颜色、布局等方面。尽量采用视觉舒适，同时又醒目的文字方案。较为人性化的界面还会给用户提供自定义文字方案的权利。另外，系统中的字体库也需要考虑到，避免出现乱码或不能正常显示字体的情况。

一般来说，文字设计应遵循以下原则。

（1）标签提示：字体为加粗，宋体，黑色，灰底或透明，无边框。左对齐并带有冒号结束，如"姓名:"。

（2）日期：正常字体，宋体，白底黑字。

（3）左对齐：一般文字、单个数字、日期等。

（4）右对齐：数字、时间、日期加时间。

（5）移动顺序：在字符界面，先从左至右，后从上至下。重要信息的控件应该靠前，位置醒目。

6.2.8　图形

在界面设计中，图形运用的合适与否，关系着应用系统整体效果的好坏。图形在多媒体软件界面中的应用范围很广，如应用系统的背景图、烘托效果的装饰图、命令按钮的形状图形等。

多媒体软件界面中图形的设计，没有千篇一律、一成不变的设计原则，要视具体的应用系统而定。以下是一般设计原则。

（1）图形的含义应与系统环境有一定的关联性。

（2）图形的大小和宽高比要符合人们的视觉观察习惯。

（3）图形的纹理图案不要过于规整，可以有变化，但色调要简单，不要过于复杂。

（4）正确使用各种色彩和配色方案，营造良好的色彩环境。

（5）注意调整适合图形展示的亮度、对比度、饱和度等参数。

6.2.9　颜色

图形化用户界面的视觉表现力是最突出的，而在视觉上主要是采用颜色的搭配来进行设计。在图形中要正确使用颜色及颜色搭配，例如前景色和背景色，文字颜色与图标底色等配合，以构成一个良好的色彩显示环境。

正确使用颜色的基本原则如下。

（1）颜色的有效利用应该以提高人的视觉信息获取能力并减少疲劳效应为最终目的。心理学和生理学的知识告诉我们，颜色对人产生视觉感并引起疲劳等方面有一定的影响。一方面，人们可以根据图标的色调、明度、饱和度等颜色因素来区分辨识不同的物体目标。其中，色调是最重要的，不同色调有不同的感染力和表现力，给人以不同的感受。另一方面，颜色也会引起人的视觉疲劳。总的来说，让人视觉舒适的颜色包括黄绿色、蓝绿色、淡青色等；红色和橙色对人眼产生的疲劳感居中；容易引起视觉疲劳的颜色是蓝色和紫色。

不同的国家、不同的民族以及不同的性别会对颜色有不同的偏好。因此要从众多的颜色以及不同的人中选择颜色是相当复杂而艰巨的任务。

（2）颜色的组合、搭配同样会对人的视觉能力和疲劳方面产生影响。前景色与背景色的正确配合将改善人的视觉印象，不易引起视觉疲劳，能有效获取图形表达的信息；反之，不恰当的色彩组合和搭配会干扰人的心情，并加重视觉疲劳。

（3）屏幕显示不宜使用过多的颜色，屏幕上颜色过多并无助于区分颜色及其含义。如果在同一画面上使用多种颜色，不仅要选择适当的颜色组合，并要注意颜色的对比度。一般来说，高对比度的颜色可以一起使用而不会混淆，但是使用过于相似的颜色会影响用户辨识。因为当亮度发生变化时，原本相近的颜色在视觉效果上可能产生混淆。不过在使用前景色和背景色时，也要避免对比度过大，否则反而使字符难以辨认、阅读。

（4）使用一致性的颜色显示。颜色显示的一致性首先是指色彩的使用要符合客观世界规律和用户对色彩的常识性理解。例如，危险、停止、错误等信息一般用红色表示；正常、安全、允许等信息一般用绿色表示；警告、异常、注意等信息一般用黄色表示。此外，颜色使用也要具有一致性，界面设计要遵循统一的色彩风格，可以设定一种色彩方案。

6.2.10 动效

人机界面是以交互为主，因此始终呈现出一种动态的特性。其动态体现在按钮的状态变化，窗口的切换、打开与关闭，图标的动画标识等方面。在界面的各种变化之中加入适当的动效，不仅更形象地展示了用户的操作过程，也增加了用户的操纵兴趣。不过，一切均要以不降低界面反应的运行速度为前提。适当使用动画效果，在操作过程中可以为用户的视觉和心理提供有益的过渡，并成为界面的特色和亮点。

第7章 网站交互界面设计

1. 网站界面概述

2. 网站界面设计的元素

3. 网站界面设计流程

7.1 网站界面概述

7.1.1 网站界面简介

网站是使用 HTML 代码和其他工具按照一定的规则显示一定的内容而产生的相互关联的 Internet 页面的集合。简单地说，网站就像公告牌一样，是一种传播媒介，人们可以通过它发布自己想公开传播的信息，或利用网站提供一些在线服务。人们一般通过网络浏览器访问各个网站，以获取所需的信息或享受在线服务。大部分企业公司都有自己的网站，用于宣传、产品信息发布、招聘等。随着建站技术的普及，很多人也开始创建个人主页，这种网站通常是创作者展示个性、宣传自身的地方。

在互联网早期，网站只能展现文字类资讯。经过多年的发展演变，图像、声音、动画、视频和三维技术开始在互联网上普遍存在，网站逐渐演变成今天的用户界面，充满了图形和文字，充满了动画和影像。

具有良好视觉体验的网站界面是吸引网站人气的关键。网站的用户界面是网站本质的外在体现。忽视网站的用户界面设计会导致你的网站从起跑线上就开始落后。用户界面设计不是简单的艺术绘画，而是在设计前必须明确用户、用户环境和使用方式，是科学的艺术设计。衡量一个网站的用户界面是否优秀的标准，应该以用户的浏览体验来评判。

7.1.2 网站风格类型

从形式上，一般可以将网站分为以下四类。

7.1.2.1 信息类网站风格

很多大型门户网站，例如新浪网、人民网、新华网等。这类网站提供给访问者的信息量很大，访问人数也非常多。所以网站上版面的划分、结构的架构、页面的优化和用户界面人性化等方面都是值得注意的。如图 7.1 所示。

图 7.1　信息类网站风格

7.1.2.2　形象类网站风格

一些规模较大的公司网站和国内高校网站对界面设计的要求比较高，因为它们既需要发布大量的资讯信息，也需要突出自己企业或单位的形象。如图 7.2 所示。

图 7.2　资讯形象类网站风格

7.1.2.3　信息和形象结合的网站风格

　　一些较大的公司网站和国内的高校网站等在设计上要求较高,既要满足信息类网站的上述要求,同时又要突出企业、单位的形象。如图 7.3 所示。

图 7.3　形象类网站风格

7.1.2.4　个人网站风格

　　这类网站的风格千变万化,突出个性,没有太多的商业目的,一般内容较少,规模较小。如图 7.4 所示。

图 7.4　个人类网站风格

无论哪种类型，网站都应力求拥有自己的风格。有风格的网站与普通的网站相比，是有很大区别的。普通网站只是为了宣传展示，用户接触的信息是相对数据化的，比如网站的信息多少、网页端浏览速度快慢等。有风格的网站则突出一种感性和一种艺术性，用户能够感受到该网站独有的氛围。在设计中，重点是网站的版面布局、组成元素、浏览方式、交互性等因素，这些直接影响着用户对网站的第一印象。

树立一种网站风格可以按以下步骤完成。

（1）确定风格是建立在有价值内容之上的。一个网站有风格而没有内容，再好的设计也只是装饰，因此首先必须保证内容的质量和价值性。

（2）需要确定网站希望给用户留下的印象。

（3）在明确网站的定位后，努力建立和加强这种印象。

体现网站风格就是要找出网站中最有特点的那些要素，作为网站的独有特色来突出和宣传。比如网站名称、各栏目名称、域名名称是否符合网站的特色，是否容易被用户记住；网站的颜色结构是否易于与自己的风格相匹配，并能体现网站的个性等。以下提供一些方法可供参考。

（1）在网页上的突出位置，比如页眉、页脚或背景上尽可能多地出现网站 Logo。

（2）突出网站的标准颜色，尽量让文字链接的颜色、图片主色调、背景色调和边框颜色都接近标准颜色。

（3）突出显示标准字体。在重要标题、菜单选项和主图中尽量使用一致的标准字体。

（4）设计响亮的标语。将其放在显著位置以宣传网站功能和特点。

（5）网站文字中的口吻、人称等表达要具有一致性。

（6）网站图片的处理方式应具有一致性。

（7）使用特别设计的点、线、面等元素装饰网站。

7.2 网站界面设计的元素

7.2.1 版面布局

设计网页的第一步是设计版面的布局。布局是指在一个限定面积范围内，合理安排图像和文字的位置，将复杂的信息内容根据整体布局的需要进行分组归纳，进行具有内在联系的逻辑组织排列，反复推敲文字、图形与空间的关系，使浏览者有一个清晰有条理的流畅的视觉体验。

网站版面布局与平面媒体相比，其共同点是都必须将视听多媒体元素有机地组织起来，在有限的画面空间内展示出来，以彰显思想和个性。这是一种具有独特风格和艺术气质的视听传播方式。在传递信息的同时，让用户享受到感官上的美感和精神上的愉悦。

网页布局与平面媒体的不同点是，印刷品有固定尺寸，网页的尺寸由读者控制。因为用户使用的计算机显示屏有大有小，因此网页设计者不能精确控制每个元素的尺寸和位置。

由于网页布局的不可控性，在布局过程中，可以遵循以下原则。

（1）页面的图像、文字内容的分量在左右、上下几个方位基本相当。但过于平衡的页面有时难免给人以呆板的感觉，有时需要在局部打破平衡或对称。

（2）同一种设计元素（如色彩）同时出现在不同地方，形成相互关系。

（3）用不同的色彩、形态、图形等视听元素相互并行对比，造成页面的多种变化，产生丰富的视觉效果。

（4）充分利用页面的空白，适当的疏密搭配可以使页面产生节奏感，体现出网站的格调和品位。

布局设计应做到合理、有序、整体化。下面介绍常用的几种网页版面布局。

7.2.1.1　"国"字版面布局

这种类型的布局一般在页面上部放置主菜单，下部左侧有一个二级菜单栏目条，右侧有一个链接栏，将资讯信息内容显示在版面中央。这种布局的优点是页面结构规整、清晰明了、画面对称、主次明确，因此相当普及；缺点是过于规矩，要利用局部的颜色变化等方式来提高版面活跃度。如图 7.5 所示，"国"字版面是大部分大型网站所青睐的类型。网站标题和横幅广告位于顶部，中部是网站的主要资讯内容，并包含左右两侧栏目，底部是一些基本的网站信息，如联系方式、版权声明等。这也是网上最常见的类型。

图 7.5　"国"字形结构布局

7.2.1.2　左右对称布局

这种版面布局采用了左右分屏的方式来打造对称的布局。其优点是空间自由度稍高，可以展示较多的文字和图片；缺点是左右屏的有效结合稍显困难。如图 7.6 所示。

图 7.6 左右对称布局

7.2.1.3 拐角型布局

这种版面的顶部是网站标题和横幅广告，下部的左边是窄栏链接，右边是宽栏信息内容，底部是网站的一些基本信息介绍，如联系方式、版权声明等。这种布局也是很常用的一种类型。如图 7.7 所示。

图 7.7 拐角型布局

7.2.1.4 标题正文型布局

此类版面最上面是网站的标题以及横幅广告条，下面是正文，如文章页面、注册页面等基本都是这种类型。如图 7.8 所示。

图 7.8　标题正文型布局

7.2.1.5　左右框架型布局

此类版面一般左面是导航链接，右面是正文，有时上面有一个小的标题或标志，如论坛等，结构清晰、一目了然。如图 7.9 所示。

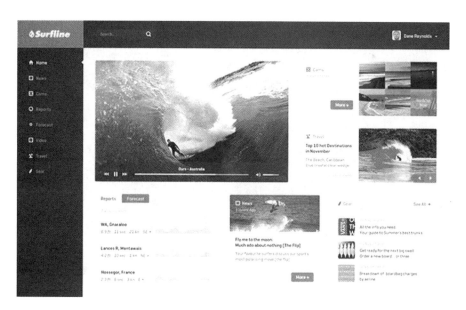

图 7.9　左右框架型布局

7.2.1.6　上下框架型布局

此类版面一般上面是导航链接，下面是正文，但文字不宜过长，一般宽屏效果较好。如图 7.10 所示。

图 7.10　上下框架型布局

7.2.1.7　封面型布局

此类版面一般作为网站的首页，如图 7.11 所示，精美的平面设计结合一些小的动画和几个简单的链接。一些企事业单位网站、个人主页等常采用这一布局。

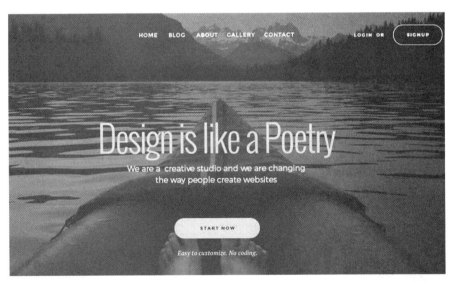

图 7.11　封面型布局

7.2.1.8　自由式布局

自由式布局打破了上述几种布局的框架结构，常用于文字信息量少的时尚类和设计类网站，如图 7.12 所示。其优点是布局随意，外观漂亮，吸引人；缺点是用户上手慢，需要自行探索网站架构。

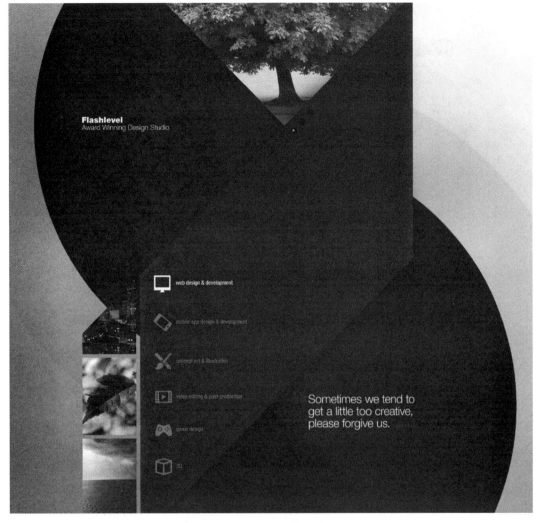

图 7.12 自由式布局

7.2.2 视觉顺序

网站的页面传达信息都是通过视觉元素来完成的。为了最大限度地发挥网站的视觉传达功能，使网站成为具有可读性强的新媒体形式，网站页面设计必须从心理层面和生理层面符合人们的视觉流动特点，决定好不同视觉元素之间的关系和顺序。因此，页面设计应注重不同视觉元素之间的位置感、距离感、呈现面积和视觉流向等。

视觉流向的形成是由人眼的视觉特征决定的。由于眼球晶体结构的生理特性，人眼只能定位一个焦点，而不能同时在多个地方保持视线的注视。当人们阅读某种信息时，他们的视线总是在先看什么、接着看什么、再看什么的自然流动过程中。视觉流向往往呈现出比较明确的方向感，类似画面上有着脉络一般，仿佛有一条线和气息贯穿其中，使整个画面产生了一种运动走向。从心理学角度看，一般一个版面的上部使人放松、舒适，下部则使人稳定、踏实。同理，左侧让人放松、舒适，右侧让人稳定、踏实。因此，画面层次的视觉冲击力方面，上强于下，左强于右。因此版面的顶部和中上部被称为"最佳视觉区"，也就是放置重要信息都最佳位置。如图 7.13 所示。

图 7.13　视觉顺序

在这个"最佳视觉区"中，可以放置网站需要突出展示的信息，比如标题、公告、头条新闻等。当然，视觉流向只是遵循人的认知过程的心理顺序和视觉思维的逻辑顺序的一种结论，而非精确的公式，所以运用时要灵活机动。在网络设计中，合理地运用视觉流向，找到最佳视觉区，对用户做出自然的视线控制，都会影响传达信息的准确性和效率。因此，在网站的界面设计中，视觉引导起着关键的作用。网站设计是一种创作，首先要以传递信息为基础，但也必须适应人们更普遍的观察和思维习惯，使视觉流动过程自然而流畅。一个成功的视觉流动过程安排，需要将网页的各种信息元素合理地划分到一定的空间内，并在各个信息元素的位置、间距和大小上保持一定的韵律感和美感。

7.2.3　视听元素

视听元素是网页艺术设计的基本元素，是网页中基本视觉元素和听觉元素的总称。网页视听元素包括文本、背景、按钮、图标、图像、表格、颜色、导航工具、背景音乐、动态影像等，如图 7.14 所示。多媒体技术的广泛应用，极大地增加了网页的感染力。不过也应该合理安排各视听元素的组合，记住网页展示的宗旨是准确向用户传达网站的信息。

在网站页面中使用多媒体视听元素需要考虑到用户的机器是否支持播放。多数浏览器本身就可以播放上述视听元素，无须任何外部程序和模块支持。比如，大部分浏览器可以显示 GIF、JPG 图形和 Flash 动画。某些多媒体文件必须先下载到本地存储器中，然后运行对应的播放程序才能播放。此外，浏览器插件的引入可以使浏览器拥有播放多种格式媒体的能力。比如，Microsoft 的 IE 浏览器通过自身的 Active 技术，来播放网页上的多媒体。还有用 Java 编写而成的小型应用程序 Java Applet，可以应用在网页上来播放多媒体，与各种浏览器插件和 Active 技术相比，更加灵活和通用。

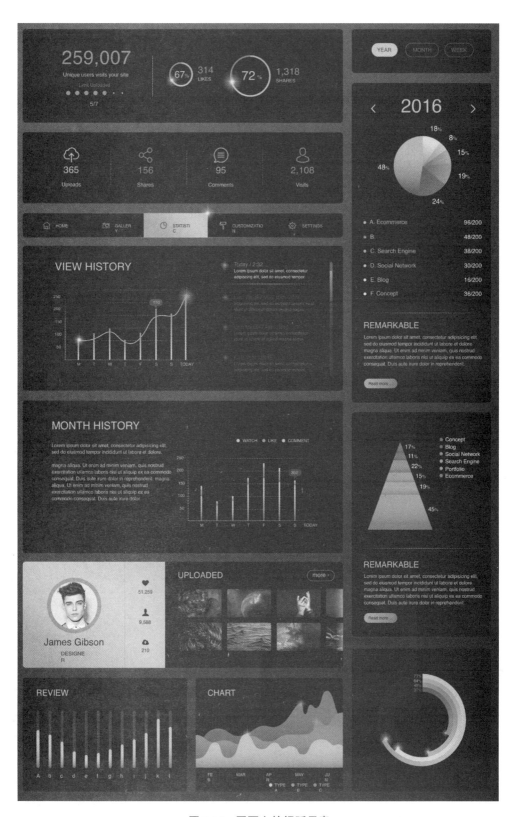

图 7.14　网页上的视听元素

　　总之，由于技术的不断发展，多媒体元素在网页设计中的综合运用越来越广泛，使浏览者可以享受到更加完美的视听效果。这些新技术的出现也对网页设计提出了更高的要求。

7.2.4　动画特效

　　随着多媒体技术的发展，网页上出现了越来越多的动画特效。动画、音频和视频这样的多媒体可以补充平淡的文本或者二维图形，丰富了网站的视听效果。现在有很多多媒体处理工具和技术，但是带宽以及浏览器的支持能力限制了多媒体技术的利用。为了充分享受新技术，通常需要大带宽、浏览器插件或第三方应用程序的支持。

　　网页中动画效果的加入，赋予了用户运动和投入的感受。从简单的动画 GIF 图像到三维影像以及虚拟环境，动画可以分为不同的级别。网页上曾经最常用的基本动画类型是Flash 文件。Flash 文件在网站设计中的使用使网站的表现力提高了很多。Flash 引入了一种新的动画形式，它在带宽有限的情况下提供了丰富的内容。Flash 动画中可以进行语言编程，因此设计者可以直接创建出纯 Flash 动画的网站，这也为通常的静态站点提供了一种新的选择。

　　随着 HTML5 的崛起，Flash 逐渐退出历史舞台。HTML5 是构建在 Web 内容之上的一种语言描述方式。HTML5 是互联网当下的编辑网页标准，是构建以及呈现互联网内容的一种语言方式，被认为是网页开发的核心技术。由 1990 年产生的 HTML5 迭代而来，版本由上一代的 HTML4 升级产生。2015 年起，各大浏览器均开始实现从 Flash 向 HTML5 的全面过渡，如图 7.15 所示。Flash 在移动互联网中逐渐没落，而且未来会走向边缘化。

图 7.15　HTML5崛起

　　HTML5 为网页提供了更多的扩展能力，比如播放多媒体、动画、下载存储、定位等诸多功能，并且其跨平台的优势在移动设备上进一步体现。虽然 HTML5 在移动网络初期存在一些问题，但随着移动平台的改进和浏览器的更新换代，这些问题已经逐渐得到解决。得益于跨平台、迭代快、持续性强和开发成本低等优点，HTML5 逐渐成为了可以覆盖所有主流平台的跨平台网页技术。

7.2.5　链接结构

　　网站的链接结构可以理解成一种拓扑结构，用于各个页面之间进行链接。首先它以目录结构为基础，但也能跨越目录。如果把每个页面当作一个顶点，链接就是两个顶点之间的连接线。这种连接可以是点对点的，也可以是一个点对多个点的。而且要注意，这些点并不是存在于一个平面上，而是在三维空间中的。

建设网站链接结构一般采用以下两种方式。

1. 树状链接结构

当用户在这样的链接结构中导航时，需要按层级进入，也要按层级返回。网站的首页会有导航链接到一级页面，一级页面中的导航再链接到二级页面，如图 7.16 所示。这种链接结构的优点是架构清晰，用户在访问时一目了然；缺点是访问效率低，二级页面之间无法直接跳转，必须回到首页重新进入。

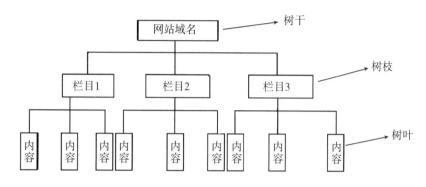

图 7.16　树状链接结构

2. 星状链接结构

这种链接结构盘根错节，页面与页面之间都相互链接，很像网络服务器的链接。其优点是访问方便，可以随时跳转到自己需要的页面，如图 7.17 所示；而缺点也比较明显，就是链接太繁杂，用户时常会迷失在页面群中，不知道自己的位置。

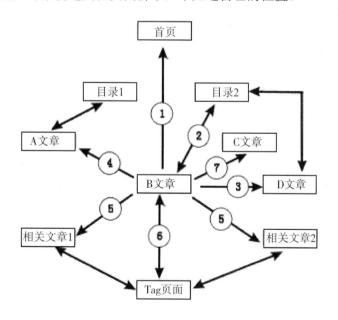

图 7.17　星状链接结构

其实，这两种链接结构都比较理想化。在真正的网站设计中，这两种链接结构需要综合使用。网站设计者希望用户可以便捷地访问到所需要的页面，并且清楚地知道他们在哪里，而链接通往哪里。一般推荐的做法是，首页与一级页面之间采用星状链接结构，一级与二级页面之间采用树状链接结构为佳。

如果网站内容较多、层级较多，包含了三级以上的页面，那么各级页面上一定要有导航栏，帮助用户确认自己的浏览位置。

7.2.6　网页文字

网页上的文字信息会占据大量的空间。文字信息的字体和颜色与其他页面元素相互搭配，产生出特殊的视觉效果。

在字体选择方面，一般网页界面中常用的英文字体有以下几种。

1. Arial

Arial 是一套随同多套微软应用软件所分发的无衬线体 TrueType 字型。虽然比例及字重（weight）和 Helvetica 极为相近，但 Arial 其实是 Monotype Grotesque 系列的变种。设计师考虑到 Arial 会在电脑上面使用，在字体及字距上都做了一些细微的调整和变动，以增加它在电脑屏幕上不同分辨率下的可读性。

2. Helvetica

Helvetica 是一种广泛使用的西文无衬线字体，是瑞士图形设计师马克斯·米耶丁格（Max Miedinger）于 1957 年设计的。Helvetica 被视作现代主义在字体设计界的典型代表。按照现代主义的观点，字体应该"像一个透明的容器一样"，使读者在阅读的时候更专注于文字所表达的内容，而不会关注文字本身所使用的字体。这一特点，使得 Helvetica 适合用于表达各种各样的信息，并且在平面设计界获得了广泛的应用。

3. Tahoma

Tahoma 是一个十分常见的无衬线字体，字体结构和 Verdana 很相似，其字符间距较小，而且对 Unicode 字集的支援范围较大。Tahoma 和 Verdana 师出同门，同为知名字型设计师马修·卡特（Matthew Carter）的作品，由微软公司在 1999 年推出。许多不喜欢 Arial 字体的人常常会改用 Tahoma 来代替，除了因为 Tahoma 很容易取得之外，也因为 Tahoma 没有一些 Arial 为人诟病的缺点，例如大写"I"与小写"l"难以分辨等。

4. Verdana

Verdana 也是一组无衬线字体。由于其结构清晰、小字易于阅读和识别度高等优质性能，自 1996 年问世后，迅速成为众多领域的标准字体之一。"Verdana"这个名字是由"Verdant"和"Ana"这两个词组成的。"Verdant"意为"翠绿"，取自被称作"翡翠之城"的西雅图和素有"常青之州"之称的华盛顿。"Ana"一词则取自维吉尼亚·惠勒的大女儿的名字。

5. Times New Roman

Times New Roman（泰晤士新罗马）是一种常见且广为人知的衬线字体，在字体设计上属于过渡型衬线体，对后来的字型产生了很深远的影响。另外由于其中规中矩、四平八稳的经典外观，所以常被选为标准字体之一。

6. Georgia

Georgia 是马修·卡特于 1993 年为 Microsoft 设计的一种衬线字体。它具有独特的小字体和出色的可读性。Georgia 字体已经被微软作为网页的默认字体来使用，同时它也是

Windows 系统的常用内置字体之一。

网页界面常用的中文字体包括宋体、仿宋、楷体和黑体等。更多的字体要取决于系统中的字体库是否已安装。汉字的字号大小一般有九级，分别是"一"至"八"，以及最大号的"初"。各级字号之间补充了一些中级字号，一般在名称前加"小"，比如小二、小三等。网页界面文本的字体可以采用各种传统媒体中的常用字体。根据网页中的不同要求，选择相应的字体和字号。常见正文中字体用法如表 7.1 所示。

表 7.1　常见正文中字体用法

名称	正文字体	正文字号
图书	宋体	五号、小五号
工具书	宋体	小五号、六号
报纸	宋体	小五号、六号
公文	仿宋	三号、四号
期刊	宋体、细等体	五号、小五号、六号

网页设计中应该重视标题的处理，把标题排版作为版面修饰的主要手段。标题的字体变化更为讲究，用于网页排版系统一般要配十几到几十种字体，才能满足标题用字的需要。网页标题一般无分级要求，字号普遍要比图书标题大，字体的选择多样，字形的变化修饰更为丰富。使用字体的一般原则如下。

（1）字体应在整个网站中保持统一。一个网站中可以使用多种字体，但要选择同一种字体来代表同一类型的信息。

（2）文字颜色要一致，让用户容易判断不同的文字颜色代表什么含义。

（3）为了使字体与网站的总体设计相对应，需要了解并熟悉每种字体的变体形态及使用范围。

（4）注意字体与网站整体设计的关系，不要仅仅为了网页表现的丰富型而使用各种各样的字体。

（5）所选字体应与整个页面和网站融为一体。

当然，其他设计元素如背景色、前景色、边框、行距等，也会影响网页的表现。然而，不同字体的选用可以给网站带来丰富多样的外观体验。

7.2.7　网页颜色

当用户浏览一个网站时，给用户留下第一印象既不是网站丰富的内容，也不是页面布局，而是网站的色彩。网站的风格、文化背景可以通过页面中的色彩混合、调整或者对照的方式体现出来，所以确定网站的色彩主调相当重要。不同的色彩搭配产生不同的效果，甚至会影响浏览者的情绪。在设计网页时，常常遇到的问题就是色彩的搭配问题。一个网站的设计能否成功，在很大程度上取决于设计师对颜色的使用和协调。

网页的颜色设计一般有以下几条原则。

颜色鲜明：页面采用的颜色要鲜艳、简洁，以引起人们的注意。

颜色独特：可以选择有特色和个性的颜色，让用户留下强烈的印象。

颜色适宜：颜色的选取要与页面所表达内容的气质相匹配。

颜色联想：不同的颜色给人以不同的联想，颜色的选择要以网页内涵为基础，并有一定的拓展性。

网页的颜色是以主题色为主体，其他颜色搭配构成的，虽然有主从的关系，但是缺一不可，配合不恰当也不可。

1. 主题色

一个网站如果只使用一种颜色的，会让人觉得单调枯燥，要让颜色丰富一些。但是也不能在网站中用到太多种的颜色，会让人觉得轻浮和夸张。一个网站应该设立一种或两种主题颜色，这样用户就不会感到困惑，也不会觉得无聊。因此，确立一个网站的主题色也是设计师需要考虑的一个重要问题。

一般来说，页面上的颜色尽量不要超过 4 种，因为使用更多的颜色会使用户迷失方向，并使页面失去焦点。确定主题色后，在挑选其他辅助颜色时，要考虑其他颜色与主题色的关系，以及想突出页面的什么效果，还有对颜色的亮度、饱和度等调节。

2. 色彩搭配

关于网页设计的色彩方面，可以从以下各方面来考虑。

（1）网页标题

网页标题是网站的领航员。用户们要在网页之间移动，了解网站的结构和内容，都要通过页面上作为指引的一些小标题。因此，我们可以选择活泼一些的颜色来抓住用户的眼球，引导他们的视点，让他们觉得网站架构清晰、条理分明，不会迷失方向。

（2）网页链接

网站都是由很多页面组合而成的，网页链接可以实现网页之间的跳转移动，文字链接和图片链接是网页不可或缺的重要元素。文字链接尤为需要注意，因为文字链接的功能不同于正文文字，所以链接的颜色也不能和普通文字的颜色一样。用户不希望花费很多时间在页面上找寻网站链接，因此要给链接设置一个独有的颜色，让人一眼可见，并吸引他们去点击这个链接。

（3）网页文字

大多数网站都有着自己的背景色。在设计使用背景色时，要注意与前景文字相匹配。一般网站的文本内容居多，所以背景色可以选择亮度、饱和度都较低的颜色，而文字使用较明亮的颜色，使文字突出显示。

（4）网页标志

网页标志是宣传网站的重要部分，所以 Logo 和 Banner 两个部分一定要在页面上凸显而出。怎样做到这一点呢？可以将 Logo 和 Banner 做得鲜亮一些，也就是色彩方面跟网页的主题色分离开来。有时候为了更突出，也可以使用与主题色相反的颜色。

（5）网页留白

中国的书法讲究留白，留白的运用可以带给浏览者对画面的联想。更为重要的一点就是，在网站使用中，浏览者通常会划动鼠标来快速浏览页面，如果没有留白，浏览者很可能会误点链接，给浏览带来不便。

7.3 网站界面设计流程

7.3.1 确定网站主题

网站主题是一个网站所体现的主旨内容。一个网站必须有明确、突出的主题。尤其是个人网站更应彰显个性，不能像综合网站一样内容又多又全。因此，应该找出自己最感兴趣的内容，做到深入、全面，并表现出自己的特色，给用户留下极为深刻的印象。网站主题的设立没有什么标准规则，只要是设计者感兴趣的都可以，但主题要明确。网站就是在主题的基础上，做到内容全面、页面精美、有深度。

网站设计的成功很大程度上取决于设计师的策划水平，网站策划就像建筑师设计楼房，只有先将图纸规划好，才能建造出美丽的建筑。网站策划涉及很多内容，如网站结构、网站风格、色彩搭配、版面布局、栏目设置、多媒体的使用等。只有在创建网站之前考虑到这些方方面面，才能在制作中充满自信、轻松自如，并且只有这样才会使自己的网站充满个性的风格和魅力。

网页设计的最终目的，是满足浏览者的需求。因此在确定了网站主题后，必须针对用户的技术背景、文化程度、阅读能力、兴趣爱好、上网习惯等方面进行调研，然后再选择适合的网页框架和内容以及表现形式。

7.3.2 选择制作工具

虽然工具的选择并不影响网页设计的质量，但是功能强大且简单易用的软件往往可以提高设计者的工作效率，达到事半功倍的效果。制作网页需要用到的工具软件有很多，包括网页编辑软件、图形图像编辑软件、动画编辑软件、视音频编辑软件等。目前，最流行的编辑工具是那些使用快捷、界面友好、易于理解和使用的编辑工具。其中Dreamweaver 中网页编辑工具的表现很优秀。如果是初学者，也可以选用 Frontpage2000。除此之外，还有图片编辑工具，如 Photoshop、Fireworks 等；动画制作工具，如 Flash、Cool 3d、Gif Animator 等。

7.3.3 收集和组织内容

明确了网站的主题以后，就要围绕主题开始收集材料了。要想让自己的网站有血有肉，能够吸引用户，就要尽量收集材料。收集得材料越多，以后制作网站就越容易。材料既可以从图书、报纸、光盘、多媒体中得来，也可以从互联网上收集。设计者应把收集的材料去粗取精，去伪存真，保存好以备作为自己制作网页的素材。

网页的内容收集整理完毕，必须开始重新组织安排。在组织网页内容时还应注意以下问题。

1. 可信度

调研表明，浏览者普遍认为那些经过专业设计的网站信息更为可靠，而且新的信息比较可信。因此，管理者应仔细删除排版错误，并且经常更新站点上的信息。添加一些与其他网站的链接，也有助于提高可信度。

2. 减少广告

浏览者都希望非常及时直接地获取网站上的信息，往往较为厌恶网页上频繁出现的广告信息。如果有添加广告的必要，在组织页面内容的时候要注意，尽量把广告放在主要内容的边缘，以及降低其出现的频率和持续时间。

3. 重点突出

如今的网站信息都以体现便捷为主，大多数浏览者都对冗长的页面内容不感兴趣，往往没有阅读完的耐心。因此建议将网页重点突出，把关键部分标识出来或是把结论写在开头，首先列出最重要的信息，然后再做进一步的说明，分层次传达所要表达的信息。

4. 利用超链接跳转

当展示的内容过多时，应利用超链接形成导航或是菜单目录，使用户在浏览的时候，非常清楚自己所在的位置及层次。通过超级链接，用户也可以转到其他辅助条目、相关文章或其他站点，由浏览者自己选择是否要点击这些链接，获得感兴趣的信息。超级链接是缩短阅读时间及丰富信息量的有效途径。

5. 避免使用大图

由于网页显示受传输量的限制，所以不要在页面上添加较大的图形图像。大多数用户等待页面出现的时间超过 1s，就会变得焦急不安。除非对他们来说是非常重要的信息，否则等待时间也不会超过 10s。因此尽量避免使用大图，如果必要的话，可以将大图切割成多个小图，再到网页上组合拼接。

6. 信息简洁

真正重要的不是为网页读者提供更多信息，而是为他们提供更有用的信息。信息量的多少主要取决于你要表达的对象的具体情况，但作为一条通用的规则，不应让浏览者在读到文章末尾前向下滚动三屏以上。

7.3.4　网站页面设计

网站设计是一个复杂且精细的工作，应遵循先大后小、先简后繁的原则进行制作。所谓"先大后小"，就是在做网站的时候，先设计好整体结构，然后逐步完善次级结构的设计。所谓"先简后繁"，就是先设计笼统的内容，再设计具体的内容，这样出现问题的时候容易修改调整。在制作网页时，可使用现成的模板，以显著提高工作效率。

在整个页面的大体构思成型后，可以先用纸笔将其画成草图。在设计草图的时候无须顾及代码编写或技术实现等方面，只需要发挥想象力，挥洒创意即可。草图完成后，可以利用电脑的 Photoshop 或其他图形图像处理软件，进行页面的设计，制作出实际页面的效果图。最终进行切分，生成网页各部分用图，再利用网页编辑工具制作框架，将图片按效果图组织即可。

此外在设计过程中，还需要按照设计者的构想，制作多媒体文件，或由程序设计人员编制应用程序等。网页在功能上若能够有强大的交互性，会给浏览者以很深刻的印象。

7.3.5　网站测试与发布

网站的测试发布分为完整性测试和可用性测试两部分。完整性测试是为了保证浏览技术上的正确性，比如页面显示是否准确无误，链接的指向是否正确等。可用性测试则是为了检验页面内容是否为用户所需，是否符合最初设计的目标。

测试完毕，就可以将网站发布到 Web 服务器上，以供全世界的用户浏览。目前上传的工具很多，可以很方便地把网站发布到自己申请的主页存放服务器上。网站上传以后，可以利用广告手段进行推广，或者到各个论坛、搜索引擎上注册登记进行宣传，也可以使用与其他网站添加友情链接、互换首页链接等方法，让自己的网站为更多人知道。

第8章 多媒体交互界面设计

1. 多媒体交互界面概述
2. 多媒体交互界面设计要点
3. 多媒体交互界面设计流程

8.1 多媒体交互界面概述

8.1.1 多媒体交互界面概念

图形化交互界面除了第 7 章中提及的网站界面之外，还包括多媒体交互界面，即非网络的、以计算机为传播媒介的、多媒体与人进行具有人机交互特点的传递信息的界面。因此，多媒体交互界面是信息交流的重要媒介，而人又是一切信息交流活动中的主体。人在获取信息的过程中，通过个人行为以及感官来获取信息。而其中视觉设计和交互设计是否成功，则会直接影响人的感官和好感。因此，视觉设计和交互设计就成为人们一直关注和研究的对象。

多媒体，简单来讲就是多种媒体的综合，是多重信息媒体的表现形式和传达方式。从广义上讲，它是指能够将文本、声音、图形图像、动画和音视频等不同类型的信息进行传播的方式、方法或介质。从狭义上讲，它是指将数种媒体形式结合起来，具有人机交互特征，用于交换和传播信息的媒体形式。

交互就是对象之间交换信息、往来交流，是人机界面设计领域相当重要的一环。而在计算机中则指的是程序间的交互和调用，可以相互交流，双方互动。当计算机播放多媒体程序的时候，编程人员可以发出指令控制该程序的运行，而不是程序单方面的运行。程序在接收到人的指令后相应地做出反应，这一过程被称为交互。

界面又称用户界面，是一个信息展示的窗口，人们在日常工作和生活中每天都要借助这个窗口来获取以及传递信息，它是将不同的元素进行汇总编排，并使之成为一个连贯的整体，反映的是所展示信息的总和，而不是这些信息内容的本身。

8.1.2　多媒体交互界面分类

8.1.2.1　企业宣传类多媒体交互界面

用于企业宣传的多媒体交互界面一般要传递企业形象与品牌信息，体现产品特色，根据需要来展示产品的虚拟构造，并通过交互作用使用户可以自主获取相应的信息。这种用于商业宣传的多媒体可以是企业网站或交互平台，它更注重交互功能与交互方式的选择与设计，界面设计与信息设置要合理与人性化。如图 8.1 所示，汽车多媒体宣传交互界面，采用可交互动画的展现方式，在表现出动感、现代的文化气息的同时，用户可以通过鼠标对汽车及各个细节进行 360°的查看和了解，在视觉和交互上都给予用户极大的冲击力和便利。另外一种常见形式是电子杂志。电子杂志不仅具备传统桌面出版物的图文并茂形式，还囊括了声音、动画以及超链接在内的丰富绚烂的信息阅览与沟通模式，是日渐盛行的图文阅览与展示方式。电子杂志不仅为用户提供了炫丽的视觉冲击，而且提供了多种图片展示方式以及用户交互方式。

图 8.1　汽车多媒体交互界面

8.1.2.2　教育类多媒体交互界面

教育类多媒体交互界面大多是指以计算机作为传播介质的多媒体CAI课件的用户交互界面，如图 8.2 所示。CAI 是利用计算机媒体帮助教师进行教学或利用计算机进行教学的广泛领域。它不仅符合广义上的多媒体交互界面中所涉及的心理学、计算机科学、信息学、美学等诸多学科理论，而且还有更多的注重教育学方面的科学理论知识，需要由学科教师、教学设计专家与视觉设计师以及程序员来共同开发完成。成功的教学类多媒体交互界面应该起到激发学生的学习兴趣、提高教学质量、优化教学手段等多重作用。

图 8.2　教育类多媒体交互界面

8.1.2.3　游戏类多媒体界面

游戏界面在游戏中是所有交互的门户，不论是用简单的游戏手柄，亦或是使用带有各种各样输入设备的全窗口界面，界面是将游戏元素和玩家联系起来的桥梁。游戏界面作为体现游戏产品特性的一种展示，必须深入到游戏本质的结构中，要考虑到游戏玩家中只有少部分人具有计算机经验，界面越简洁明确，就越能吸引玩家上手操作，如图 8.3 所示。Bill Volk 是一位著名的游戏开发者，他曾写下一个关于游戏设计的著名公式："界面+产品元素=游戏"。显然 Bill Volk 的意思并不是说构建好的游戏只是单纯的加法，而是强调界面在游戏设计中的重要性。他的观点基本上可以总结成一句通俗的话：你的游戏就是你的界面。在游戏界面的设计过程中，不同的系统形成不同的玩法，不同的玩法则需要不同的界面与之匹配。

图 8.3　游戏类多媒体交互界面

8.1.3　多媒体交互界面的教学应用

多媒体界面在教学中的应用更注重教学内容与界面设计的结合，界面设计的实用性更能促进教学内容的传递。图 8.4 至图 8.7 为各种教学软件的多媒体界面设计展示。

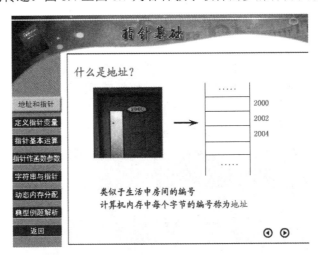

图 8.4　《C 语言程序设计》多媒体教学软件

图 8.5　《位置与方向》多媒体教学软件

图 8.6　《京剧艺术》多媒体教学软件

图 8.7　《中国山水画》多媒体教学软件

8.2 多媒体交互界面的设计要点

多媒体界面设计的关注要点集中体现在多媒体交互界面的风格、多媒体交互界面的要素，这两个要点决定着多媒体设计的质量与效果。接下来从这两个方面加以讨论。

8.2.1 多媒体交互界面的风格

风格可以说是界面的灵魂，展现出界面的气质。风格包含三个要素，并通过搭配方式确立。这三个要素是界面的形体与颜色、动态与静态、流动与交互。界面风格在设计过程中非常重要，窗口的布局、按钮和菜单的设计、图形图像的选择和颜色样式的搭配都由界面风格来确立。并且，后续设计的艺术连续性也要与界面的风格相统一。从网站种类方面讲，商业性质的网站界面设计更具理性，交互按钮的编排规范而严谨；而艺术类网站，则风格各异，注重形式感与个性。

根据目前的流行趋势来分，多媒体的界面主要分为以下几种风格。

8.2.1.1 卡通式风格

卡通音译 cartoon 一词，在英汉词典中解释有如下四种：（以政治、时事为题材的）讽刺画；连环漫画；动画电影，动画；草图，底图。

卡通是指用相对写实的夸张图形和更加提炼化的手法将原型再表现，但依旧具有鲜明的原型特征。

从表现形式与表现材料上分，卡通形象还可以分为平面卡通（如线描风格、迪斯尼风格、剪纸风格等）；立体卡通（泥塑、橡皮泥等）；三维电脑动画卡通；平面与三维相结合的卡通形象。图 8.8 是平面卡通的展示。

图 8.8 卡通式风格界面设计

用卡通形象做界面创意需要创作者有较扎实的美术功底，能较熟练地从自然原型中提炼特征元素，用卡通、艺术的手法重新表现，保证造型和图形能够新引人，视觉语言丰满，可滑稽、可爱，可严肃、庄重。

卡通风格以幽默、卡通化、夸张的人物和背景作为界面的主要构成元素，通过隐喻、拟人化和象征主义创造有趣和吸引人的用户界面效果。不仅深受广大小朋友的喜爱，卡通风格的界面也因其优秀的构图和极强的亲和力而受到更多成年用户的青睐。

8.2.1.2　传统式风格

传统风格主要是指中国典型的传统风格，它以中国传统元素作为创作界面的主要标志，体现东方古韵文化独特的精神色彩，表达特定的民族情怀。在国际上，中国设计师们逐渐将我们自己的民族元素作为设计符号运用到各种媒体的创作中，成为一种既体现自身文化又与国际接轨的独有特色。

中华文明源远流长，地域文化博大精深，积淀的文化精华见证了中华民族的繁衍与发展。许多经典形象已经被存在艺术灵感的宝库中，流传至今。

传统风格的体现可以从以下几个方面入手。

1. 传统文字——汉字

汉字是一种具有抽象美感特质的文字。汉字不仅是中国文化的象征，还具有很强的形体感。善用汉字是一个非常具体和讲究的课题，目标是在使用汉字时发挥优势。与英文字符不同的是，汉字一般由偏旁部首构成，线条多、字形复杂。此外，汉字多为方形。因此，汉字之间的间距不能太小，要留有一定的空间，同时在思考和创作时要注意利用汉字的象形特点。图 8.9 为多媒体界面中汉字的变形组合所产生的艺术效果。

图 8.9　传统汉字风格界面设计

汉字有源远流长的文化底蕴，有真、草、隶、篆、印刷体以及美术字体等。黑体方正浑厚，楷体清秀整齐，隶书圆润古朴，草书俊逸洒脱。汉字在原骨架的基础上，有它自身的造型特点，有会意、象形、形声的起源，以汉字"美"为例，起源于"羊"的造型，"美"字为"羊""大"两字的会意，古时祭祀时用牛羊作祭品，而大的羊为美德的体现，所以会"羊"和"大"两字之意成"美"字。同时，汉字能体现中华民族的优良传统和文化特征，所以，在众多传统的艺术创作形式中，汉字这种设计样式得到了广泛的运用。不同的书写方法和书写工具也会产生不同的效果。

2. 传统图案和图腾

中华历史给我们留下了宝贵财富，就是丰富的物质和文化，其中包括中国图腾文化中的龙、凤、麒麟、如意等体现民族精神和文明特征的图形和图案。

在远古时代的洞穴岩壁中，图腾是人们崇拜的符号，它符合特定文化背景下人们的精神需求。

龙在中国历史上作为统水降雨的神灵，为祈祷丰收的人们所膜拜。后来龙的形象又引申为吉祥、祥和、高贵、至高无上的精神和力量。在中国历代的帝王皇袍和皇家宫殿中，多有龙样纹饰，象征帝王作为"真龙天子"的统治力量与精神。

凤凰是中国神话中的神鸟，是重生与生命的象征，预示祥和、腾达与平安，常常与龙的图案同时表现，象征男女两性或者相互依存的两部分。龙袍和凤冠是中国古代皇帝和皇后身份的象征。

历史形成的图形图案属于群体文化的结晶，具有识别和共鸣的功能，在表意上易于传达和理解。龙凤表达人们对幸福祥和的生命形式的追求和向往。图 8.10 为传统图案在多媒体界面设计中的应用。

图 8.10　传统图案风格界面设计

8.2.1.3　传统绘画——中国画

夏商时代已经出现中国绘画，魏晋南北朝时期山水画、花鸟画开始独立发展；至宋代，山水画全面繁荣，花鸟画出现了皇家画院的工笔重彩花鸟画和另一类清雅野逸的写意花鸟画；至元代，以梅、兰、竹、菊为代表的四君子题材绘画流行，成为一种文人画形式保留下来；至明清，山水画、花鸟画以及人物画涌现出不同风格、派别，进一步繁荣了中国绘画。

与西方油画相比，中国人物画具有重神韵、重气韵、线条浓厚等明显特点；中国山水画也是如此，并不是照搬现实中的山水景物，也不是单纯的舞笔弄墨，画者是通过描绘景物展示心中的寄托，假物寓意。这与注重写实、结构严谨、比例规范的西方绘画是截然不同的。正如英国著名美学家贡布里希所描述的中国绘画："那些中国大师的抱负是掌握运笔用墨的功夫，使得自己能够趁着灵感的兴致所致，及时写下他们心中的奇观。他们常常是在同一个绢本上写几行诗、画一幅画。"所以，在画中寻求细节，然后再把它们跟现实世界进行比较的做法，在中国人看来是很浅薄的。他们要在其中找到艺术家激情的痕迹。图 8.11为中国传统绘画中水墨元素的应用。在当今的设计元素中，中国绘画已经作为一种民族的响亮符号被高喊了出来。

图 8.11　传统绘画风格界面设计

适合传统风格表现的界面主题一般包括以下几种：民族文化主题界面；国际企业或品牌在中国本土化界面形象；中国企业或品牌在国际中的民族形象等。

8.2.1.4　古典式风格

相对于传统的中国风格，古典风格主要是指欧洲相对传统的复古风格。古典风格多采用油画形式，描绘古建筑、城堡等景物表现出华丽、神秘、宏大的视觉空间。图 8.12 为欧洲古典式风格应用的典范。

欧洲的古典艺术风格可以体现在以下三个方面。

绘画：主要为油画，注重对色彩、光线、明暗、空间的塑造，画面洋溢着美妙宁静或者壮丽的气氛。

建筑：古典式建筑风格从艺术史角度来看，主要指界面风格中主体建筑属于盛行于古希腊、罗马时期的建筑风格。这种建筑的主要特点是穹顶与柱体结合，表现教堂与城堡等建筑环境。然而，目前在多媒体作品中，古典建筑风格的运用已经超脱了纯艺术史学的范畴，西方的其他类型的传统建筑也时常被运用到这种风格里。可以说，古典风格就是西方怀旧风格。

雕塑：希腊化的雕塑风格是古典风格的雕塑主导，古希腊雕塑更多偏重于对神来设定造型，雕塑本身便体现出一种静穆与神秘感。因此，在界面设计中对雕塑的适当设置可以大大增加画面深邃的复古气氛。

适合古典风格表现的界面主题一般包括以下几类：诗文类界面；艺术类主题；历史游戏界面；个人复古风格等。

图 8.12　欧洲古典风格界面设计

8.2.1.5　高科技式风格

高科技风格在界面设计中，主要是根据信息时代的特点，体现在时代的尖端技术和最新的技术上。在信息社会中，尖端高科技技术主要表现为计算机硬件和软件，以及由计算机开发的技术，如三维动画、虚拟仿真，甚至代表高科技工作环境的形象符号。如图 8.13所示，华为云的网站界面设计就体现了信息时代的特点。

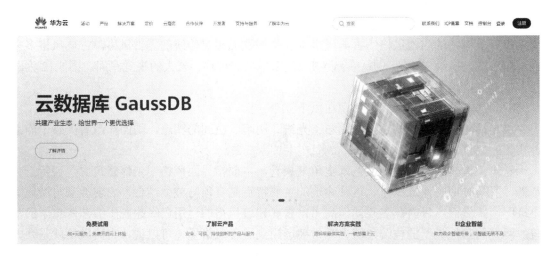

图 8.13　高科技风格界面设计

8.2.1.6 插画式风格

插画是指插在文字中间用以说明内容且具有装饰意义的艺术风格图形。插图是一种具有强烈艺术品质的图形风格，而且相当注重艺术的原创性。它最初是作为文章中的附属物出现的，具有精美、简洁、明快等特点。当它作为主要风格出现在用户界面中时，整个画面会具有浓郁的艺术气息，而且加强了信息的表达力，如图 8.14 所示。

图 8.14 插画风格界面设计

8.2.2 多媒体交互界面的要素

在接下来的讨论中，重点针对多媒体软件中多媒体界面要素的设计进行讨论。

8.2.2.1 菜单设计

菜单在多媒体界面中属于若干组可供用户交互选择的链接。

从功能上来分，菜单包括条形菜单、弹出式菜单、下拉菜单、图标式菜单等四种主要类型。

从形式及弹出效果分，主要有文字菜单、图形菜单、带有回弹效果的下拉菜单等模式。

用户对菜单的操作主要是通过鼠标点击，并辅以键盘或触摸屏来实现的。

一般来看，在界面设计中，若水平坐标相同，垂直坐标上进行变化，水平向突出信息的并列性，垂直向体现信息内容的差异与个性。利用界面中的这一项特点，可以进行菜单的信息设置。

8.2.2.2 按钮设计

1. 按钮的作用

按钮在交互界面中对内容起着分类归纳并提取的作用。优秀的多媒体界面根据人们的交互心理，不是将大块的信息一起堆到桌面上，而是设置一个进入按钮，这样的设计使用户在自主选择的同时提高了交互过程中的主动性与兴趣。按钮在界面设计中处于极其重要的位置，按钮设计得好坏，直接影响界面交互效果。

将按钮设计为实物的形式可以交互，既增强了交互的喻意性，又提高了交互的趣味性。作为另一种控件，按钮是一种常用的既小巧又简洁的图形界面对象。它的设计主要是对现实形体对象的一种隐喻和模拟。按钮可以帮助用户在界面上轻松调用各种功能。

2. 按钮的设计

多媒体交互界面中，一个完整的按钮属性一般具备四种状态，即鼠标离开、鼠标滑过、鼠标按下、鼠标弹起。最常见的有三种状态，其中的鼠标弹起与鼠标离开设置为同一种风貌或者形式。

常见的按钮类型有 Windows 风格按钮、闪烁式按钮、热区式按钮、文本按钮、图形按钮等。

（1）Windows 风格按钮：普通风格按钮，类似于目前的 Windows 界面风格。

（2）闪烁式按钮：鼠标离开状态，按钮处于亮度较低的状态，鼠标经过按钮时，闪烁变亮，引起用户注意。

（3）热区式按钮：热区即发生鼠标响应的隐藏状态区域，鼠标经过特定的区域时，产生鼠标响应，按钮可以出现，也可以一直处于隐藏状态，交互过程颇具神秘感。

（4）文本按钮：文字本身即是按钮，众多的商业性网站为了提高信息的分布量及界面秩序性，多用此类按钮。

（5）图形按钮：图形作为按钮，图形的风格决定了交互的多元化与个性化，许多个人主页以及娱乐界面多用此类按钮。

在按钮的设计中，为了提高用户寻找信息的趣味性，优秀的设计还要考虑一些欲擒故纵的方法，例如鼠标滑过才有界面交互行为、设计有意思的动态按钮效果、鼠标掠过时加入有特色的声音等。交互信息的配置正如一些多媒体理论家所描述：它的作用在于扩展了有限的屏幕画面，如同抽屉一样对信息进行储存、整理，需要时可以取出，看完可以放回。因此，在哪里设置抽屉、抽屉的数量如何、抽屉中的内容如何分类、抽屉的样式如何等，都成为交互信息配置的重要内容。图 8.15 为传统风格界面中的按钮设计图。

图 8.15　传统风格界面中的按钮设计

8.2.2.3　窗口设计

多媒体的窗口设计，类似传统平面设计中的版式设计，但需要注意的是，多媒体艺术设计已经不再单纯是一种平面版式设计，而是通过屏幕输出。由于成像原理和相应媒体技术的差异，多媒体版面设计要与屏幕媒体的特点相匹配，在屏幕的构图和交互界面的设计中要考虑到动态因素。

多媒体界面窗口的构成主要包括以下几个部分：标题、菜单、滚动条、状态栏和控制面板。

1. 标题

标题即多媒体作品的名称、当前层级界面的主题名称等重要内容。标题通常以文字类型居多，也有以图文结合方式出现的。标题一般放置在显示界面的最上层，在窗口中位于最靠上方的位置，体现标题的重要性；当然，也有一些个性网站通过夸张标题色彩、造型，同样可以将标题放置在下方或者其他位置。

2. 菜单

菜单即可供用户交互选择的一组链接，根据用户习惯，大多水平放置在窗口标题下方，或者垂直排置在窗口左侧。菜单是多媒体作品的导航器和层次跳跃器，通过菜单，用户可以点击并进入下一层界面，进而层层深入乃至返回。因此，菜单设计要保证每一层菜单中链接数量分配合理，链接的层与层之间的内容要符合逻辑性原则，也就是说，菜单中的链接要完整、合理、真实。优秀的菜单设计不仅能提供清晰、舒适的信息向导，还能够通过菜单动作以及动画吸引用户，提高多媒体作品的使用绩效。

3. 滚动条

当界面中的内容排列过多，超过目前网络浏览器或者电脑屏幕尺寸时，在设计中设置滚动条将有效提高多媒体信息的阅览。根据界面尺寸，滚动条可以设置水平、垂直两种。需要注意的是，滚动条在网络版多媒体中应用十分普遍。在单机版多媒体作品中，由于界面整体交互功能比较强，信息配置可以分级、分层处理，因此，滚动条的应用并不多见。

4. 状态栏

状态栏在高级多媒体设计程序中配置较为普遍，主要由一些图标、文字以及对话框等组成，用于显示当前的界面状态（如语言模式、声音大小、阅览模式等）、提示信息、提供用户信息输入及反馈等。状态栏体现动态的界面信息及用户数据，根据多媒体要达到的交互目的，这一项可以酌情设计。

5. 控制面板

除了以上提到的若干显示设计，控制设计是界面设计的第二大要点。控制面板通常由若干按钮组成，这些按钮可以成组形成层级菜单，也可以单独放置，用来控制画面的切换与交互，例如，返回上一级、上一页、下一页、打开、关闭、退出等。这些控制按钮对所有的页面都起作用，而且一般保持位置、形式、大小、交互方式等整体统一。

组成菜单功能的按钮位置与大小都要突出，适合放置在界面的显要位置，而退出、返回等跳转控制适宜放置在界面下方，与显示界面从功能单元上要严格分开，尤其是退出按钮，尽量安排在右下角或者右上角不易误按的位置。统一的界面处理有助于用户进行查阅，例如，一种交互按钮一直放置在界面的上方，用户就会在翻页时，直接将鼠标移至上方，同时，也能加强各种信息之间的层次和关联。

界面风格千姿百态，窗口排置各不相同，只要我们从人性化、自然化的用户心理出发进行设计，不同风格需要我们在信息的显示、控制中灵活安排、自由发挥。

8.2.2.4　鼠标设计

鼠标动作是指当鼠标悬停或穿越交互界面时发生的动态展示效果，包括鼠标经过、鼠标点击、鼠标抬起的各种动画以及弹出窗口效果。多媒体界面上，除了按钮动作，为了丰富用户交互方式，设置有趣的鼠标动画成为优秀界面设计的一项重要内容。另外，系统还可以在需要的时候提供一个对话框来让用户输入更加详细的信息，并通过对话框与用户进行交互。它也是充分体现多媒体人机交互特点的界面技术之一。

鼠标动作在目前的二维多媒体互动中起着重要的作用，利用强大的程序设计以及语言编写工具，可以实现充满趣味的、个性十足的鼠标动画。鼠标动作使得整个界面既简洁生动，而且信息又十分丰富。

8.3　多媒体交互界面的设计流程

多媒体艺术作为一种高级艺术设计形式，不仅要求设计者具备优秀的艺术设计能力、掌握一定的多媒体技术，更重要的是从多媒体的自身特点出发，进行程序设计。

需要明确的是，多媒体不是简单意义上的将多种媒体资料根据创意拼合在一起，一个优秀的多媒体作品需要科学合理的程序与方法支持，并且不是简单地抄用平面设计、环境艺术设计、产品设计乃至影视广告设计等的设计流程。多媒体重在进行多种媒体形式的整合与信息的交互式表达，重在为传播者与用户及受众之间搭建一座有效沟通的信息桥梁，因此，多媒体设计的程序与方法也以此展开。设计任务不同，多媒体设计程序也各不相同，但是，从整体来看，基本包含五个主要阶段：设计定位与用户分析、素材采集与信息组织、框架设计与脚本制作、交互界面设计、调整完成及播映发布。

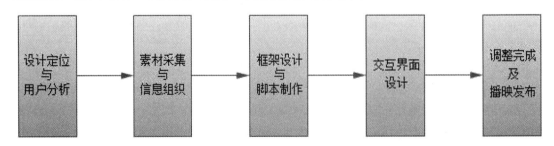

图 8.16　多媒体设计流程

8.3.1　设计定位与用户分析

该阶段的主要任务与目标是确定多媒体作品的最终受众（用户）群体以及要达到的宣传目标，重在对潜在用户以及受众进行信息需求分析。如果说产品设计师的设计定位分析是为用户提供更加适用、科学、人性的产品做准备，那么多媒体的设计定位分析是为将来提供更加准确、有效、合理的信息做准备。设计定位阶段就要明确一些基本内容，即提供信息给什么样的用户，提供多少信息、什么类型的信息以及如何传递这些信息等。

8.3.1.1　传播学向多媒体设计中的导入分析

多媒体是一种信息设计模式，信息设计离不开信息的传播学模式。因此，在多媒体设计时，非常重要的一项工作是明确在整个信息传播过程中，传播的基本模式、传播的来源与传播的对象。传播学的相关分析方法将有助于更好地对交互环境、交互人群以及交互模式进行更加全面、合理的分析。

如图 8.17 所示，根据施拉姆的传播学控制论图解，重点关注传播者（多媒体开发客户、用户、企业）、受传者（消费者、其他设计者等设计表达的受众）、执行传播的媒介（多媒体）以及三者所处的传播环境之间的有机联系。

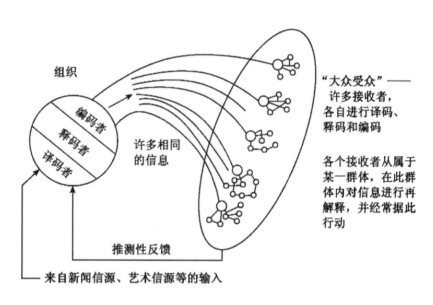

图 8.17　施拉姆的传播学控制论图解

8.3.1.2　系统分析方法向多媒体设计程序中的导入

系统分析方法是将多媒体设计表达工作看作一个系统，面对不同设计交流对象的各部分表达成为子系统，不同的交流对象对信息的表达功能和表达目的即子功能的确定也不一样。然后，不同的设计程序和对象，可以对子功能进行选择、组合，最终形成一个整体的功能系统。

不同的用户对界面的需求和期待是迥然不同的，用户个人的知识水平、文化背景和个人喜好等因素会直接影响分析结果。在分析的早期阶段，最常用的方法之一是为用户划分角色，即根据一定的参考系统对用户类型进行分类。用户类型是一组多个用户的详细信息，可以表示某些用户特征并有助于一致地描述。用户调查的目的是确定用户特征并设置不同用户组之间的优先级。比较理想的模式是在建立多媒体交互程序之前，向用户提出需求，根据用户提供的理想交互模式进行设计，并在开始后提供给用户代表使用，随时调整与用户理想模式之间的差异。

针对群体进行设计分析，不同的受众群体由于受年龄、地域、文化背景、性别等条件的约束，对信息的需求与理解方式也各不相同。因此，前期的受众分析对于创作一套受用户欢迎的多媒体作品来讲十分重要。可以说，后期的工作都要围绕这个阶段的任务与目标展开。

8.3.2　素材采集与信息组织

8.3.2.1　素材采集

首先，要有"类"的选择与"量"的积累。多媒体素材包括与主题相关的文字、图表、图片、动画、视频、声音以及其他可交互信息等，根据主题表现与用户需求，在素材采集部分，就要有针对性进行。

对任何一个多媒体作品而言，文字、图片都是首先需要准备的素材。文字资料将提供更加全面的主题信息、客户信息以及用户信息，图片将有助于提高对主题形象化的了解。素材采集的过程是设计者逐步了解并熟悉主题表现的过程，同时，这个过程也常常伴随用户分析一起进行。例如，设计一个手机的用户界面，在了解用户使用习惯及需求时，就要对现有相关的手机类型、手机功能、使用方式、用户心理等进行图片与文献资料收集，这既是调研的过程，又是为将来多媒体制作奠定素材基础。

针对不同主题的表现特征以及风格定位，素材收集的种类与相对数量也有差异。例如，重在表达产品及品牌宣传信息的多媒体交互作品，静态图片、说明文字以及广告视频是素材表现的重点；以艺术性内容为主，强调艺术风格的多媒体作品多以图片、图形、文字为主，再辅以意境化的动画、界面效果、声音等。

其次，要循序渐进，不断充实。素材的采集与主题的确立有着直接的关系，而主题的确立是一个逐步明朗化的过程。因此，随着主题的进一步明确，素材也要随之调整、扩充。例如，在陶瓷文化中，起初素材多以陶瓷物品的图片、文字为主，后来根据制作需要在转场中加入各种动画效果。因此，寻找并制作各种适合场景表现的物品动画被加入工作流程中。

最后，素材要勤于提炼，精于制作。素材是多媒体制作的基础，采集量的大小和制作的精细程度直接决定了设计作品的质量。例如，画质过低会影响作品的整体表现水平，画质过高又会增加演示负担，降低交互的效率。一部完整的多媒体作品，需要大量的文字、图形、图像、视频、声音等媒体元素，因此在采集过程中必须孜孜不倦地提炼和仔细筛选，为整体工作流程尽量压缩时间。

8.3.2.2　信息组织

各种庞大的素材元素已经初步收集、制作完成，它们并置在桌面上，相互之间还没有建立合理、有机、直接的逻辑联系。接下来如何将它们合理有序地组织在一起，便于人们选择与了解。信息组织在多媒体设计表达中的作用就显得尤为重要。

首先，信息组织大致分五种模式。

（1）位置组织法：适用于调查、比较、发布具有不同来源的信息。例如，对同一对象的各地状况进行比较，以及对同类产品在不同地域的信息进行整理等。

（2）字母顺序组织法：适于大规模信息的组织，最典型的就是词典。在一般的多媒体信息表达中，这种方法应用性不高。

（3）时间组织法：根据行动或者活动的时间进行分类组织，比较适合一个项目任务执行、事物历史沿革以及课题程序过程的多媒体表达。

（4）分类组织法：可以对不同的并列类信息，如一个品牌的不同型号、一个介绍对象的不同状态、一个形态的不同功能等进行分类组织。

（5）分层组织法：该模式按照由重至轻、由大到小、由表及里的方式进行信息组织。

每一种方法使信息产生一种不同的理解结果，针对不同的学习对象和传播受众，信息组织需要运用特定的模式进行。这些模式将有助于我们对所掌握的信息进行统筹安排与分类。

其次，针对信息的分类安排，可以寻找一个大类，再根据大类继续细分。举例来讲，在进行"随园食单"的课题制作时，设计人员利用发散性思维收集了大量的相关素材，然后，根据信息组织方法，将内容分为"饮食的精神性源起""文化地域性源起"以及"饮食文化与其他文化的联系"等三大类信息，按照逻辑顺序进行大分类。地域文化性课题还可以根据地理位置进行信息分类,文化性课题可以根据民间与宫廷进行两个方面的分类组织。这样，即使信息庞大，经过合理严密的组织，也会使用户易于理解和接受。

信息组织这一步骤为下面的框架设计提供了整体思路与方法。

8.3.3　框架设计及脚本制作

8.3.3.1　框架设计

首先，绘制框架图。当所有的信息组织在一起，就需要将它们具象化地表达出来，绘制一个结构框架图成为多媒体程序中的重要环节。框架图属于精练、简洁、图表式的逻辑设计表达，能够反映出多媒体程序的交互设计是否合理、完整清晰。这部分设计者的工作如同导演，需要将各个镜头的顺序以及效果进行初步的流程与框架设计。

其次，框架图需要重点解决以下几方面的问题：交互式多媒体的主要内容以及内容分类；内容之间的逻辑顺序以及层级关系；界面的总数量；交互程序设计内容；各部分素材的需求数量、质量及效果。

8.3.3.2　脚本制作

艺术性是多媒体教学的主旨，是多媒体作品永恒的旋律。而脚本作为一部多媒体的创意归纳，将很大程度决定作品的起点、水平与高度。这也是许多多媒体教师与创作者常常容易忽视的，人们经常将大部分的时间和注意力放在画面的处理、界面的分析上，却恰恰忽视了这个具有核心影响力与感染力的部分。

就如同一部好的电影离不开精彩的剧本和镜头一样，一部成功的多媒体作品也需要让自己的脚本体系完整、多姿多彩。这不仅需要简短、清晰、优美的文字描述，还需要简洁连贯的、用于说明和模拟的图形图像。

多媒体程序的脚本制作，重点在于解决以下几个问题：

首先，编写文字剧本，加强对作品表现内容、表现风格的描述，使用简洁、形象的形容词将有利于下一步的分镜头创作。

其次，分镜头是电影、动画等动态媒体中的常用术语，是镜头语言的一种简化表现方式。在多媒体程序中，分镜头重点表现界面语言，即画面风格、动态画面的长度、静态界面的主要内容、界面之间的过渡与衔接、画面与声音之间的关系等内容。

最后，脚本的制作将作为程序设计的文字与图例指导，为后期镜头制作以及其他设计人员提供规范与参考。这一阶段的脚本制作在很大程度上能够体现出一件多媒体作品的内容、风格、节奏乃至性能的优劣。

8.3.4 测试与发布

在多媒体整体程序设计完成之后，需要播映检验，这个过程是开放式的，即要求有一定数目的用户代表参加，并针对程序提出调整意见，设计者再由此做出进一步调整修改，如图 8.18 所示。

图 8.18 测试与发布流程

第 9 章　移动平台交互界面设计

1. 移动设备交互界面设计概况

2. 移动设备交互界面的设计要素

3. 移动设备交互界面的设计实例

4. 移动设备交互界面的设计创意

随着信息技术的不断发展，越来越多的可以移动使用的新型电子设备在生活中不断涌现，与其相应的交互界面设计也与时俱进，不断发展。本章将介绍移动设备交互界面的设计，并探讨移动设备交互界面的发展趋势。

广义上的移动设备指各种便携的仪器设备，范围很大。本章中的移动设备交互界面，主要是指手机、平板、PDA（Personai Digital Assistant，个人数字助理）、卫星定位导航、智能手表、电子书等移动电子设备的图形用户界面，如图 9.1 所示。随着这类电子产品的不断丰富，移动设备交互界面逐渐成了人们在生活中接触最紧密、使用最广泛的交互界面。

9.1　移动设备交互界面设计概况

从最初只有按键而无显示器，到目前以触摸屏为主、按键为辅，各种移动设备的功能不断强大的同时，交互界面的作用也越来越重要。一方面，目前移动设备的大部分功能依赖于其内部的软件实现，越来越复杂的软件功能带来对易用性更高的要求，界面设计的重要性也日益凸显出来，界面设计已经成为移动设备设计中继外观设计之后的又一个焦点。另一方面，由于移动设备显示屏尺寸与分辨率各不相同，这类交互界面设计目前还没有统一的通用规格，往往针对某一设备进行定制开发，交互界面设计也成为同类产品竞争的重要环节。

9.1.1　移动设备交互界面的发展历程

9.1.1.1　无图形界面时期（1973 年至 20 世纪 80 年代末）

1973 年马丁·库帕发明了手机，1983 年摩托罗拉首次量产商用移动电话 DynaTAC

8000X。直至 20 世纪 80 年代中期，移动设备都没有显示屏。20 世纪 80 年代末，带有简单显示屏的手机出现，但只能用单色显示数字和一些固定的文字，多为将显示内容预制在屏幕内，如图 9.2 所示。此时的移动设备尚未发展到图形界面阶段。

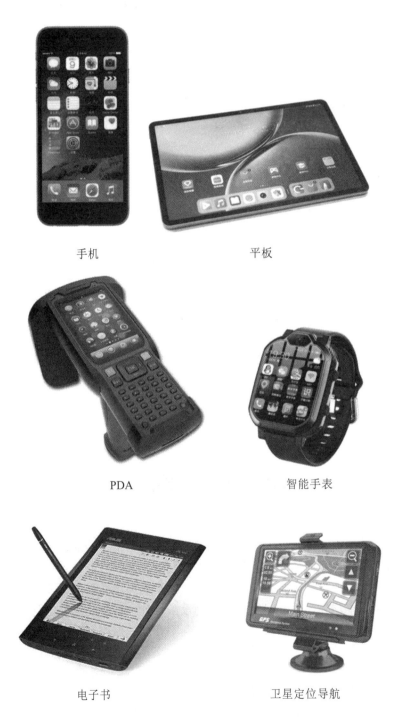

手机　　　　　　　　　平板

PDA　　　　　　　　　智能手表

电子书　　　　　　　　卫星定位导航

图 9.1　各种移动设备交互界面

图 9.2　早期手机

9.1.1.2　单色屏幕时期（20 世纪 90 年代）

进入 20 世纪 90 年代后，随着通信、计算机和网络技术的发展，移动设备获得了很大的发展。首先是点阵屏的出现，1991 年上海首先用 150MHz 频段开通了汉字寻呼系统，其接收设备（即"汉显"BP 机）是国内较早使用点阵屏的移动设备。点阵屏幕可以通过像素组成图形与汉字，是图形界面的技术基础。然后是触控屏（笔触）的出现。1993 年苹果电脑公司发布了 Newton Message Pad，搭载苹果公司自主研发的操作系统，是全球第一款没有键盘、用笔工作的 PDA，这种全新的硬件形态也定义了 PDA 未来的发展方向，成为现代掌上设备的鼻祖。Palm Computing 公司 1994 年开发出一种手写输入方法，在 PDA 上可以达到几乎和正常手写一样的识别速度和识别正确率，1996 年又推出了 Palm Pilot，获得了当年 PC Computing 的"年度易用产品 MVP 奖"，如图 9.3 所示。这一期间，手机也开始在完善基本通信功能的基础上加入一些附加功能，如电话簿、短信、游戏、记录等。这个阶段中，移动设备的显示屏仍停留在小屏幕、低分辨率、单色显示的阶段，声音效果单一，主要依靠键盘交互，交互界面设计主要围绕着功能实现而展开，对用户的需求、产品的易用性和情感性考虑较少。

图 9.3　Newton Message Pad（左）和 Palm Pilot（右）

9.1.1.3　彩色屏幕时期（21 世纪初至今）

进入 21 世纪以来，移动设备进入一个爆发式的发展时期。国内销售的第一款彩屏手机是 1998 年上市的西门子 S1088，但其显示颜色有限（仅三色）。21 世纪初上市的西门子 2588 和爱立信 T68 则真正拉开了 256 色屏手机的序幕。2000 年上市的摩托罗拉天拓 A6188 手机首次将手机与 PDA 结合，搭载摩托罗拉公司自主研发的龙珠 16MHz CPU，支持无线上网，采用了 PPSM 操作系统，是世界第一部智能手机。如图 9.4 所示。从此，各类移动设备开始采用大屏幕、双频、彩屏，显示屏的分辨率也越来越高，声音效果越来越好，输入方式变为键盘输入、触控输入和语言输入并存，手机、PDA 与之后出现的 GPS、MP4、电子书、平板电脑的功能涵盖了通信、娱乐、协同工作、生活、学习等诸多方面。大量的功能应用通过操作图形用户界面完成，用户对交互界面设计注重追求情感的满足，移动设备交互界面呈现出异彩纷呈的新局面。

图 9.4　爱立信 T68（左）和摩托罗拉 A6188（右）

2007 年，苹果公司推出 iPhone 手机，3.5 英寸真彩电容纯手控触摸屏幕，比市面上竞争对手更先进的苹果操作系统 iPhone 带来的体验是革命性的，它的出现颠覆了整个手机市场。随后，2008 年 Google 公司推出 Android 安卓系统手机，从此智能触摸屏手机进入群雄争霸的一个新时代。如图 9.5 所示。

图 9.5　最早的苹果手机（左）和安卓手机（右）

9.1.2　移动设备交互界面的特点

移动设备交互界面与计算机（网站、多媒体）交互界面在特征上有许多相似之处，但是又具有其自身的独特特征。

9.1.2.1　移动设备的显示特点

屏幕显示是移动设备的最主要输出方式，与计算机屏幕相比，移动设备的屏幕有以下三项特点。

1. 移动设备的屏幕小

为了追求便携性（尺寸、耗电等），移动设备普遍采用比较小的屏幕。虽然可以通过提高分辨率的方法增加显示内容，但由于人类视觉识别的限制，最终高分辨率只是提高了画面的清晰度，对显示内容的扩增意义不大。所以移动设备的交互界面设计就必须在宝贵的、有限的面积内显示内容，一些大屏幕中有效的界面元素（如下拉菜单、多窗口）无法使用，这就对设计者提出了较高的挑战。一方面既需要将有效内容全部显示在界面上，又需要控制界面要素总量不能过多；另一方面要合理运用滚动菜单、切换窗口的方式扩展有限的空间。

2. 移动设备的屏幕规格多

移动设备采用液晶屏，为了保证显示效果，屏幕分辨率不可调节。手机的屏幕分辨率自 2003 年彩屏普及起，演变顺序大致为 128×128、240×320、352×416、640×480、480×800、960×640、1280×720、1920×1080、2560×1440 等。在屏幕的物理尺寸上，多数移动设备使用 3 英寸至 7 英寸不等的屏幕。图 9.6 所示为几种具有代表性的移动设备屏幕分辨率的比较示意。所以，设计者应针对特定的屏幕物理尺寸与屏幕分辨率进行界面布局的设计，以提高操作的效率和效果。

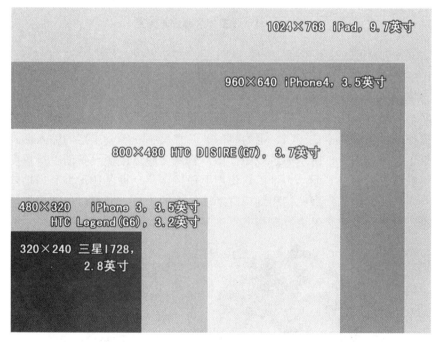

图 9.6　有代表性的移动设备的屏幕分辨率示意图（非物理尺寸）

3. 移动设备的屏幕显示方向可以改变

移动设备通过重力感应装置可以感知用户握持设备的方向（纵向使用或横向使用），屏幕显示方向也可即时适应用户握持方向。不同的屏幕显示方向要求不同的界面元素与组织形式与之相适应。不同的屏显方式需要与之对应的用户界面版式和元素，当改变屏幕的握持方向时，界面布局和元素排列不应该是简单的方向改变，而应该从便于操作的角度再次评估和设计，如图 9.7 所示。

图 9.7　移动设备的屏幕方向转变

9.1.2.2　移动设备的交互特点

移动设备又名"掌上设备"，对比计算机，移动设备有以下三项交互特点。

1. 移动设备的交互方式更灵活

一方面，移动设备的高速发展不断催生新的交互手段。移动设备的输入形式除了按键和触摸屏操作外，还包括语音输入、重力感应、陀螺仪感应等。丰富的输入形式为交互的灵活性提供了保障。图 9.8 所示的游戏中，用户就需要通过改变设备的手持角度，以这种交互方式驾驶飞车。另一方面，为了用户使用更便捷，移动设备往往为一项功能设计或者保留多种交互方式，比如物理按键和触摸屏功能结合的手机（既可以仅使用按键或仅使用触摸屏，也可以将两者配合来进行操作）。

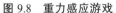

图 9.8　重力感应游戏　　　　　图 9.9　触摸屏设备中的虚拟按钮

2. 按键是移动设备最有效的交互方式

由于屏幕小，目标拖拽、下拉菜单等计算机中常见的交互方式不便在移动设备中广泛使用，而语音、手写等交互速度还相对较慢。其实用户的操作不一定要完全通过图形界面操作完成，无论是有物理键盘还是全触屏设备，通过点击按键完成的操作更准确、方便，更有效率，如图 9.9 所示。使用按键交互的同时须设计防误按保护（如直板手机常见的键盘锁）和按键反馈（触摸屏可以使用声音）。

3. 简洁的导航能使用户尽快熟悉设备

受屏幕尺寸制约，移动设备界面无法显示全部导航信息，导航结构往往采取简洁的单一树形结构。因此移动设备一般不便于在各功能项中自由跳转，往往要回到上级菜单重新选取才能进入另一项功能。在导航上，应提供方便的返回功能，包括返回上一级和返回最高级；在树形结构深度上，不宜超过三级，且同级菜单中，尽量在一屏中显示全部的选项，各级菜单都有直观明确的标题；在结构设计上，功能分级与归类应符合用户的思维习惯，让用户减少学习过程。此外，还应允许用户根据自身的实际需要，自由设计热键的导航功能。

9.2　移动设备交互界面的设计要素

本书第 6 章讨论了图形化用户交互界面的设计要素，本节仅对移动设备的交互界面相关内容进行具体分析，与前文相同之处将不再赘述。

9.2.1　移动设备交互界面的特有元素

与一般（计算机）图形化交互界面相比，移动设备交互界面有如下六项特有要素。

9.2.1.1　开、关机动画及屏保

开、关机动画用于填补用户等待设备启动与关闭的一段时间，同时也可以通过显示公司标识或广告语来强化企业形象。从用户的角度来说，开机和关机等待的时间越短越好，所以要求动画（特别是开机动画）设计简短有力，大方耐看。图 9.10 是诺基亚手机的经典开机动画，共 4s，一只大手牵一只小手，充分体现出其产品亲和力强和"科技以人为本"的企业形象。如今的大部分开机动画都是以体现公司的 Logo 为主。

图 9.10　诺基亚手机的经典开机动画

屏保是避免屏幕长时间显示同一内容而受损伤时所使用的保护画面，既能节电，又可延长屏幕寿命。从这一点出发，屏保不应使用大面积、绚丽的动画效果，而应使屏幕的大部分为黑色，同时显示一些重要信息（如未接来电、当前时间等）。

9.2.1.2　个性化的背景与主题

使用适当的背景可以丰富界面的层次,增添趣味和彰显个性。背景不一定就是装饰性的,也可以负载功能性的信息,比如,进入时区设置界面,以一幅世界时区图作为背景就能非常直观地告诉用户,你到这里可以做什么;如果能够直接在时区图上点选,那么就更能方便用户的操作。背景既可以是静态的图片,也可以是动态的,但应以不影响用户准确识别界面元素和进行操作为原则。默认情况下,背景应与界面整体风格相协调,但同时又能根据用户的喜好方便更换。

界面应允许用户进行个性化的设置,调整功能选项的组织和呈现形式,从预置的多套方案中选取或者自行定制视觉效果等,以提高产品的易用性和满足用户的情感需求。可定制的视觉效果包括色彩方案、背景、界面元素外观等。更进一步地还可以为用户提供工具,让其自行制作界面效果并加以应用。

9.2.1.3　状态信息

移动设备界面中,状态栏中的图形、动画与文字以及状态栏之外的进度条动画等方式可以显示系统状态、操作状态等相关信息,但是需要占用的空间尽可能小。如图 9.11 所示。

图 9.11　移动设备上端的状态信息标志条

9.2.1.4　菜单

移动设备界面中通常采用的菜单有两种:滚动菜单(如图 9.12 所示)和下拉菜单(如图 9.13 所示)。滚动菜单的优点是选项与硬件中按键的对应关系清晰,易于用按键操作;缺点是占据整个窗口,只能显示一级的选项。因此,滚动菜单通常为较小的屏幕采用。下拉菜单的优点是附加在已经打开的窗口上,可以随意展开或闭合,可以同时显示多级的选项,能更好地发挥触控操作的高效性;缺点是需要占据比较大的屏幕空间。因此,下拉菜单通常在比较大的屏幕上使用。

移动设备界面中的菜单设计同样也要遵循一般图形化用户界面中菜单的设计原则。值得注意的是,在设计滚动菜单的时候要注意其导航性。菜单中应显示当前选项在整个菜单中所处的位置;移动选项可以构成循环,即向下移动至最后一项,再向下移动则回到第一项。

图 9.12　移动设备界面滚动菜单

图 9.13　移动设备界面下拉菜单

9.2.1.5　图标

移动设备界面中的图标和电脑图标一样，是一个程序的标记，如：电话本、通讯录、计算器等。由于受限于移动设备的大小，它有其自身的特点。

图标可以分为不透明的和透明的、静态的和动态的或者位图的和矢量的等几大类，文件格式包括 BMP、JPG、GIF、MJPG、ICO、PNG、SVG 等。图标的尺寸规格比较多，一般包括 10×10 像素、14×14 像素、16×16 像素、24×24 像素、32×32 像素、64×64 像素、128×128 像素等。

多个图标放在一起时，通常采用宫格式的布局，或者并列置于工具条上，使用户便于识别和点选操作。图 9.14 是一组手机界面图标，图 9.15 是图标在手机界面上的实际效果，图标可配上说明，以便于用户理解图标的作用。

进行移动设备界面的图标设计时，除了遵循一般图形化用户图标设计原则外，还要考虑屏幕的显色能力对图标显示的影响。

图 9.14　一组手机图标设计

图 9.15　图标在手机界面上的实际效果

9.2.1.6　按钮

移动设备界面的按钮设计也遵循一般图形化用户界面的按钮设计原则。另外，值得注意的是，由于屏幕空间比较小，目前的移动设备界面中往往用文字直接作为按钮，事实上这会对用户造成一定的困扰，因为用户的操作思维具有延续性，这样建立起"文字即按钮"的操作概念，当界面中出现其他文字内容时，用户会对哪些是按钮哪些是文字产生困惑。设计者有责任通过设计区分来帮助用户形成正确的操作思维和习惯。而不以文字直接作为按钮并不意味着要设计出尺寸较大的，视觉效果比较突出的按钮，给文字加上一个外框或是底色，就能有效地将作为按钮的文字和作为内容的文字区分开来。如图 9.16 所示。

图 9.16　iPhone 的虚拟键盘触摸按键弹出放大字母

除了上述元素外，在移动设备界面中，同样也有滚动条、表格、文字等，在设计时均应考虑移动设备的屏幕尺寸与易读性。此外，界面应允许用户进行个性化的设置，调整功能选项的组织和呈现形式，从预置的多套方案中选取或者自行定制视觉效果等，以提高产品的易用性和满足用户的情感需求。如图 9.17 所示。可定制的视觉效果包括色彩方案、背景、界面元素外观等。设计者也可以进一步为用户提供工具，让其自行制作界面效果并加以应用。

图 9.17　个性化调整界面

此外，移动界面的交互界面设计还需要考虑：屏幕显示应与产品外观设计风格统一；屏幕色彩显示能力会因为技术的不同而产生截然不同的显示效果。标准彩屏显示的色彩级别包括 256 色（8 位色）、4096 色（12 位色）、65536 色（16 位色）、262144 色（18 色）、16777216 色（24 位色）；出于用户体验的需要，应针对移动设备特性设计多套界面主题或软件外壳。

9.2.2　移动设备交互界面的设计规范

设计规范一般确定了设计的要点、准则和设计过程中的注意事项，对设计者起着规范和指导的作用。作为一个团队内使用的参考文件，设计规范包括制定和执行两个层面，这里只讨论制定移动设备交互界面设计规范应包含的具体内容。需要说明的是，移动设备交互界面的设计还没有统一的行业标准或规范，每个公司或团队可结合实际的项目特点和自身特点制定设计规范，另外规范要与时俱进地不断修正升级。

可以采用文字描述、图形说明、PPT 等多种方式来制定设计规范文档，在描述规范时要尽量简单，只保留有用信息，必要时提供符合规范的 Demo 实例。

在遵循交互界面设计原则的前提下，制定移动设备交互界面的设计规范可从如下几方面考虑。

1. 视觉规范

确保图形映射唯一性、可识别性；设计尽量简洁、易懂，避免多余元素的出现；界面元素的间距、对齐方式统一；风格趋于统一；尊重用户习惯，多用常见图形，避免误导；造型上由一到三个图形组合，且最多不超过 3 个；质感细腻、丰富。图 9.18 是一组图形说明方式的视觉设计规范。

图 9.18　视觉设计规范

2. 字体规范

在系统中，一定使用标准字体，不考虑特殊字体（隶书、草书等特殊情况使用图片代替），以保证每个用户使用系统时显示都正常。

3. 配色规范

色调统一，根据风格类型和用户的操作环境选择合适的颜色和色调。比如科技类可以使用灰黑或深蓝，时尚类可以选用紫色或青蓝，浪漫类可以选择粉色和橙色，环保类可以选择绿色等。另外浅色背景使人心情舒适，深色背景便于用户察看信息。同时，界面颜色尽量不要使用或少使用过多种类的不同颜色。

4. 图标规范

规定好图标大小、文件格式、分辨率、色深等。

5. 命名规范

如设计过程中 Photoshop 各图层的命名、输出文件名的命名等。

6. 输出规范

采用统一的输出格式（如 psd、png 等）、统一的文件组织方式，以便其他人员调用。

9.3　移动设备交互界面设计实例

9.3.1　设计步骤

移动设备交互界面设计一般按如图 9.19 所示的步骤进行。

图 9.19　移动设备交互界面设计步骤

1. 确定设计风格

此阶段主要确定整体的风格、主色调、图标风格等。

2. 图标设计

在确定好的风格基础上，设计各个功能性图标和辅助性图标。功能性图标通常有电话本、信息、通话记录、音乐播放器、游戏、工具箱、网络、设置等；辅助性图标有返回、下一个、上一个等图标按钮。

3. 界面设计

设计各个典型界面的效果，主要有待机界面、主菜单界面、二级菜单界面、设备功能界面，如打电话的拨号界面、听音乐的音乐播放界面、拍照的照相机界面等。界面设计要先确定界面的结构（上下结构、左右结构等）和比例，进行界面区域划分（导航区和显示区），在确定了大体框架后，需要对各个局部的尺寸和比例进行定义，然后进行上色和界面细节优化。

4. 交互设计

设计各个界面间如何通过导航跳转、各个功能的交互流程及效果。

9.3.2 设计实例

9.3.2.1 图标设计实例

在此为移动设备进行一组图标设计。此组图标设计风格统一，以方形为基本框架，再在框架上设计代表各图标含义的符号。整体色彩明丽显眼，给人以美感，符号简单易懂。下面是设计的具体思路。

1. 音乐播放图标

主体框架采用紫红色，色彩鲜艳，漂亮，可与背景蓝色成鲜明对比。用圆角矩形工具拖拽一个正方形，格式化图层。填充颜色，并在图层样式中添加内发光、斜面和浮雕的效果，如图 9.20 所示。

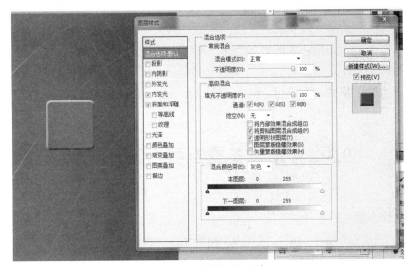

图 9.20　主体框架设计

用椭圆工具拖拽一个圆，并用橡皮擦去掉中间一个小圆后变成圆环，填充白色。放置在正方形中央，并添加涂层效果，如图 9.21 所示。

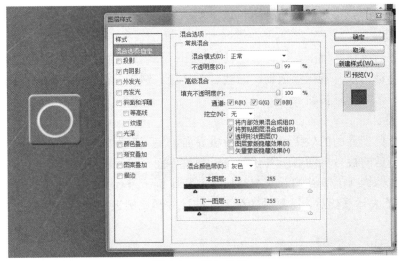

图 9.21　添加效果

因为这是设计一个音乐播放的图标，所以在整个图标的中间放一白色音符，设计简单而表意明了。制定形状工具中选用音乐形状，拖拽音乐符，填充为白色，大小和位置如图9.22 所示。

图 9.22　音乐播放图标

2．上网搜索图标

众多图标底色既不要重复，又要与背景色成鲜明对比。灰色有着高雅、精致、含蓄的含义，且有消除疲劳的功能。用圆角矩形工具拖拽一个正方形，格式化图层。填充颜色，并在图层样式中添加内发光、斜面和浮雕的效果，如图 9.23 所示。

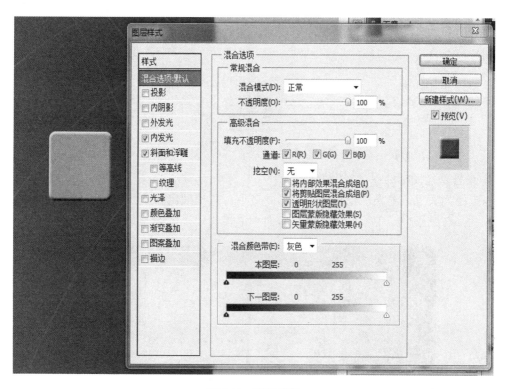

图 9.23　背景设计

用圆矩形工具画一个方形，大小如图，并填充与上一步一样的颜色。加上描边效果，如图 9.24 所示。

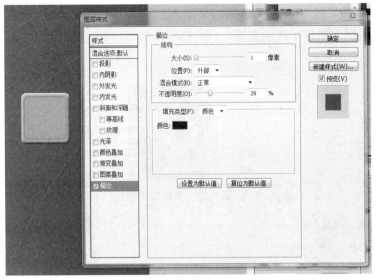

图 9.24　框架设计

以大家熟悉的百度图标为标志，让人很容易就明白这是表达"搜索"的图标。自定义
形状中选用狗爪形状，并填充蓝色，再在新加图层写上英文文字，设置好大小和位置，最
终如图 9.25 所示。

图 9.25　百度搜索图标

3. 设置功能图标

以墨绿为底色，给人以稳重感。用圆角矩形工具拖拽出一个正方形，格式化图层。填
充颜色，并在图层样式中添加内发光、斜面和浮雕的效果，如图 9.26 所示。

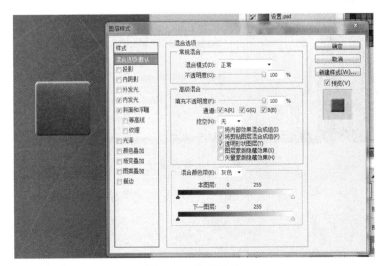

图 9.26　背景设计

用椭圆工具画个椭圆，并添加如图 9.27 所示的效果。

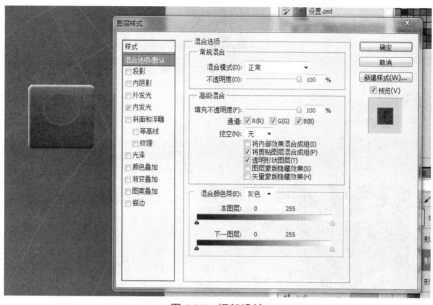

图 9.27　框架设计

设置是个抽象名词，故用生活实物方向盘来抽象其形，代表主观掌握和设置的理念，另加易懂的英文，使之表意明了。自定义图形中选择如图 9.28 所示的形状，并添加效果。

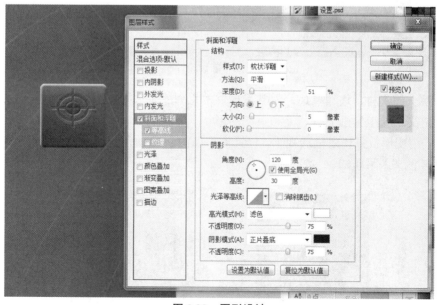

图 9.28　图形设计

在新增的图层中，添加"设置"的英文文字"SET UP"，最终如图 9.29 所示。

图 9.29　设置功能图标

4. 邮件图标

以书本的造型为基础，寓意与文字有关，且有存储翻阅的功能。用圆角矩形工具拖拽一个正方形，格式化图层。填充颜色，并在图层样式中添加内发光、斜面和浮雕的效果，在自定义图形中画些许图案，如图 9.30 所示。

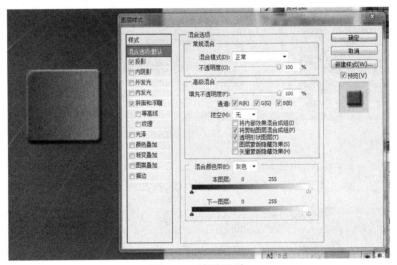

图 9.30　底纹设计

引用网上的素材，增加黑边，使其呈现书本立体感，如图 9.31 所示。

用自定义形状工具画书钉、笔和书纸的形状，并将书纸复制五张，变换其颜色，增加投影效果，用变形效果使之呈透视感，位置大小如图 9.32 所示，用邮箱名的标准字符"@"为标志，其含义入眼即知。

图 9.31　立体感设计　　　　图 9.32　邮件图标

5. 购物图标

用圆角矩形工具拖拽一个正方形，格式化图层。填充颜色，并在图层样式中添加内发光的效果，如图 9.33 所示。

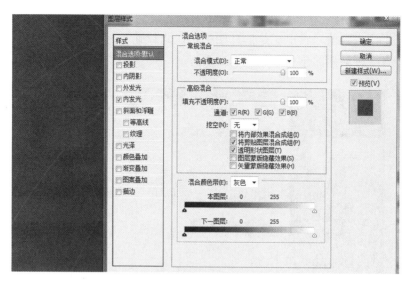

图 9.33　背景设计

以购物袋的造型为基础，白红颜色搭配，简单大方。引用网上素材，增加效果，使之呈购物袋的效果，如图 9.34 所示。

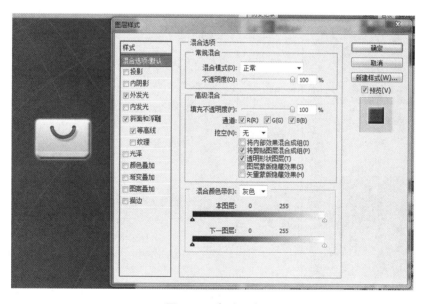

图 9.34　造型设计

配以英文艺术文字"SHOPPING"作说明，使表意更明确。

图 9.35　购物图标

6. 信息图标

首先要让用户一眼就要看出这是信息图标，在此基础上再进行设计。用渐变的方法制作图标背景，有一种动感的感觉。如图 9.36 所示。

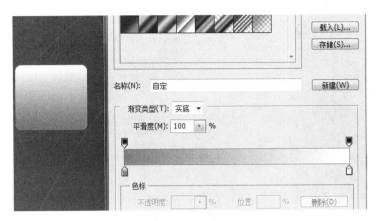

图 9.36　背景设计

第二层背景用黄色到浅黄色的渐变，加投影效果，增加了一种朦胧的感觉，投影的角度根据自己的实际情况来确定。如图 9.37 所示。

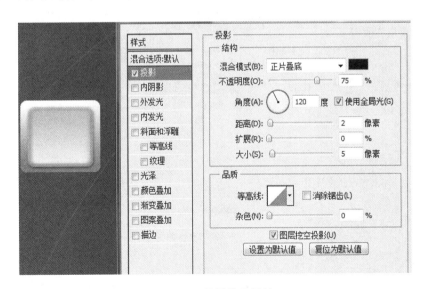

图 9.37　投影效果设计

这是最终的效果，简明清楚，采用了暖色调，有一种温暖的感觉，就像是收到信息时那种收获的感觉。如图 9.38 所示。

图 9.38　信息图标

7. 通讯录图标

采用明亮的色调，给人清新的感觉，并且使用用户很快辨识通讯录。

制作通讯录的图标，首先也是建立一个渐变色彩的灰白色背景。如图 9.39所示。

图 9.39　背景设计

加入色彩明亮的绿色，进行一下羽化，给人一种柔和清新的感觉。如图 9.40 所示。

加入一个人的形象，进行一下羽化，有一种朦胧的感觉，也告诉用户这是通讯录。如图 9.41 所示。

图 9.40　羽化效果　　　　　　　图 9.41　通讯录图标

8. 通讯记录图标

通讯记录主要记载着用户接听电话以及使用通讯录的情况，所以在设计的时候有意加了一个电话和四个按键的形象，便于用户识别和记忆。

做一个蓝色背景外带着一个灰色的边缘，显出一种质感，蓝色背景加外发光，有了动感的感觉。如图 9.42所示。

中间的部分加入内阴影的效果，显出一种立体感。如图 9.43 所示。

9. 应用程序图标

应用程序里存放的是各种各样的程序，此图标用四个大小不一的方框来表示不同的程序，方框里面加入一些不同颜色的圆圈，代表着不同的程序带给我们不一样的精彩。

在灰色的背景上添加四个方框，大小不一，并且给每一个方框加上投影和内发光，有一种层次感和动感。如图 9.44 所示。

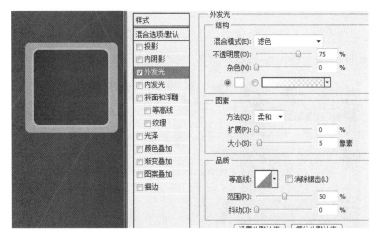

图 9.42 背景设计

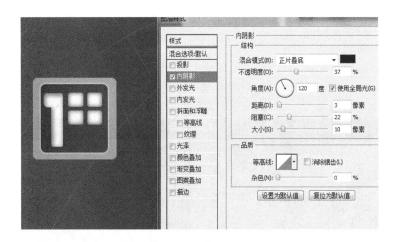

图 9.43 立体感设计

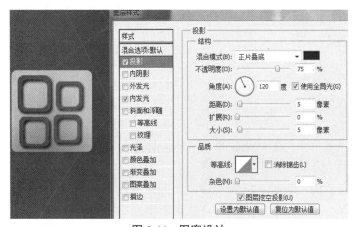

图 9.44 图案设计

在四个方框中加入不同颜色的圆圈，并加外发光的效果，使图标不会显得呆板，增加了动感和可读性。如图 9.45 所示。

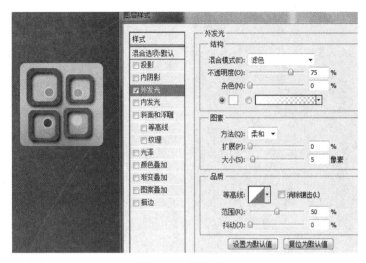

图 9.45　色彩设计

最后的图标设计汇总如图 9.46 所示。

图 9.46　各种图标设计

9.3.2.2　拨号界面设计实例

第一步：插入背景。

第二步：利用矩形工具填充为白色，调整透明度，形成透明的界面，让人有一种自然清新的感觉。如图 9.47 所示。

第三步：利用钢笔工具抠图形成听筒，表明是在通话的过程，给人在等待中的感觉。

第四步：利用钢笔工具抠图得到一个通话人图形，加入界面内。

第五步：利用椭圆工具得到一个圆形，填充为黑色，再复制几个修改大小，表明正在呼叫等待中。如图 9.48 所示。

图 9.47　背景设计　　　　　　　图 9.48　通话过程效果

第六步：利用钢笔工具抠图得键盘数字，然后加入界面，并利用移动工具摆放至合适位置。如图 9.49 所示。

第七步：分别利用抠图工具得 QQ、电池、时间、信号等图标，加入界面，如图 9.50 所示。

图 9.49　数字键盘　　　　　　　图 9.50　拨号界面

9.3.2.3　播放器界面设计实例

第一步：背景设计，背景加上渐变的效果，呈现出的层次感给人一种厚重、安静的感觉。如图 9.51所示

图 9.51　背景设计

第二步：运用矩形工具对播放器的上部分进行分割，然后运用椭圆工具加上渐变的感光效果设计，使整个画面看起来神秘、高雅。如图 9.52 所示。

图 9.52　感光效果

第三步：对整个播放器的细节进行设计，加上时间控制条、播放按键等界面元素。加上微光、渐变，一点金属的质感，更加简洁，视觉效果也更加鲜明。如图 9.53 所示。

图 9.53   播放器细节

第四步：设计播放器中部的效果，以光盘的形式呈现当前音乐的播放情况。

第五步：最后添加上当前歌曲名称及歌手图片，将歌手图片处理成倒影效果，最终成品如图 9.54 所示。

图 9.54　播放器界面

9.3.2.4　交互效果设计实例

下面以点击日历图标按钮为例，介绍交互效果设计，手机界面如图 9.55 所示。

选择"日历"图标按钮后界面要有即时反馈，这里设计成蓝色透明外发光效果，如图 9.56 所示。

图 9.55　手机界面　　　　　　图 9.56　图标反馈效果

接下来进入日历主页面的设计，在日历的页面有个特点，就是当天的日期，手机会特别显示出来，本例用的是一个蓝色的方块。如图 9.57 所示。

在界面的最底部空出一个位置，用来建立事件、备忘。如图 9.58 所示。

图 9.57　日历页面　　　　　　图 9.58　备忘建立区

最终的效果如图 9.59 所示。

图 9.59　交互反馈界面效果

9.3.2.5　操作系统界面设计实例

以蓝色作为背景色，给人以清新自然的视觉感受。同时采用智能设备大图标的特点，用于在背景上显示重要的信息，如常用的软件、日期时间、天气等。设计风格简约，给人以清晰明朗的视觉享受。

选择一张适合的背景图片，首先设计主题风格，这里采用横竖图标排列法，这样不仅可以达到用小空间传递多信息的效果，还可以使图片不显得拥挤不堪。然后在剩下的空间里添加一些想要传达的重要信息。

具体步骤如下。

第一步：选择适合的背景图片导入 PS 软件，截取需要的背景部分，调整好背景图层的图片大小。首先来做一下比较有立体感的触屏按钮效果，将图层复制一下，然后在复制的图层上截下按钮的大概位置，不断调整图片的羽化值，直到调出想要的效果为止。

总的来说，就是采用蒙版技术设计横竖触屏按钮。如图 9.60 所示。

图 9.60　蒙版区域

第二步：在做好的触屏按钮里添加要用的不同功能的小图标，并摆放到合理的位置。如图 9.61 所示。

图 9.61　添加图标

第三步：这样的设计有利于在比较大的空间里显示比较重要的信息，如天气、时间等。这些信息具有突出性，比较易于观察。然后采用文字工具编写日期和时间等文字方面的重要信息。

第四步：在顶部设计出一般移动设备都存在的小信息，如电池状态、信号状态、后台运行程序、小的显示时间等。这些可以将找好的小素材直接放进制作界面中。如图 9.62 所示。

图 9.62　　添加主页信息

最后调整好图标的分布位置，使界面更加美观。最终作品如图 9.63 所示。

图 9.63　　操作系统界面

9.4　移动设备交互界面设计创意

9.4.1　创意的产生

创意是把简单的东西或想法不断延伸的另一种表现方式，移动设备交互界面设计创意就是思维在迁移中与艺术的碰撞。在设计中，把想到的元素与需要设计的实物进行结合，即可实现创意。界面设计就是将现实中的创意体现在界面上，每一个按钮、图框都是可以体现这些创意的地方。

创意的产生来自经验、来自观察、来自一颗想与众不同的心。只有这样才能有自己的想法、自己的创意。这是一种思维能力的体现。创意的生长过程正是一个物体迁移到另外一个物体上。创意的实现过程正是将这种迁移适应新物体的过程，将原始物体与新物体进行同化的过程。

　　人类正常的感官有：视觉、听觉、触觉、嗅觉，在原实物与新实物迁移中，常常利用视觉、听觉、触觉这三个迁移。这也是在交互界面设计中常见创意点。

　　以苹果公司的标志为例，此创意的迁移为视觉感官。牛顿被苹果砸引出了万有引力的故事人尽皆知。当人们提起科学创新，也会联想起苹果的故事。苹果公司则利用苹果的形象作为自己的标志，代表自己的创新性。苹果标志被咬掉一口，一方面说明公司性质是数字科技（计算机的基本运算单位"字节"英文是 Byte，与"咬"的英文"Bite"读音一致），另一方面也说明自己希望做开垦科技创新第一口的人。这种实物联想便转化成了设计创意。如图 9.64 所示。

图 9.64　苹果公司创意

　　国外的 Twitter 平台将创意放在其名字上。Twitter 是一种鸟叫声，创始人认为鸟叫是短、平、快的，符合交流互动平台的特征和内涵，因此选择了 Twitter 为平台名称。这个设计的创意就是来自将 Twitter 这个看似仅仅是一个单词，但在听觉上实现迁移，即有创意的火花产生。如图 9.65 所示。

图 9.65　Twitter 创意

　　在移动设备最常见的图标中包括各种按钮。为了增加按钮的触觉感受，在设计中会增加按钮的立体感、实物感。但是随着近几年设计风格的进步和人们审美意识的转变，按钮图标的设计风格也随之发生了变化。几年前由于显示终端性能的提升，图标的设计一直在竭力往体积感、写实风格上发展。所以当年的图标设计风格具有比较鲜明的时代烙印，写实风格占主导地位。而近年来由于网络标准的升级、设计风格的迭代，人们开始偏爱简洁抽象的表现方式。设计出的图标也较概括和简洁。由过去近乎 3D 真实化的造型转向扁平化的路线发展，甚至采用单色剪影的效果去表现，这也是创意的变化，同时也说明创意设计要与受众不断更替的感官价值相一致。如图 9.66 所示。

图 9.66　音乐图标创意

9.4.2　创意案例

1. 牛仔风格的手机界面创意

这是一套牛仔风格的手机主页和图标的设计案例。湛蓝色的牛仔布料底纹，亮白的周边丝印，肉眼可见的牛仔纺织和缝纫方式，自然磨损的岁月痕迹，一个粗犷、个性、青春飞扬的牛仔形象似乎就在眼前，碰撞出激烈的时尚火花。如图 9.67 所示。

图 9.67　牛仔风格手机界面

2. 电视界面交互创意

以创维云电视为例，基于云平台和安卓智能操作系统，利用强大的独特云计算技术，为用户提供众多在线应用的资源。它在电视平台上实现了云浏览、云搜索、云服务等个性化应用。在交互界面设计方面，充满高端科技特色，以深黑色渐变背景为基础，以金属质感的图标、按钮、窗口框架及分区合理的版式布局，为用户提供了极佳的视听反馈和舒适感受。如图 9.68 所示。

图 9.68　云电视交互界面

第 10 章 多媒体人机交互界面设计欣赏与探析

1. 赏析多媒体人机交互界面设计

2. 通过实际例证阐述常见设计误区

3. 分析多媒体人机交互界面测试的方法

4. 归纳总结多媒体人机交互界面设计的一般性原则

10.1 多媒体人机交互界面设计赏析

本节将通过欣赏优秀的多媒体人机交互界面和列举设计常见误区，对多媒体人机交互界面设计进行分析。

10.1.1 界面设计欣赏

10.1.1.1 单机版多媒体软件赏析

以一款单机版多媒体软件电子教材为例。《中学物理虚拟实验室——天平》是一款实用的单机版多媒体软件教材，也就是课件。本课件从实验仪器的角度出发，介绍了包括天平在内的 6 种常用的机械实验仪器，主要供中学物理师生使用。从制作艺术上看，本多媒体课件有两个突出的特点值得一提。

学生学习界面的开放性是本课件最大的特点。课件中的背景、图案、音乐等元素不仅给学生提供了多种选择，还允许学生自定义设定。学生可以将自己喜欢的图像和音频导入到课件中使用。此外，学生还可以调节旁白和背景音乐的音量和速度。

课件还设有如图 10.1 所示的学习助手角色，可以提供必要的快捷信息。这种以卡通形象介入教学内容的呈现形式，适合中学生的特点，能使学习气氛轻松愉快。

图 10.1　学习小助手

交互功能的运用是该教材的另一大特色，要在教学中高水平地运用交互功能，应该将后者融入前者之中，使学习者的注意力集中到互动教学的内容上，而几乎忘掉了交互功能的痕迹。该教材采用的是互动教学类型的交互功能，两者配合十分默契，可以说已经做到了恰到好处。

图 10.2 显示的是该教材的主画面，由于该教材是主要讲述六种仪器的实验课，因此设计者将画面分成了六个小格。每个小格放置一种实验仪器，供学习者选择。这样摆放使学习者能够对要学的内容一目了然。如果点击其中一种实验仪器，比如天平，将看到如图 10.3 所示的画面。此画面采用的是最典型的菜单、内容分割方案，即只有菜单区和呈现教学内容的工作区，点击主画面中其他五种实验仪器，调出相应仪器的画面格式也与图 10.3 基本相同。

图 10.2　选择实验仪器

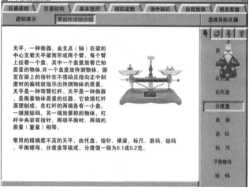

图 10.3　天平仪器介绍

如果在图 10.3 中点击背景与声音设置按钮，则可进入开放性的背景选择和声音选择的画面。图 10.4 中显示的是更换背景图片的画面。在画面的右边显示了多种系统给定的图片，学习者可以选择其中一种，或通过自定义方式选择更多种类的图片。图 10.5 显示的是更换背景纹理的画面，在画面的右边给出了多种纹理可供选择，同样也可通过自定义来选择其他纹理。

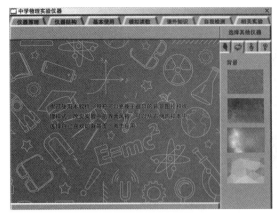

图 10.4　更换背景图片　　　　　　　　　10.5　更换背景纹理

由于背景的颜色和纹理可以任意选定，给文字颜色的选择带来了困难，因此该教材中的文字一般采用黑色，以方便与大多数背景色搭配。

此外，为了使解说的语速能更方便学生理解，解说词的语速也可以在一定范围内进行调整。学生还可以根据自己的喜好选择所播放的背景音乐。这些都是该教材的特色。解说同和背景音乐的音量在此教材中均是可调的。图 10.6 显示了声音的控制画面。其中，可控制的因素包括解说音量、解说语速、音乐音量和音乐选择，而且此画面在任何时候都可以切换过来，大大地方便了学生的使用。

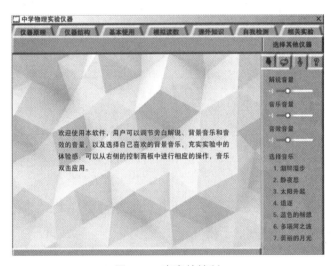

图 10.6　声音的控制

该课件属于实验操作类型，具有很强的互动功能，除了导航功能，还设计了互动教学、互动测试、互动训练等交互功能。图 10.7 所示的是一个典型的导航菜单，学生可以通过点击菜单项来更换当前正在学习的内容，也可以通过点击屏幕上的六个仪器图像来进行切换。

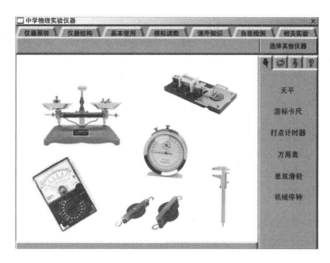

图 10.7　跳转切换

　　图 10.8、图 10.9、图 10.10 均属于互动教学类型的交互。学生可以将鼠标放在图 10.8 中天平的各个位置来学习天平各部件的功能。

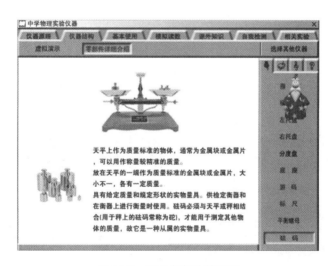

图 10.8　天平各部分的说明

　　图 10.9 所示的画面中，学生可以通过称重三种不同的物品来学习读取数值，这里的读数会随学生更改砝码的数量和类别变化体现。物重测量充分模拟了现实生活中称量物体时秤台上浮下沉时可能出现的现象，通过砝码和物体的比对，产生天平平衡效果。因此，在使用该课件模拟称量物体时，还应结合现实中使用天平称量物体时的注意事项。在反复称量过程中，学生的注意力会集中在较为真实化的天平调节上，而忽略了这是一次交互式的学习实验。基于教学过程的需要，这样自然而然地将交互功能融入到学习内容中的设计，确实是交互功能应用方面的一大亮点。图 10.10 所示的画面是学习者称量物体后，自己写出读数，并且系统可以对其读数结果进行正误判断。

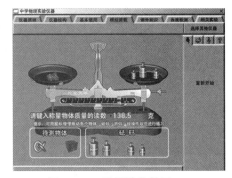

图 10.9　天平读数演示　　　　　　　图 10.10　天平读数练习

10.1.1.2　FLASH 课件赏析

以一款 FLASH 教学实验课件为例。图 10.11 所示为 FLASH 课件《家庭电路》的主界面。在整洁性方面，将电路上的"器材说明"做成隐形按钮置于器材旁以净化画面。在文件容量方面，将要重点讲解的电能表做成可缩放的影片剪辑元件以节省空间。在动画效果方面，每盏灯的亮、灭都要受两个开关的控制，同时将控制总开关与电灯上拉线开关的按钮都做在元件上，使"拉闸"和"拉线"成为仿真动作，以克服用其他按钮控制的生硬效果，如图 10.12 所示。在教学实用性方面，设计一个短路事故让学生排除，使课件同时成为交互性很强的学具；设计将不易判断电路连接关系的示意图，变换为容易识别的动态并联电路图，解决传统教学中很难讲清的难点。这样设计的课件，大大增强了交互性。

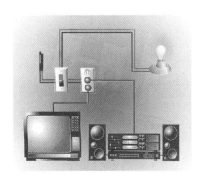
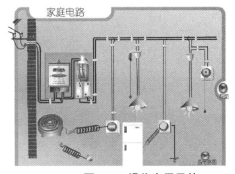

图 10.11　《家庭电路》课件界面　　　　图 10.12 操作电子元件

图 10.13 所示是示意图向电路图的过渡变换。变换后的最终电路如图 10.14 所示。

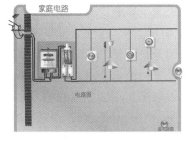
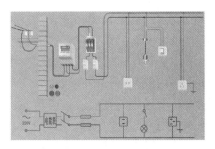

图 10.13 电路图示意图　　　　　　　图 10.14 最终电路图

10.1.1.3　移动设备应用界面赏析

以一款手机界面为例。对于手机来说，用户多数情况下会一手握机，大拇指作为主要操作和点击手指，当拇指在滑动列表时会非常顺畅和方便，而且操作速度非常快，所以很长的列表不会成为手机应用的障碍。单击顶部的状态栏可以快速回到顶部，如图 10.15 所示。

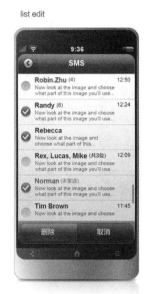

图 10.15　手机的列表界面

最大程度地减少用户的输入对于手持设备，特别是对于虚拟键盘而言，即使电容屏再灵敏，每次都能准确地触动面积很小的虚拟键盘也并不是一件轻松的事情，所以要尽量使用选择器，或是输入提示来方便用户的使用。

该界面采用了足够大的按钮面积，手机电容屏虽然很灵敏，但接收触动的面积并不小，且用户又是直接用手指操作，所以使用较大的按钮是必须的，否则会在很大程度上影响用户体验。如图 10.16 所示。

图 10.16　手指输入

该款手机界面采用了基本合理的结构，状态栏保留了基本的展示要素，导航栏包括当前的标题、主要操作的控件和返回的导航功能，工具栏包含对当前内容区可执行的功能动作，标签栏可以理解为全局导航，即可以方便快速切换功能或是导航到其他位置。该界面设计简洁、美观（如图 10.17 所示）拥有方便的切换模式，如图 10.18 所示。

图 10.17　界面简洁　　　　　　　　　　图 10.18　切换方便

10.1.1.4　网络课程赏析

以一款网络课程的网站界面为例，如图 10.19 所示。

图 10.19　网络课程主界面

该网络课程在选题方面做到了充分体现教育部基础教育课程改革、国家新课程标准要求和先进的教育教学观念，并没有试卷、练习题堆积的状态。

　　该网络课程科学地融入了认知与学习理论，优化了知识的组织管理结构，知识加工逻辑清晰、科学，栏目分类合理。以学案为主线的活动逻辑，方便学习者经常展开活动。大部分文章具有原创性，展现了学习的材料。网站没有直接支持学习活动中的互动交流，提供了学习者自主记录学习过程信息。如图 10.20 所示。

图 10.20　学习记录

　　该网络课程作为学校的院级网络培训课程，在网络上成功发布，具备了基本的共享特征。信息量大小合适，围绕网页中相关主题，针对性组织导航资源。导航清晰无缝，浏览者总是非常清晰地找到网站的各个块面，并清晰知道如何到达那里。首页整洁美观，链接清晰，导航条分类详尽得当。作为建立视觉的联系的图片，选取适当并符合主旨，可以帮助学习者理解概念、搞清相互关系。在字体选择方面，采取恰当的字体大小和比较统一的颜色，关键部分加粗凸显。作为一门传授实用技能的课程，该课程为学习者提供了笔记本功能，极大地方便了学习者记录学习过程，而无须采用其他途径辅助记忆，如图 10.21 所示。结合其浏览量不会很大的特点，网络课程采用了较为简易的架设方法，方便维护与后期修改。

10.1.2　常见设计误区

　　上文中赏析了设计比较成功的交互界面，在实际工作中，也会有一些设计不当的例子，接下来主要对交互界面设计中出现的常见误区进行探讨。

10.1.2.1　导航设计误区

　　用户遇到最普遍的就是导航问题，就像旅游的人找不到明晰的路牌一样，一般常见问题有迷航和竞争两种情况。

1. 迷航

（1）未能显示用户当前所在位置

　　如果将软件比喻成房间，交互界面则好比是装饰与装修，厨房应有灶具、橱柜、水槽，卫生间应有花洒、浴缸、马桶并贴有瓷砖，所谓"未能显示用户当前所在位置"就是所处的屋子的装修无法令你知道身处何处的一种用户体验，如图 10.22 所示。这种情况包括：窗口没有标题或不同窗口标题相同，造成用户理解的不便；为追求风格一致，页面没有明显标识或整个界面仅有统一标识；导航条（栏）与其他交互功能位置混乱而造成用户理解出现歧义等。

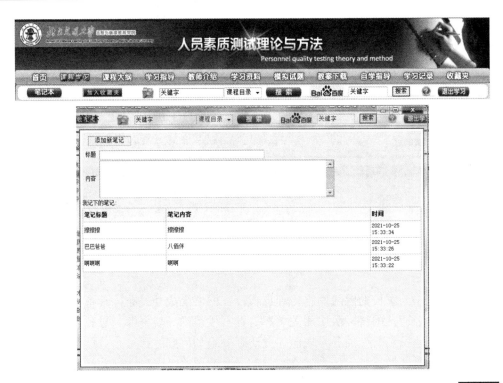

图 10.21   笔记本功能

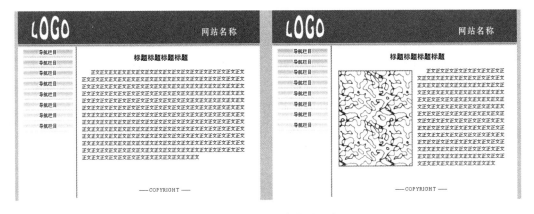

图 10.22   未能显示用户当前所在位置

（2）界面结构复杂但导航功能不强

有些软件（如大型网站）因为内容或功能较多，界面结构比较复杂，层级和栏目均较多（层次过多的界面设计本身也是忌讳），若导航功能不强则很容易造成用户找不到需要浏览的内容。此时就需要设计网站地图和全站搜索两大常见导航功能，并且在各级各栏目页面中均设置最高级的导航目录。

2. 竞争

导航设计还需要避免竞争，常见的情况有一个页面中出现相同文字的导航按钮，或功能相同的导航设计，容易使用户误解；此外，类似功能的导航也应通过画面分割或注释的方法进行区别，常见的错误设计比如软件下载界面中，各种广告的下载链接与软件原本的下载链接之间产生了竞争，如图 10.23 所示。

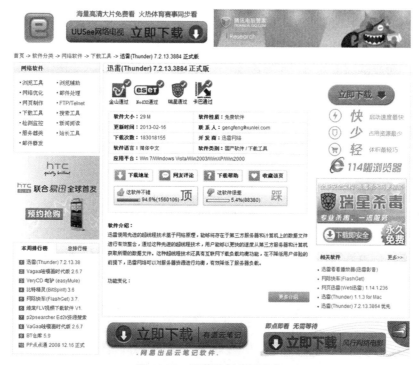

图 10.23　下载按钮相互竞争

10.1.2.2　文字设计误区

虽然交互界面是一种图形界面（在设计中尽量减少文字的使用），但在各种标签、说明、输入框、标题、提示等界面元素的设计中，很多表述离不开文字，文字设计的常见误区有出现歧义和不易读两大类。

1. 出现歧义

出现歧义的文字主要是使用了开发者惯用的文字，包括含义不清的晦涩术语、同一内容前后文字表述不一致、使用行业口语和俚语等。参考专业软件（网站）或翻阅技术手册能够在很大程度上解决此类问题。

还有一些歧义是标点符号的使用造成的。在界面设计中，省略号既有因画面面积不足省略后面文字的作用，也有表示点击链接后会弹出对话窗口的作用；而下划线的使用表示了标注下划线的文字有链接；使用这些符号时需要注意避免歧义的出现。

2. 不易读

界面文字不易读在一定程度上会影响用户的使用，常见问题包括以下几方面。

（1）书写不规范

书写不规范包括书写不一致、语法或拼写不当和选用字体不当等。常见的例子是英文的大写方式不一致（全部大写、首单词首字母大写、各单词首字母大写三种方式同时出现）和字体种类选用过多（一般在一个页面上不出现三种以上的字体）。

（2）文字过多

文字过多是指在界面中出现"无用文字"，常见的有冗长的欢迎文字、冗长的标签和链接、冗长的说明文字。在界面设计中，应只使用必要的文字，使用标题、关键词、短语作为链接。

（3）字体过小

小字体的主要问题是一些视力不佳的用户无法正常阅读。若界面中大多数文字都过小而且不可调，将导致一部分用户难以阅读。屏幕分辨率和显示器大小两个因素决定了文字的绝对大小，一般的显示器 10、12 磅的文字比较理想，如果无法判断用户显示设备，建议允许用户调整字体大小。

10.1.2.3　图形设计误区

图形设计误区主要包括布局排版和颜色两类。

1. 布局与排版

（1）画面分割不合理

画面分割是界面设计的骨骼，常见的不合理分割有信息区过小（相对功能区和美化区比例过大，如图 10.24 所示）、主题不突出、分割形状不美观等。应尽量采用黄金分割比例画面，通过对比的方式突出画面主体，并保证信息区不小于画面的 60%（根据实际情况而定）。

图 10.24　信息区过小的界面

（2）窗口初始位置不合适

很多应用程序界面使用了多窗口模式，由于各窗口的大小不一致，在打开多个窗口出现窗口堆积现象时候可能造成：在父窗口上打开的子窗口可能会覆盖父窗口、有些窗口置于屏幕的可视范围之外等。

如果确实需要同时打开多个窗口，可以确定每个窗口各自的显示位置，并设置初始化窗口位置的命令；窗口应当在屏幕中总是可以完整打开，连续出现的同一类型窗口应交错安放；子窗口与其父窗口应只有部分重叠。

（3）标签设计常见问题

为了适应不同分辨率的显示器，有时会让界面与显示器自适应，有可能会产生标签与输入框距离太远和标签的对齐方式不一致等问题，如图 10.25 所示。不当的标签放置不仅仅是一个审美问题，还可能影响用户对交互界面的理解和判断。

图 10.25　不同的显示器上对标签设计的影响

（4）同类交互区域之间间隔太大

同一类交互区域（如按钮）之间间隔太远，看起来没有关联，不像是属于同一个设置。当按钮数量多时，用户可能会混淆其分组。有些交互有其一定的排列要求（如单选按钮横向排列，播放器按键排列顺序等），不得随意改变。

2. 颜色

颜色的使用误区主要包括颜色象征与意义表述不当、违反地域颜色禁忌。在满足一般配色要求（对比与均衡）的情况下，需要考虑大面积基础颜色的象征意义，避免表述不当。如图 10.26 所示的常用教学软件界面配色方案供读者参考。此外，各国家各地区在使用颜色上也有偏爱与禁忌，如墨西哥、阿根廷、意大利等国家忌紫色，巴西、泰国等国家忌棕褐色，罗马尼亚、希腊、捷克、斯洛伐克等国家认为黑色带有消极含义等。

10.1.2.4　交互设计误区

1. 操作无法撤销

在若干交互设计误区中，无法撤销的操作是交互中最大的误区。在设计交互过程中，要尽可能避免不能撤销和返回的交互，彻底移除之类的操作则应该有足够清晰的提示和避免误操作的设计（如更改确认按钮位置等）。

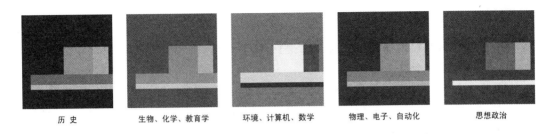

| 历 史 | 生物、化学、教育学 | 环境、计算机、数学 | 物理、电子、自动化 | 思想政治 |

图 10.26　常用教学软件界面配色方案

2. 增加用户记忆负担

在交互设计中，为避免用户名重复和密码过于简单等问题的出现，往往对用户名和密码提出一些具体的要求，使用邮箱作用户名、绑定手机发送随机密码等方式被认为是更人性化的措施。此外，过多的提示和限制阅读提示时间、过多的模式设置和模式限制也是增加用户记忆负担的主要因素。

3. 不必要的步骤与不必要的限制

交互界面的设计应该遵循大部分常见交互能够快速、简单地完成。换言之，即令用户的操作步骤尽量简洁。向用户索取不必要的数据、同一任务需要反复执行、过于烦琐的导航都会令用户的交互操作复杂化。此外，软件给用户强加武断的或不必要的限制（如字符位数的限制、不能打开两个同名文件等），将违背用户自然直观的感觉。

10.2　多媒体人机交互界面测试

测试是软件开发中的重要环节，需要利用测试工具，按照测试方案和流程对产品进行功能与性能测试，以确保设计的交互界面符合需求。从发展趋势看，设计与测试结合愈发紧密，测试倾向于贯穿设计的全过程。

从软件工程专业的角度来看，按照测试内容分，软件测试一般包括安装测试、功能测试、界面测试、辅助系统测试、用户手册等系列文档的测试等几项工作，其中交互界面测试是软件整体测试中的重要环节之一。此处向读者说明：在实际软件开发工作中，根据项目实际需求，上述测试往往结合在一起做，鉴于软件测试是教育技术等计算机相关专业中另外一门课程，本节仅对交互界面测试进行叙述，其中的部分术语与概念可以参见软件测试相关书籍。

交互界面作为人机对话的界面，必须进行严格测试，以达到以下标准。

（1）将交互界面设计开发中可能出现的错误链接、空白界面等 Bug 最大程度减少；

（2）确保界面对不同平台的兼容性，更有效地利用计算机系统资源，降低产品或者系统技术支持的费用，减少由于用户界面问题而引起的软件修改和改版问题；

（3）使产品的可用性增强，用户易于使用，缩短用户最终的训练时间；

（4）确保界面设计遵循"以用户为核心"的设计原则；

（5）形成的标准和原则对之后交互界面设计有直接的指导作用。

一般来说，对于交互界面的测试，主要分可靠性（基础性）测试和可用性（易用性）测试两部分。

10.2.1　可靠性测试

软件可靠性（Software Reliability）是指软件产品在特定条件下和特定时间内执行特定功能的能力，需要由一系列测试确定。软件可靠性不仅与软件本身的缺陷或开发错误有关，还与系统输入和系统使用有关。软件可靠性的概率度量也被称为软件可靠度。本节所讨论的可靠性测试是指验证界面交互完整有效并可靠的测试，包括完整性、兼容性和鲁棒性三类测试。

10.2.1.1　完整性测试

完整性测试是对界面内容、交互设计完备程度的测试，主要包括需求完整性测试、链接完整性测试、信息完整性测试三部分。

1. 需求完整性测试

交互界面测试要从需求分析开始。需求完整性测试并不是要等界面设计工作基本完成后才开始，往往在需求分析阶段，在需求尚未完全明确之前就要对已收集到的需求做出整理性的、检查遗漏性的测试，在理清需求的同时确认需求是否完整明确。

需求完整性测试从用户需求出发，进行业务流分析，挖掘隐式需求，充分发现需求中不充分、不完善、不准确的部分，建立需求的标准。

2. 链接完整性测试

本项测试任务的目的主要是检查交互界面中的各个链接是否完整、指向性是否正确，并剔除掉错误的链接，俗称坏链接或死链接，是一段交互程序片段，常见错误链接主要包括无效交互或跳转错误。交互界面中的错误链接若较多，用户使用便会受到干扰，如果是网络界面，还会影响网站在搜索引擎上的评级，降低网站在搜索引擎中的权重，因此链接的完整性测试是必不可少的。

除了随机测试外，主要的测试方法是遍历交互界面中的所有链接，评估每个链接的有效性，剔除无效链接。由于遍历操作工作量比较大，在网页界面中，在完成核心链接人工测试后，可以使用测试软件来完成遍历测试与分析工作。

（1）HTML Link Validator

HTML Link Validator 是一个网页链接检查工具，如图 10.27 所示。其测试根据工作需要分为本地测试和远程测试。进行本地页面链接检查时，需要选择 "Validate html files on local computer" 项，可选择某一网页文件检查该文件中的所有链接，还可选择某一目录对其及子目录中的所有网页文件进行链接测试。如果文件扩展名不为 ".html（htm）"，在文件种类下拉菜单中选择 "All files"，则可以查询各类文件的链接（*.asp、*.jsp、*.url、*.mdb 等）。进行远程网站链接检查时，需要选择 "Validate html files on web server" 项，然后在 "Starting address:" 中输入测试网站页面的 URL 地址，点击 "Validate" 按钮即可对指定页面进行测试。测试完成后，软件会将测试结果显示在右下角的窗口中，并标识含有错误链接的网页文件，同时显示错误链接信息，单击 "HTML Files found" 左侧的小红点，就会显示所有出错的地方，双击错误信息，可以在软件中对错误链接进行更改。

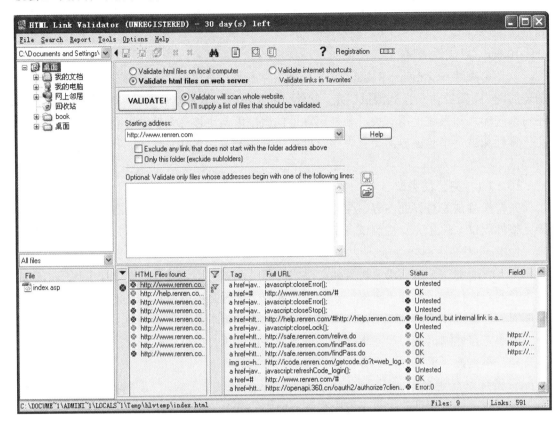

图 10.27　HTML　Link　Validator **软件界面**

（2）Xenu　Link　Sleuth

Xenu　Link　Sleuth 是一款共享软件，如图 10.28 所示。运行软件后，单击菜单"File→Check URL"，将打开测试界面。与 HTML Link Validator 类似，Xenu Link Sleuth 也支持本地文件和远程网站两种测试方式，测试结果中也将列出有效链接和错误链接，并显示链接内容。在辅助功能方面，Xenu Link Sleuth 支持多线程，可以把检查结果存储成文本文件或网页文件，也可以制作 HTML 格式的网站地图等。

除此之外，常见的测试软件还有 Web Link Validat 和链接分析器等，在此不再逐一介绍。

3. 信息完整性测试

信息完整性测试主要测试交互界面中的各种媒体信息是否完整，有无错误信息，信息素材质量是否达标等，与链接完整性测试相同，也属于检查性测试。此项测试由人工完成，需要遍历整个界面，要求测试人员细致、细心，不放过任何错误。

10.2.1.2　兼容性测试

兼容性测试是指测试交互界面在不同的硬件平台上、不同的应用软件之间、不同的操作系统平台上、不同的网络环境中是否能正常运行的测试。兼容性测试主要包括跨平台测试、浏览器测试、命名规范测试三部分。

图 10.28　Xenu Link Sleuth 软件界面（网络资源）

1. 跨平台测试

跨平台测试包括硬件平台测试和操作系统（软件平台）测试两方面。

（1）硬件平台

对于交互界面来说，硬件平台测试主要考察不同平台下界面对硬件性能、交互设备的兼容性。其中硬件性能主要指运算速度，对交互操作、界面显示特效、音视频播放解码、3D 动画即时渲染的支持能力，通过测试，可以得到运行交互界面的最低配置需求。交互设备是指硬件平台与交互相关的设备配置，包括：是否支持键盘（虚拟键盘），是否使用触摸屏，是否支持多点触控，是否内置或支持通过 USB 等接口连接麦克风（语音交互使用）、摄像头、轨迹球、压感笔、光线感知仪、陀螺仪、重力感应仪等输入设备参数和显示屏幕颜色数、像素数、分辨率、响应时间、声道数和扬声器音量等输出设备参数。

（2）操作系统（软件）平台

操作系统平台兼容性主要测试软件在不同操作系统（常见的有 Windows、Linux、Unix、Android、iOS 等）中，以及在同一操作系统平台不同版本中能否正常运行。与软件测试不同，交互界面测试对操作系统平台的兼容性远比硬件平台好得多，因为交互界面中程序所占的比例很小，所以，交互界面的跨平台测试以硬件为主。

2. 浏览器测试

如果所开发的软件客户端需要使用网页浏览器（如 B/S 结构），就需要对浏览器进行兼容性测试，验证在开发平台对应浏览器中可以正常显示的页面在其他浏览器中是否可以正常显示。

不同厂商的浏览器对 Java、JavaScript、ActiveX、plug-ins 或 HTML 规格都有不同的支持。另外，框架和层次结构风格在不同的浏览器中也有不同的显示，甚至根本不显示。此外，同一浏览器的不同版本之间也有差异。常见网页交互界面最下端往往有使用哪种浏览器效果最佳的说明，也就是测试后的结论。测试可以使交互界面支持不同厂商、不同版本的浏览器，避免用户常用的浏览器对某些构件和设置出现不适应，在界面中提供插件的检测和下载（手动与自动）功能也是兼容性测试的重点之一。

3. 命名规范测试

命名规范测试用于测试交互界面设计中的媒体资源文件命名、页面文件命名、代码以及版本号等书写是否符合规范。以下介绍几种程序开发中常见的命名规范，供读者借鉴。

（1）匈牙利表示法

匈牙利表示法是一种以前缀为基础的命名方法，其基本思想是：在名称中加上前缀，以便人们更好地理解内容。它是编程中命名变量和函数的一种方法，由微软内部的一位匈牙利人在公司内开始使用并逐渐流行起来的。匈牙利命名法的格式如下：标识符的名称以一个或多个小写字母作为前缀开头，之后跟着的是首字母大写的单词，或多个单词的组合，该单词要指明被命名对象的用途。

在函数变量的命名中，小写字母前缀，主要目的是标识出变量的作用域、类型等（如表 10.1 所示），可以多个前缀按照规定的顺序同时使用。前缀顺序是先 m_（成员变量），再指针，再简单数据类型，再其他。例如：m_lpszStr，找到大写字母"S"，S 之前的前缀分别是"m_""lp""sz"对应表格可以查到其前缀意义为：指向一个以 0 字符结尾的字符串的长指针成员变量。希望读者可以将其用法借鉴到其他媒体资源文件或交互界面编程中去，制定前缀规范，突出系统性、整体性和可读性，方便合作开发和后期修改使用。

表 10.1　匈牙利命名法中常用的小写字母的前缀含义

前缀	类　型	前缀	类　型
a	数组（Array）	i	整型（Int）
b	布尔值（Boolean）	l	长整型（Long Int）
by	字节（Byte）	lp	长指针（Long Pointer）
c	有符号字符（Char）	m_	类的成员
cb	无符号字符（Char Byte）	n	短整型（Short Int）
cr	颜色参考值（ColorRef）	np	短指针（Near Pointer）
cx，cy	坐标差（长度 ShortInt）	p	指针（Pointer）
dw	双字（Double Word）	s	字符串型（Str）
fn	函数（Function）	sz	以 0 结尾的字符串型（String with Zero End）
h	句柄（Handle）	w	单字（Word）

（2）骆驼命名法（Camel）、帕斯卡（Pascal）命名法和下划线（underline）命名法

这三种命名方法，是将名称分为若干个逻辑点。在骆驼命名法中，除了逻辑点的第一个单词使用小写外，每个逻辑断点在名称中都使用大写字母。帕斯卡命名法是名称中包含第一个逻辑点词在内的每个逻辑断点都由大写字母来表示。下划线命名法是名称中的每个逻辑断点词之间都添加上下划线作为间隔来表示。这三种命名方法的优势都是可以很清晰地明白命名的意义，如表 10.2 所示。

表 10.2　骆驼命名法（Camel）、帕斯卡（Pascal）命名法和下划线（underline）命名法的比较

命名法	例 1	例 2
骆驼命名法	printEmployeePaychecks	bgWhiteSkyBate
帕斯卡命名法	PrintEmployeePaychecks	BgWhiteSkyBate
下划线命名法	print_employee_paychecks	bg_white_sky_bate

（3）软件版本命名规则

交互界面总文件命名和测试文档命名方式还可以参考软件版本的命名规则。软件版本号由五部分组成，分别为主版本号、子版本号、阶段版本号和日期版本号加希腊字母版本号。例如："1.1.1.051021_beta"，对其进行分析如表 10.3 所示。

表 10.3　软件版本命名

主版本号	子版本号	阶段版本号	日期版本号	希腊字母版本号
1	1	1	051021	beta

版本号可以用阿拉伯数字也可以用字母表示，其中希腊字母所表示的为软件版本阶段号，具体意义如下。

Base 版：该版本表明该软件虽然包含所有的功能和页面布局，但是只生成了一个虚假的页面链接，而且页面上的功能并没有完全实现，它只是整个网站的基础.

Alpha 版：该版本表示这个软件的主要功能已经实现，但需要使用测试。通常此版本只在软件开发者内部进行交流，但很可能有一些功能错误，需要改进。

Beta 版：与 Alpha 版相比，该版本有了很大的改进，修复了严重的问题，但仍有一些 Bug 需要通过测试进一步修复。该版本主要针对软件的交互界面进行测试，这也是交互界面调适的一个重要环节。

RC 版：该版本非常接近最终发布的版本，已经比较完善，不存在致命的错误，与正式版几乎一致，只待最终推出。

Release 版：此版本也就是软件的最终版本，可以发布。经过之前的一系列的测试版本，正式版最终现身，也终于交付给了用户。此版本也会被称为标准版。一般情况下，Release 在软件封面上不会出现单词字样，而是加上（R）作为代替。

10.2.1.3　鲁棒性测试

鲁棒是 Robust 的音译，是健壮的意思，鲁棒性（Robustness）就是交互界面的健壮性。鲁棒性测试包括容错测试和压力测试两部分。

1. 容错测试（界面安全性测试）

容错测试主要检查交互界面的容错能力，帮助设计者在交互操作设计中，尽量周全地考虑到各种可能发生的问题，使出错的可能性和造成的影响降至最低。

（1）交互容错测试

用户在使用软件中，往往不按照开发设计人员预想的步骤进行操作，往往在不该拖拽的地方拖拽，不该点击的地方点击，笔者在开发过程中就遇到多媒体软件背景被拖拽、设计为单击的内容被用户连续多次"暴力"点击等情况。所以，在正式交付前，需要对界面进行俗称的"大猩猩测试"，即粗暴一些的容错性测试，以保证界面在交互中不发生错误，如无法彻底解决问题，也可以在界面中加以提示或增加出错后的重置功能。

（2）输入容错测试

输入容错测试在可靠性层面主要包括三部分：排除错误输入导致程序非正常中止的错误，避免错误输入对界面（或程序、数据库）造成的破坏，判断界面是否支持特殊字符与保留字输入。常见特殊字符有：；；'"'＞＜，`'：""［""｛、\｜｝］+=）-（_*&&^%$#@!，.。?/和空格等。输入容错测试还有可用性层面的测试，将在下文中介绍。

2. 压力测试

压力测试是为了发现在什么条件下交互界面的性能会变得不可接受。与程序的压力测试相比，界面的压力测试主要指页面传输效果在大用户数量和低带宽网络环境下的测试。在网络环境下，页面承载的媒体资源信息总量的大小，决定了当网络链接带宽低或用户访问数高时的传输流畅程度。要避免用户访问可能出现中断或等待时间较长的情况。如果某一媒体资源文件比较大（如视频、动画等），则需要采用预传输机制，保证访问正常。

10.2.2　可用性测试

可用性测试是指用户在使用软件时是否感觉方便，是一种对界面友好度的测试，也是对交互界面测试的主要环节。

可靠性和可用性是衡量软件界面的两大要素，像衣物的遮体御寒功能与装饰美化功能的关系一样，两者相辅相成、缺一不可，其关系如图 10.29 所示。与可靠性相比，可用性对交互界面设计水准的要求更高。但可用性测试不像可靠性测试那样有明确的功能界限，界面的可用性判别有特定性、模糊性和主观性的特点，目前界面可用性测试标准还比较笼统，但由于软件开发越来越重视用户体验，可用性测试在界面测试中的作用也就越来越重要了。

图 10.29　两种测试的关系

10.2.2.1　可用性的定义和常见理解误区

可用性（Usability）是交互的适应性、功能性和有效性的集中体现，也是界面设计的重要准则。ISO 9241-11（1998）将可用性定义为"特定的用户在特定的使用情景下，有效、有效率、满意地使用产品达到特定的目标"；在 GB/T16260-2003（ISO 9126-2001）《软件工程　产品质量》质量模型中，可用性包含易理解性、易学习性和易操作性。因此，具体来看，可用性大体应该包括"易理解性""易操作性""易学性""吸引性"和"可用依从性"五方面。在实际工作中，设计师与程序员容易专注于界面的"快速上手"性能指标，与其相对的"易理解性"和"易操作性"容易得到重视，而其他三个要素则容易被忽视。

但在长期使用中，"易学性"保证软件功能发挥的比例，"吸引性"保证用户的忠诚度，"可用依从性"保证了交互界面设计的"规范性"。从用户的角度看，可用依从性甚至比前两个要素更为重要。所以，为了确保软件界面可用，要相对应地进行以下五项测试。

Usability 的常见翻译有两个词："可用性"和"易用性"，读者也可以查到与之对应的"可用性测试"和"易用性测试"的相关资料。由于存在一字之差，也使得其中的定义和内涵有所区别，本书在经过分析后，采用了"可用性"的翻译。

从英文构词法上分析，Usability 由 "use" 和 "-ability" 两部分组成，"-ability" 词根意为"具备某种行为特性"，在中文翻译中通常译为"可…性"，故译为"可用性"是常规译法。而将其译为"易用性"则是一种意译，比前者更能突出"用户体验"的意味，界面友好的意思显得更为直观。但是对比 Usability 的英文定义 "The extent to which a product can be used by specified users to achieve specified goals with effectiveness, efficiency and satisfaction in a specified context of use." 和之前文中以"可用性"为译法对其进行的介绍，"易用性"的翻译不足以概括上述定义所包含的全部内容，特别是 "effectiveness（效果）" 的意义难以体现。详细比较后，"可用性"更为准确与贴切，而且包含"易用性"（对应英文应为 ease of use 或 ease to use）之意。

10.2.2.2　可用性测试内容

1. 易理解性测试

易理解性是评价交互界面使用户正确认知软件的逻辑概念及应用范围能力强弱的属性。界面设计易理解性强的软件可以提高用户熟悉软件操作流程的效率，对其进行测试可以了解用户在接触软件初期的感受。易理解性测试主要包括：

（1）测试是否按用户的认识逻辑与软件的行业约定进行软件设计；

（2）测试是否存在会让用户产生错误指引的操作；

（3）测试是否存在会让用户产生有专业争议的操作。

2. 易操作性测试

易操作性是评价交互界面使用户正确且流畅操控软件产品能力强弱的属性。界面设计易操作性强的软件操作效率高，容易被用户接受，对其进行测试可以了解用户在使用软件时操作的方便程度。易操作性测试主要包括：

（1）检测其用户界面是否直观明确，帮助文档中应包含所有说明；

（2）检查其操作方法是否通过菜单项引导，并结合快捷键响应的方式；

（3）检查菜单选项是否复杂，加密操作是否繁杂；

（4）检查是否使用中文语言的平台，或是通过代码转换平台；

（5）检查工作窗口的层级是否过多。

3. 易学性测试

易学性是评价交互界面使用户快速掌握软件中各类应用功能能力强弱的属性。界面设计易学性强的软件能够减少学习所需时间，提高工作效率，对其进行测试可以找出软件操作与行业习惯不适应的地方，让用户更迅速地学会操作软件。易学性测试主要包括：

（1）检测软件设计是否按照用户惯常理解的逻辑和行业习惯进行；

（2）检查指导用户的手册是否详细、科学、简洁；

（3）检查是否提供联机帮助，联机帮助是否有足够的示例。

4. 吸引性测试

吸引性是评价交互界面对用户产生吸引作用能力强弱的属性。界面设计吸引性强的软件能够提高黏滞性，对其进行测试可以找出用户对界面的不满意之处。吸引性测试主要包括：

（1）测试使用者对界面艺术设计的满意度；

（2）测试界面设计与同类界面对用户产生的吸引力差异；

（3）测试是否为有残疾障碍的人员提供了使用便利。

5. 可用依从性测试

可用依从性是评价交互界面依附于同可用性相关的标准、约定、风格指南或规定的能力强弱的属性。界面设计可用依从性强的软件更能体现标准化，对其进行测试规范软件界面设计，使其系统化、基线化。可用依从性测试主要是按照可用性标准进行测试，逐条进行对比，得出不符合标准的差异记录。

10.2.2.3　可用性测试的方法

可用性测试的方法比较多，根据归纳总结，本书将可用性测试的方法大致分为主观、客观测试两大类。而在实际执行中，通常以主观测试为主，在有条件的情况下，主观测试与客观测试结合可以取长补短，效果更为理想。

1. 主观测试

主观测试是以被测主诉为主，以问卷、讨论、会议等方式进行的测试方式。

（1）用户调查法

用户调查法直接向广大用户或经过选择的样本用户进行调查和咨询，然后对收集到的反馈信息进行统计分析，产生有用的测试结论。其特点是要预先准备好咨询材料或工具（例如调查表、座谈提纲等），主要调查方式有以下几种。

①用户问卷调查

通过组织被测用户填写问卷的办法获得其对产品的直接感受，这种方式可以直接收集来自用户的意见和建议，能够对大批用户同时进行咨询，从用户那里直接取得关于对系统界面评价的第一手材料。目前已有成熟的方法统计和分析收集来的数据，适用于快速评估和实地研究，也是一种便于和其他方法一同使用的测试方法。

②座谈与采访

直接征询用户对系统和界面的意见。当界面被大量使用后，用户可能会遇到各类问题。与用户直接座谈，可不断地发现问题和解决问题，并客观、正确地评价自己开发的界面。它比问卷调查方式有更大的灵活性，并且能够与用户一起对问题进行更深入的探讨，常常能产生特别的、具有建设性的建议。虽然系统设计者早些时候已经提出改进建议，但座谈的结果可以更接近于用户的需要，常见组织形式有圆桌会议和焦点小组两种。圆桌会议方式是邀请用户将工作带到测试现场，结合用户的实际工作，现场进行产品的可用性评估。焦点小组方式是将用户分为 10 人左右的群组来收集信息，包括用户对产品、想法和客户需求的态度、反应和意见。此外，还有让客户参加界面设计开发工作，在产品交易会和其他专业协会会议中进行用户信息收集等方式。

（2）观察法

观察法是通过观察用户浏览和使用交互界面的表现，分析界面可用性的测试方法，可分为现场观察和远程观察两种。观察法能够提供大量的有关用户与界面交互的数据信息，其中多数为可度量的客观性数据信息，也能获得有关用户认知的、有价值的主观性数据信息。

①现场观察

现场观察是指观察员通过直接观察用户操作时的表情、交互动作、使用情况、情绪变化等，量化各观测点数据，再进行分析的方法，这也是收集数据非常有效的方法之一。为避免干扰用户进行操作，测试时会采用视频隔离观察法，即观察员通过摄像机在另一间房间进行观察，但一般只能对少数实验用户进行观察，效率不高。

②远程观察

远程观察俗称记录法，应用于网络环境下，通过服务器记录下用户的操作使用记录。这个方法在网络时代变得更加实用，而且效率很高，许多网站都有用户的使用记录，通过分析这些记录可以发现一些可用性问题。

通过观察得到了各观测点的数据信息后，还需要对其进行分析，有时还需要观察员与被测用户再沟通，了解用户的心理状态，避免观察中的误解对测试结果带来的误差。

（3）专家评审法

苹果公司的前 CEO 乔布斯曾说："客户不知道自己需要什么。"因此，在一定程度上，对用户的调查也是有局限的。专家评审法是邀请交互界面设计以及其相关专业的专家对界面做出评价。由于专家评审法不需要大量的统计和分析，所以效率比较高。参与测试的专家将根据一定的原则和经验，对交互界面提出改进意见，由此可见专家的水平决定了测试的水平。理想的专家应同时具备交互设计和产品应用领域的专长并熟悉用户，故此方法在实际应用中对专家要求较高。

2. 客观测试

客观测试是指实验室仪器测试，是对主观测试的补充。有条件的话，应进行客观测试，能够排除一些主观测试中的人为因素干扰。

（1）眼动仪（信息搜索测试）

眼动仪是一种特殊的心理学仪器，观测使用者的眼动轨迹，提取出其注视点、注视时间和频率、眼睛扫视距离、瞳孔大小变化等数据，研究使用者的认知过程。眼球运动主要分为三种类型：注视、扫视和跟随运动。现代眼动仪一般包括四部分：光学系统、瞳孔坐标提取系统、视觉与瞳孔坐标叠加系统、图像与数据存储与分析系统。如图 10.30 所示。

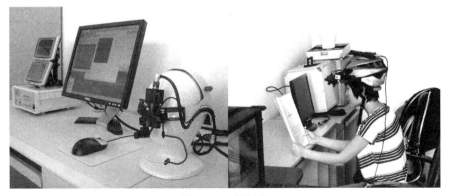

图 10.30　眼动仪

　　眼动可以反映用户在交互界面上对视觉信息的选取方式，非常有益于揭示认知加工的心理机制。眼动仪专用软件可以记录受试者使用软件中的眼动数据（扫描路径、注视点、停留时间及分布等），通过记录和分析测试数据，可以用来评价被测试产品的可用性并进行改进，如图 10.31 所示。

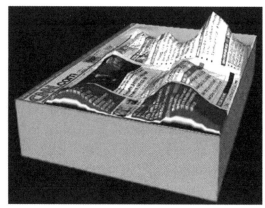

图 10.31　对交互界面（网页）进行的眼动分析（网络图片）

　　眼动仪测试分析方法包括以下几种。

　　①　浏览顺序分析

　　通过分析用户对界面的浏览顺序，判断该界面是否符合界面设计的认知设计要求。如在某一网络课程中，设计浏览顺序为：首先关注导航标题栏，了解所学章节；随后关注学习概要，了解学习目的；接下来浏览学习内容，进行学习；下一步发现相关知识链接提示；再下一步浏览辅助功能；最后看到其他辅助美化信息。如果眼动测试结果基本与其设计顺序相符，则表明界面设计合理，反之则需要修改（包括对浏览顺序设计的修改）。

　　②注视密度分析

　　与浏览顺序类似，注视密度分析主要检测用户在浏览界面时，是否将关注点（注视密度高的区域）放在主要内容上，注视密度分析整体衡量眼睛运动，在自然测试条件下，具有直观、高效的特点。

　　③瞳孔变化分析

　　若交互界面栏目设置不清晰，背景色与文字对比度不高，就会导致用户关注点散乱，不容易找到所需要的内容。通过瞳孔变化分析，设计者可以进一步提高界面可视性，使用户关注点更集中，容易搜索到要找寻的内容。

　　此外，眼动仪测试还常用区域对比分析和眨眼频率分析等方法，通过比较交互界面某一页面不同区域或不同页面之间的眼动数据统计，判断哪一种方案更易于用户搜索信息，对用户吸引力更强。

　　（2）动作分析仪（交互友好测试）

　　动作分析仪主要用来记录分析用户操作特定产品时的操作特征。在对交互界面的测试中，通过综合指标的实验（加脸部表情、操作轨迹和操作时间），得到被测个体的动作指标，以了解交互设计是否需要优化。动作分析仪包括以下测试指标：完成特定任务所需的时间、完成特定任务的正确程度、运动点在不同区域的运动路径（如用手指控制键盘时，完成特定任务时按键的路径和距离）、运动点在特定区域停顿的时长（如执行特定任务时，手指在每个按钮上停顿的时长）等。通过测试以上指标，软件可提供自动分析，也可以在自动分析的基础上进行人工分析，了解用户对交互界面的直观反应，排查用户在进行交互时理解与完成哪些操作比较困难，以便进一步优化交互设计，如图 10.32 所示。

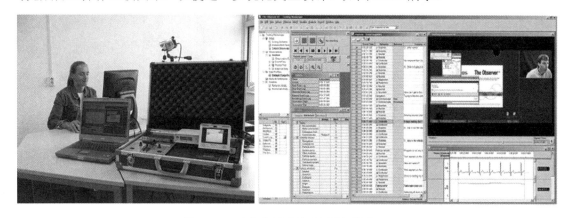

图 10.32　动作分析系统（网络图片）

此外，脑电信号评价方法也可以用于界面可用性测试。

以上各个方法在实际运用中，可以根据具体情况进行选择，当然在执行的过程中，某些细节可以适当灵活改变。

10.2.2.4　进行可用性测试的"三部曲"

1. 定义可用性测试

整个测试过程的第一步是定义和规划，包括以下五项。

（1）定义目标和关注点

确定测试目标可以先从总体目标开始，然后再确定特定目标即关注点，这是定义可用性测试的第一步。可以通过明确测试目的和分析测试要点来确定总体目标，分析测试的要点有：用户类型、任务分析和量化可用性目标、时间性问题、启发式分析或专家评审、该产品或者其他产品以前的测试。一般来说，总体目标是宏观的大方向，而关注点则是具体的测试重点。可以通过列表的方式定义关注点，提倡用简单的短句来描述测试中涉及的关注点——主要是给内部人员看的。如果测试的关注点比较多，则需要优先保证重要的、核心的、开发人员觉得可能会有问题的地方。

（2）选择被测对象（测试参与者）

选择被测对象实际上是选择被测对象所具有的特征。既要考虑所有用户共有的特征，还要考虑不同用户特有的特征。最基本的被测特征因素有：使用计算机或者被测试产品的经验、工作经验、使用开发团队产品的经验、使用类似产品的经验等。选择被测对象应该优先关注产品使用经验和行为。同时，设定用户角色特征时应尽量考虑全面一些，比如：考虑新参加工作的用户，考虑即将使用产品的新客户，如果产品仅在一个内部群组使用，则考虑可能会在其他群组使用的情况，考虑同一个类别用户下的差别（如年龄差异和教育背景差异会影响被测接受新技术的能力）。此外，还要确定找几个人来测试，如图 10.33 所示，Nielsen 的这张经典图表说明 5~6 个被测对象已经可以发现明显的可用性问题了。

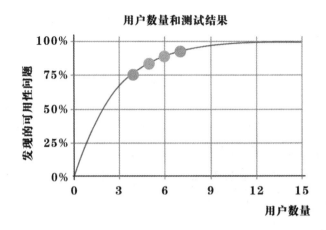

图 10.33　用户数量和测试结果

（3）确定测试任务并创建测试实例

在一次测试中，不可能让被测对象对交互界面的所有可能的任务进行测试，需要确定测试任务并创建测试实例。首先根据目标和关注点缩小测试任务范围，应该重点关注"根据专注点和经验提出的测试任务""搜索潜在问题的测试任务"。在选择任务的时候，须考虑该任务会耗费用户多长时间来完成，需要什么硬件、软件、过程以及其他必需信息来完成这个测试任务等，还可以给每个任务进行编号并给出每个任务的描述。

确定任务后需要创建测试实例，主要是测试情境的确定，有些测试需要各种角色参与，比如客户、客服人员或者管理人员等。创建测试实例的目的是检验测试方式是否能够达到测试目的，理想的测试实例应该"直接与目标和关注点相关""短小精悍且任务明确""使用用户的语言"，并"为被测对象完成任务提供了足够的信息"。

（4）确定测量可用性的方法

前文叙述了若干测量方法，在进行可用性测量时，要考虑所选择的方法能够充分反映性能测量（对某一操作和行为进行定量测量）和主观测量（被测对象的感觉、看法和判断等）两个维度的信息和数据。

在性能测量情况下，可以将测试过程中被测对象做出的特定行为都记录下来，比如完成搜索某一学习内容这一交互所用的时间等。主观测量则难以用数量来表示，需要在观察与分析被测对象操作的基础上与被测对象进行沟通，发现问题所在（比如按钮的提示不清楚、某一交互功能不易发现等）。市场上有专门用于记录可用性数据的商业应用程序，也可以使用打印的表格来记录数据。

（5）准备测试材料

测试材料包括测试环境、必备软硬件、问卷和脚本等。测试环境应尽可能接近真实工作环境，以避免环境不同对被测人员产生的影响；必备软硬件包括测试平台和测试仪器设备（前文中提及的眼动仪、摄像机等）；此外必须重视问卷设计，表格的设计是否规范科学合理对测试结果的影响很大，一般情况下，问卷应参考社会调查专业人员和公司法律部门的意见。设计问卷表格是一个比较专业的工作，建议读者参阅其他专业书籍，本书附录提供了示例。为使所有被测对象进行相同的测试，还需要准备一个测试脚本，同时保证所有的测试都在相同的时间内完成。测试脚本应该包括一个任务清单，同时必须保证被测人员完成了清单上所有的任务。

完成了以上五项定义工作，就可以着手进行测试了。

2. 执行测试

执行可用性测试概括来说就是：按照既定测试设计，通过观察有代表性的用户，完成产品的典型任务，从而界定出可用性问题并解决这些问题。

（1）测试流程

在正式可用性测试开始之前，有条件的情况下应进行一次预备性测试，进一步发现测试设计中的问题。有时也将第一次正式测试作为预备性测试，与第二次测试有一定间隔（1～2 天）。在这里要强调的是，在测试中不要试图教用户如何使用产品，也不要试图向用户推销你的产品。

一般的交互界面测试分为测试前、测试中和测试后三阶段，由测试负责小组确定主持人，主持人全面负责整个测试工作，具体流程如表 10.4 所示。

表 10.4　可用性测试主持人工作流程

总体阶段	具体步骤	主持人工作	注意事项
测试前 5～10min	欢迎被测对象	自我介绍 解释测试的目的和时间 向用户强调测试的对象是系统而非用户 告知测试是否录像，告知测试结果完全保密	可签署保密协议
	初识被测对象	了解年龄、职业等基本信息 了解对同类产品的使用情况和产品偏好	可发放问卷并说明填写要求
	测试前准备	测试总体任务和要求简介 对测试相关注意事项进行说明	可让用户浏览，但不要操作 请用户尽量"出声思维"
测试中 30～60min	执行测试任务 （被测对象按照要求进行操作，测试人员观察）	宣读任务具体要求 仔细观察被测对象的操作（作为记录参考） 关注负责记录的同事的工作状态 回答被测对象提出的各类相关问题 识别被测对象的情绪，必要时可暂停任务	不干扰被测对象任何操作 不以任何形式表现出被测对象正在犯错误或操作太慢 被测对象遇到困难时尽量不提供帮助，可适当鼓励
	问题探讨 （结束操作后，测试人员与被测对象进行交流）	认真聆听用户的建议 询问在测试过程中不确定的问题 邀请负责观察的同事提问 请用户填写问卷表格	如果任务较多，可以执行完一个任务后进行一次探讨 与用户进行交流时，使用的语言要是友善和中立的

总体阶段	具体步骤	主持人工作	注意事项
测试后 10～15min	与被测对象道别	真挚致谢 支付报酬或赠送礼物 将被测对象送至门口	留下用户的联系方式，建立长期联系
	准备下一场测试	保存录像文件 清除使用记录，初始化交互界面	组织大家整理记录

上表中的问题探讨环节，可以在被测对象执行任务的时候进行访谈（俗称现场访谈），还可以通过回忆访谈、焦点小组访谈等形式进行。

（2）详尽记录

根据选择的观察方式来划分，常见的测试的记录方式有两种，实时观察即时记录和回看录像来观察记录，也有将两者结合使用的。记录的重点是测试中被测对象的行为（动作、步骤、用时等细节）、想法（言语与表情等）和通过测试暴露出的问题。

为了能够快速有效地收集数据，测试小组中的观察者做记录要遵循一个合适的记录格式(即准备一个称手的记录表格)，以方便地记录测试过程中的一些重要信息以及提问答案。此外，记录应该尽可能详尽，应包括以下内容：第一类是基本信息，包括项目名称、观察表格编号、观察员姓名、测试日期、观察表格总页数及其每页页码等；第二类是测试实时信息，包括测试目标、测试任务、被测对象记录、测试环境记录、测试开始之初的情况、测试任务开始时间、任务进行过程中对用户的观察（重点）、讨论信息记录、测试任务结束时间和任务结束时的情况等；第三类是测试后的归纳整理，包括通过测试暴露出的问题、再次整理录像发现的新情况等。

无论是有条件实时观察（有专门的体验室或者工具），或者需要回看录像来观察，记录时都要注意，记录的重点不是用户说了什么，而是用户如何使用。因为在测试中，做了什么比说了什么更重要。同理，在测试中不要急于讨论问题的解决方案，因为马上想到的方案或者被测对象提出的方案并不一定是最优的。

3. 分析测试结果

（1）分析

分析是为了找出需要优化和修复的问题。如有条件，可进行即时分析。在完成测试后，观察人员趁着记忆犹新的时候快速地将有用的信息整理出来，可以用便利贴，也可以专门空出一块白板或者建立一个文档。总之把用户相关的操作、提出的问题和测试小组发现的问题迅速地汇总出来，尽量在下一场测试之前完成，如有必要可当场查看录像。

通过即时分析，测试小组会从中发现一些需要进一步研究的现象。例如某个被测对象感到完成某任务要比其他人难得多。因为可用性测试的被测对象数量一般较小，这个被测对象可能代表了一大群的潜在用户，那么这个信息就需要针对类似该测试者的用户群体进行测试，从而确定这一结果是否在这群用户中依然存在，还是仅仅由于某种原因导致的一个例外。

在即时分析之后还要进行进一步分析，一般使用电子表格软件把所有的信息汇总成数据表格，再通过分析这些数据来发现一些趋势和问题。通常，范围（问题的分布状态如何）

和严重性（问题的严重程度如何）是进行统计和分析的重点。

（2）报告

分析之后需要撰写测试报告，首先需要确定报告的格式和版本。

格式的选择主要考虑受众的要求（例如是以电子邮件发送还是在会议上作报告），一般包括测试步骤、测试概述、观察资料、测试引用、结论、建议等部分。如果受众类型多样化，也可根据受众的不同准备多个不同版本的报告，一般包括以下三种：

精简报告仅包括必须知道的信息，你可能想通过电子邮件发送这种报告，这样报告信息就会被及时看到；通过报告包含了必须知道的信息和应该知道的信息，可以发送给每个人；完整报告包括了必须知道的、应该知道的以及最好知道的信息，这样每个人都可以不仅知道哪些需要改进，而且还会知道你收集到的、项目团队可能会完成的一些敏感反馈。

无论采用何种格式与版本撰写测试报告，一般应包括以下四点：

①和同类产品相比，被测交互界面在所做测试方面表现出的水平；

②交互界面在测试中暴露的缺陷和限制，以及可能给软件运行带来的影响；

③提出改进的或进一步测试的建议；

④给出是否通过测试的结论。

10.2.3　改进思路

得到测试结果后如何评判？如何确保改进方案更优？测试、发布之后如何再对界面进行改善？下面依次回答上述三个问题。

10.2.3.1　用户错误 = 设计失误

在测试中，往往设计者精心设计的界面得不到用户的正确使用。当设计者为被测对象做演示时，经常令被测者恍然大悟，甚至觉得自己的领悟能力不强，没能跟上设计者的思维。遇到这类情况如何做？坚持自己的设计还是修改？很多设计者陷入了是否要修改"完美"的界面设计而向用户妥协的困境。

若是在测试中不止一人出现了某个错误操作，设计者应认识到，如果使用软件的人数较多，则有相当比例的人会出现同一问题，所以必须从设计上进行修改。唐纳德·诺曼在《设计心理学》中提到："用户错误即设计失误"，"不要认为是用户在犯错，要把用户的行为作为向前进的目标"。如图 10.34 所示，经过测试并修改，在某化学教学软件中（界面局部），当将鼠标拂过烧瓶时的光标显示由箭头改为手型，并用颜色进行区域分割，大部分的学习者都能领会此时可以点击或拖拽该烧瓶进行交互。

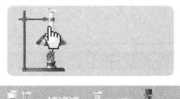

（a）修改前的某化学教学软件局部　　　（b）经测试，修改了光标与区域分割

图 10.34　通过对比，（b）方案更能令用户正确理解交互设计

通过测试，不断改变界面中的不当之处，就可以提高界面交互的可用性。一般来说，可用性错误常见的有输入错误和状态错误两大类。

常见输入错误主要包括用户输入的内容或格式与要求不符和误操作输入错误两种。以图 10.35 为例，在各项输入框右侧均有输入格式或要求的提示，否则很容易使用户造成反复尝试也无法通过系统认可的情况。常见的还有日期的格式、英文大小写的要求、各类符号的要求等。造成输入错误的操作除了偶然性之外，交互设计是否便捷也是重要因素。如图 10.36 所示，在某软件中，输入日期和时间放在一个输入框中，而 Windows 系统中日期和时间输入有选择、输入、观察多种输入形式相互配合，相比之下，后者不易出错。

图 10.35　输入框右侧配有输入格式或要求的提示可以减少输入错误

（a）使用一个输入框以文本方式统一输入　　　（b）提供日历和表选择式逐一输入

图 10.36　图形化以及多种输入方式配合的（b）方式可以减少输入错误

常见的状态错误主要包括各种状态之间不兼容和状态混淆两种。状态不兼容是指之前的操作和即时操作（在逻辑或习惯上）有冲突，如在灰度空间中引入彩色、未做保存关闭文件、彻底删除重要信息、静音（或震动）模式下播放音乐等，这就需要界面设计要为"特殊"操作设计相关提示或快捷按键。状态混淆是指本身是不同状态，但因为缺少变化或提示而容易混淆，若将教学软件各级目录下界面设置完全相同，除缺少新意和变化外，也容易让用户迷航，不知处在哪个节点中。如图 10.37 所示，在 Photoshop 软件中，画笔类工具（近 20 种）的鼠标光标均为显示画笔形状（一个圆形图标），无法直接从光标上分辨出当前是哪种工具，必须要观察工具栏才能确认，给操作带来不便。

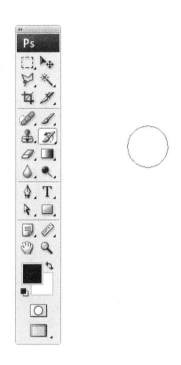

图 10.37　Photoshop 软件画笔类工具的鼠标光标

10.2.3.2　比较测试

在发现问题之后，有可能会得到若干种优化方案，此时通过对用户分组，进行比较测试（也称 A/B 测试）就能帮助设计者确定哪种改进方案最优，以及改进效果如何。下面就其优缺点进行说明。

1. 比较测试的优点

（1）在明确测试目标的前提下，比较测试可以找出效益最大化的方法；

（2）通过比较测试，抛弃距离目标较远的方案后，可以保留与目标距离较近的多个选择，使方案的适应性更广泛；

（3）对于重要内容的修改，测试效果非常可靠；

（4）更适用于 Web 软件测试，因为有许多在线工具支持对网站进行比较测试，它们可以记录用户的操作，并统计结果；

可以进行多变量测试，对界面的各部分不同版本进行测试，如图 10.38 所示。

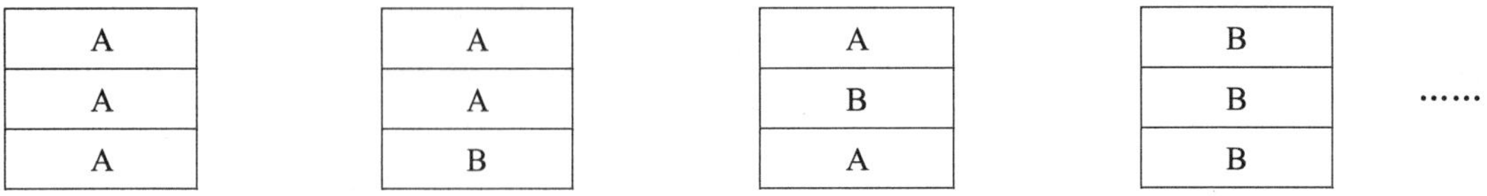

图 10.38　多变量测试可以对比测试界面设计中的各个部分

2. 比较测试的局限性

（1）比较测试只能在现有的方案中选取最优解，而不能创造新的方案，仅依靠比较测试无法得到"最好"的方案；

（2）在界面设计中，重新设计往往是最好的解决方案，比较测试应该与重新设计一并使用，才能发挥作用；

（3）对用户不敏感的内容测试效果差，而且需要考虑用户对老方案的熟悉带来的测试误差；

（4）多变量测试容易打破各个部分的一致性，若是多个方案，则更容易使不和谐的元素被简单堆砌在一起。

10.2.3.3　收集用户反馈

虽然产品经过了测试，但在发布之后，很多用户仍会以设计者意想不到的方式使用软件，因此，设计者只有及时收集用户反馈，才能知道如何改进（特别是定期更新版本的软件）。在收集反馈中，应注意以下几点：

1. 充分信任用户的智慧

软件使用者对软件的应用挖掘，往往超过开发者。优秀的平面设计师使用 Photoshop 的技巧往往远高于开发它的计算机图形学工程师；Obvious 推出的 Twitter 服务在最初阶段只是用于手机发送文本信息，但用户将其作为微博发布站点广泛使用。有时，用户在使用产品时开创了新方式，了解并分析用户的操作方式，有利于界面设计能够不断跟上用户对软件"开发"的脚步。

2. 关注用户所关注的

用户在使用软件时，和界面美观度相比，响应速度满意率、何时何处退出程序、用户趋同的行为则是更关键的。用户对软件响应速度满意率是最重要的指标，如果是网络软件，在访问高峰时的响应速度是大多数用户的直接感受。了解用户在任务执行过程中的退出行为是软件可能存在问题的指标，追踪退出行为是改善界面（包括软件）的重要手段。如果有可能，应对用户的行为进行更细致的了解，例如哪些链接点击率高，哪些功能受欢迎，这些可以作为优化界面设计方案重要的评估手段。

3. 处理好"失败事件"

在复杂的使用环境中，由于各种原因，难免出现链接文件丢失、机器资源耗尽、网络冲突等情况，在界面设计中应做好提前准备，用合理的解释得到用户的理解，处理好"失败事件"，赢得用户的信任。如图 10.39 所示，网站在出错的时候，以体现诙谐和歉意为主旨，并提供下一步操作向导。

图 10.39 软件报错页面设计

10.3 多媒体人机交互界面设计原则探析

本节将对前面章节的内容进行总结，从四个层面总结交互界面的设计原则，如图 10.40 所示。这四个层面也是进行交互界面设计的一般性流程，每一个层面上的设计工作都是由其之前的层面的工作所决定的。

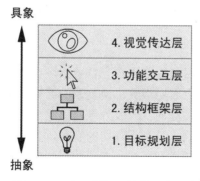

图 10.40 交互界面设计的四个层面

10.3.1 目标规划层

目标规划是交互界面设计的第一步工作，是明确用户需求和设定交互界面设计目标的过程，同时定义界面风格并形成总体构思。其中的原则包括：

1. 以用户为中心

交互界面设计工作总是首先从用户开始。了解用户，因为用户的目标就是设计者的目标。尝试总结用户，搞清他们的技能水平和经验，以及他们需要什么。找出用户喜欢什么界面，观察他们如何浏览界面并在其中操作。不要一直沉迷于追赶新的设计趋势或不停更新功能。首当其冲的关键任务是把注意力放在用户身上，这样才能创造出一个能让用户达成目标的交互界面。

在具体工作中，需要注重与用户保持一致，包括：使用用户语言，而不是设计者的语言；从用户的角度考虑问题做出决策；允许用户对界面进行设置；不要分散用户对其关注任务目标的注意力；尊重用户对设计的批评等。

2. 独特性原则

随着交互界面设计工作的发展，很多领域（也包括教育技术）逐渐形成了交互界面的业界标准，在设计规划的阶段，必须提出设计的独特性，避免丧失界面的个性。在框架符合相关规范的情况下，由设计人员进行头脑风暴，讨论出创新方案，设计具有独特风格的界面并形成标准，是成功的交互界面设计的重要环节。

3. 低资源占用原则

设计良好的界面不仅要功能完备、设计独特，而且要尽可能降低对系统资源的占用，在设计开始的最初阶段，必须定义最低硬件要求，无论是程序运行、图形渲染、网络传输均需在最低硬件平台上流畅运行。特别是本身在运行中需占用系统资源较大的软件，在用户需求中表明用户习惯与其他程序配合运行的软件，更需要在界面设计中注重这一点，尽可能自动卸出内存，及时让出所占用的系统资源。

10.3.2　结构框架层

结构框架是交互界面的骨架。在结构框架设计中，目录体系的逻辑分类和语词定义是用户易于理解和操作的重要前提，其中的原则如下。

1. 合理性原则

合理性原则主要是要求结构框架的逻辑符合用户常见情况，降低用户学习界面的难度，避免从结构上出现误解，造成误操作。在界面结构比较复杂的情况下，可以在目录体系导航框架之外，人性化地提供其他链接方式（如热词和搜索等），方便用户快速查找所需要的内容。

2. 简洁易懂原则

简洁界面的结构框架设计尽可能令用户一目了然，在软件内容复杂度高的情况下，尽可能通过结构设计，合理压缩页面层级数，使复杂的结构简单化。

易懂是指结构框架的节点关键词（一般为导航交互按钮或标签名称）应该简洁易懂，不重复，无歧义。要求用词准确，没有不确切的字眼，要与同一界面上的其他结构框架节点关键词易于区分，如能望文知意为最佳。专业性强的软件界面要使用相关的专业术语，通用性界面则提倡使用通用性词汇。

3. 规范性原则

规范性原则要求界面结构设计符合业界通行规范。如 Windows 界面的规范要求包含"菜单条、工具栏、工具箱、状态栏、滚动条、右键快捷菜单"的标准格式，可以说界面遵循规范化的程度越高，用户学习和熟悉界面的时间就越短。

10.3.3　功能交互层

功能交互设计的目的是使软件让用户能简单使用。因此，人的因素应作为设计的核心被体现出来。功能交互层的设计原则如下。

1. 用户控制原则

用户控制原则要求在交互设计中更多地允许用户，而不是程序来控制操作。如果在交互设计中只为用户提供那些认为是好的选择项或者不让用户做更细节的选择，那就是机器控制而不是用户控制，特别是对于专家级用户。在用户控制原则下，设计者应该为目标用户提供分级制度，为初级用户提供优化途径推荐和避错操作的同时，提供给专家用户控制界面乃至程序的能力。

2. 容错、排错原则

在交互设计中无法完全避免用户的误操作出现，容错和排错原则是指在交互设计时周全地考虑到各种可能发生的问题，既要允许用户犯错误，又要降低出错概率。

其中容错是指交互设计的鲁棒性强，在用户执行错误操作时不会造成破坏。在交互设计中，对可能发生严重后果的操作要有补救措施，避免造成损失。对错误操作最好支持可逆性处理，如取消系列操作等。

排错是指交互设计应当尽量将用户出错的可能性降至最小，如避免未经保存而退出系统等。在应用系统中，开发人员应防止用户执行未经授权或无意义的操作，并限制或隐藏可能导致系统错误或系统崩溃的输入操作，不让用户接触到。应该对某些特殊符号的输入进行审查，对与系统使用的符号类型不一致的字符进行评估，防止用户输入此类字符。

3. 灵活性原则

交互设计的灵活性是指交互界面允许用户使用不同的交互方式去完成某一特定目标，交互的灵活性越强则说明界面的用户友好性越好。理想情况下系统能完全适应各类用户（从偶然型用户、生疏型用户到熟练型用户，直至专家型用户）的使用需要，提供满足各种用户习惯与要求的交互形式，甚至令用户感觉不到交互的对象是冰冷的机器。在实际工作中，一般通过设置多种方式（如同时支持鼠标点击和键盘交互）和允许用户可以根据需要制定或修改交互方式的形式满足灵活性原则。由于不能为每一个交互操作都提供大量的冗余交互方案，可以动态分析用户习惯，在支持习惯性交互方式的同时创新用户体验更好的交互方式。

4. 帮助设置原则

帮助设置原则是指界面应该提供详尽而可靠的帮助信息，在用户不理解交互设置要求的时候，可以通过帮助提示信息寻求解决方法。由于需要帮助信息的用户对操作一般不很熟练，界面要提供简易明了的显示帮助信息的触发机制（如帮助键和小助手等），而且帮助要有即时针对性，在界面上调用帮助时能实时定位到与当前操作相对的帮助信息。此外常见的还有支持搜索功能的帮助手册和提供人工远程服务的联机帮助方式。

10.3.4　视觉传达层

视觉传达是在结构设计的基础上，配合交互设计，参照目标用户心理模型和任务达成目标进行视觉设计，包括色彩、字体、页面等。视觉传达是用户直接接触的层次，要达到用户愉悦使用的目的，相关原则如下。

1. 对比原则

无论是为了突出主题还是使内容清晰易读，对比是视觉传达设计中最重要的设计技巧——"如果两个元素不是完全相似，那么请让它们变得不同"。界面中由形状、颜色、字体及质感产生的对比除了能够突出重点吸引用户的视线外，还有两大作用：一是为界面创造趣味性，增加用户的好感，提高界面易读性；二是为组织信息提供帮助，令用户能够直接了解到信息组织的方式和信息的逻辑排列顺序。

应用对比原则还需注意，一方面对比差异要足够大，另一方面对比要根据内容需要，避免创建本不应该是重点的视觉焦点。

2. 协调原则

虽然眼睛偏爱对比效果，但界面设计不能只注重对比，否则会难分主次、没有重点、杂乱无章。协调原则是形成界面风格，保持界面视觉体验协调舒适的重要原则，包括以下几点：合理利用空间，画面布局的长宽比接近黄金分割比例，切忌长宽比例失调，布局要合理，不宜过于密集或空旷；界面有统一的主色调，背景颜色和质感之间应合理协调搭配，反差不宜太大；功能性图标和字体的大小要与界面的大小和空间相协调，功能性图标和字体的颜色使用要有规律、字体变化不宜过多等。

3. 紧凑原则

紧凑意味着关联，紧凑原则实际上是整合分组原则。一个画面中的不同内容，应该将相关项成组地摆放，彼此靠近，成为一个有序的整体。当几个信息元素彼此相邻时，它们会成为一个视觉统一而非数个独立的单元。

紧凑原则的基本用途就是组织对象，以自动创建整体结构，使得界面信息更加易读，减少用户的学习和短时记忆。紧凑原则要求避免在界面上放置过多的独立元素，避免在各元素之间使用等量的留白，也不要为那些不属于同一组的元素创建联系。

4. 重复原则

重复的基本用途是为了统一并增加视觉吸引力，是一致化的基本方式。在界面设计中重复设计某些元素（如图标、装饰线等设计元素）可以在界面的不同页面中增强一致的感觉，使整个界面的各个分离的部分有机地连接在一起，统一并且强化整个作品。但要避免过多地重复某一元素，以免使用户有厌恶之感或者喧宾夺主之感。

5. 对齐原则

对齐是使界面有序、整洁地工作，使各元素形成一个更具凝聚力的整体。界面中各类元素的位置设计不能随意摆放，每一项都应该与其他各项建立视觉上的联系。在交互界面设计中，对齐应该始于构思环节，终于后期整理，留意各个信息元素，不断确定目前的对齐方式是否是最优的，特别是不要放过距离稍远的信息元素。对齐的目的是使界面统一和整齐，所以要避免在同一页面中使用多种不同的对齐方式。

多媒体人机交互界面的设计原则很多，在前文中详细分析的内容本节中没有再赘述，若将上述原则进一步归纳概括，笔者认为，"以用户为中心""灵活完备的交互功能"和"保持一致性"是多媒体人机交互界面设计的核心原则。本章作为全书的最后一章，从实际入手，分别对常见的多媒体人机交互界面进行了赏析，并列举了交互界面设计中常见的误区；然后探讨了如何对多媒体人机交互界面进行测试，特别是可用性测试；最后总结全书内容，归纳了多媒体人机交互界面设计的四大层次和若干规则。

附录：通用型多媒体教学软件交互界面测试问卷

_____教学软件交互界面测试问卷

尊敬的_____女士/先生：

非常感谢您参加本教学软件交互界面的测试工作，您的参与为我们的交互界面设计工作提供了极大的帮助！在进行任务测试后，请您根据实际情况填写问卷，每个问题的评价量化指标从"非常满意"到"很不满意"分成5级，请您在选择的评价级别中画"√"。

基本信息	年龄		职业	
	常用电话		电子邮箱	
	是否用过同类产品		如有，请说明	

	交互界面测试问卷					
序号	项　目	评　价				
		很不满意	不满意	中立	满意	非常满意
一、视觉传达						
1.1	屏幕上文字是否清晰易读，没有歧义					
1.2	屏幕布局划分与排版是否美观合理					
1.3	导航是否清晰，搜索智能，无迷航情况出现					
1.4	整体界面设计是否美观					
1.5	界面的主题是否突出					
1.6	色彩搭配是否美观					
1.7	您对视觉传达的总体评价					
二、文字信息						
2.1	整个界面中文字信息表述是否一致无歧义					
2.2	其中专业术语是否易懂且与任务相关					
2.3	是否没有与任务无关的专业术语					
2.4	各种交互功能的表述是否清晰无歧义					
2.5	屏幕上的信息是否清晰					
2.6	屏幕上说明性的描述或标题是否清晰					

序号	项　目	评　价				
		很不满意	不满意	中立	满意	非常满意
2.7	重要信息是否突出					
2.8	信息组织的逻辑性是否合理					
2.9	屏幕上不同类型信息的区分是否清晰					
2.10	用户输入信息的位置和格式是否合理					
2.11	您对文字信息的总体评价					
三、帮助与容错						
3.1	是否始终有帮助信息告知用户在做什么					
3.2	报错信息是否清晰准确					
3.3	当误操作时界面是否给出提示或纠正					
3.4	屏幕上的帮助信息说明是否清晰					
3.5	报错信息用词是否中立无反感					
3.6	获得界面帮助是否容易					
3.7	对误操作的复原是否容易					
3.8	对输入信息的修改是否方便					
3.9	是否分别考虑生疏型和熟悉型用户的需求					
3.10	是否有主动规避误操作的设计					
3.11	您对帮助与容错的总体评价					
四、学习						
4.1	对界面的学习是否容易					
4.2	记忆命令的名称和使用是否容易					
4.3	信息编排是否符合逻辑					
4.4	屏幕信息是否足够且适量					
4.5	是否提供了联机求助的功能					
4.6	是否提供了完整的联机手册					
4.7	提供的参考资料是否通俗易懂					
4.8	联机求助的使用是否方便					
4.9	图案和符号形象是否明确					
4.10	您对学习的总体评价					
五、系统能力						
5.1	系统响应是否迅速					
5.2	响应信息出现是否及时					
5.3	跨平台兼容性是否强					
5.4	系统启动是否迅速					
5.5	系统是否极少发生故障					
5.6	您对系统能力的总体评价					

续表

序号	项　　目	评　价				
		很不满意	不满意	中立	满意	非常满意
六、完成任务						
6.1	界面提供功能是否足够完成任务					
6.2	完成任务的方式是否灵活					
6.3	完成任务中，用户对界面的控制是否方便					
6.4	界面系统的鲁棒性和可靠性是否足够					
6.5	您对完成任务的总体评价					
七、其他意见						
通过测试，您对交互界面还有哪些意见和建议						

再次感谢您对我们工作的大力支持！

参考文献

专　著

[1] [美]Jeff Sauro. 用户体验度量：量化用户体验的统计学方法[M]. 北京：机械工业出版社，2014.

[2] [美]Stephen Wend. 随心所欲：为改变用户行为而设计[M]. 北京：电子工业出版社，2016.

[3] [美]Victor Lombardi. 设计败道：来自著名用户体验案例的教训[M]. 北京：电子工业出版社，2016.

[4] [美]阿加·博伊科. 眼动追踪用户体验优化操作指南[M]. 北京：人民邮电出版社，2019.

[5] [美]本·施耐德曼. 用户界面设计——有效的人机交互策略[M]. 北京：电子工业出版社，2017.

[6] Art Style 数码设计. 零基础学网页配色[M]. 北京：清华大学出版社，2021.

[7] 蔡赟，康佳美，王子娟. 用户体验设计指南：从方法论到产品设计实践[M]. 北京：电子工业出版社，2021.

[8] 陈根. 图解交互设计：UI 设计师的必修课[M]. 北京：化学工业出版社，2021.

[9] 陈抒，陈振华. 交互设计的用户研究践行之路[M]. 北京：清华大学出版社，2017.

[10] 程时伟. 人机交互概论——从理论到应用[M]. 杭州：浙江大学出版社，2018.

[11] 创锐设计. UI 设计其实很简单[M]. 北京：电子工业出版社，2019.

[12] 董建明，傅利民，饶培伦，[希腊]Constantine Stephanidis，[美]Gavriel Salvendy. 人机交互：以用户为中心的设计和评估[M]. 北京：清华大学出版社，2021.

[13] 何丽萍. 网页界面艺术设计[M]. 北京：清华大学出版社，2017.

[14] 何天平，白珩. 面向用户的设计移动应用产品设计之道[M]. 北京：人民邮电出版社，2017.

[15] 胡晓. 重新定义用户体验：数字思维[M]. 北京：清华大学出版社，2019.

[16] 柯青，周海花. 基于用户认知风格差异的信息检索交互行为研究[M]. 北京：科学出版社，2017.

[17] 冷亚洪，黄炜，宋宇，等. 交互式 Web 前端开发实践[M]. 北京：清华大学出版社，2017.

[18] 李瑞峰，王珂，王亮亮. 服务机器人人机交互的视觉识别技术[M]. 哈尔滨：哈尔滨

工业大学出版社, 2021.

[19] 李晓斌. UI 设计必修课: 交互+架构+视觉 UE 设计[M]. 北京: 电子工业出版社, 2017.

[20] 林富荣. APP 交互设计全流程[M]. 北京: 人民邮电出版社, 2018.

[21] 刘运臣, 连莉, 张晓梅, 等. 网站规划与网页设计[M]. 北京: 清华大学出版社, 2013.

[22] 马晓翔, 张晨, 陈伟. 交互展示设计[M]. 南京: 东南大学出版社, 2018.

[23] 前沿文化. 网页设计与网站建设[M]. 北京: 科学出版社, 2013.

[24] 石云平, 鲁晨, 雷子昂. 用户体验与 UI 交互设计[M]. 北京: 中国传媒大学出版社, 2017.

[25] 苏杭. H5+移动营销设计宝典[M]. 北京: 清华大学出版社, 2017.

[26] 席巍. 人机界面组态与应用技术[M]. 北京: 机械工业出版社, 2017.

[27] 薛澄岐. 人机界面系统设计中的人因工程[M]. 北京: 国防工业出版社, 2017.

[28] 薛志荣. 写给设计师的技术书: 从智能终端到感知交互[M]. 北京: 清华大学出版社, 2017.

[29] 杨洁. 视觉交互设计[M]. 南京: 江苏美术出版社, 2018.

[30] 赵杰. 新媒体跨界交互设计[M]. 北京: 清华大学出版社, 2017.

[31] 周娉, 方兴. 交互界面设计[M]. 北京: 北京大学出版社, 2017.

[32] 周陟. 设计的思考: 用户体验设计核心问答[M]. 北京: 清华大学出版社, 2019.

期刊论文

[33] [美]Bill Curtis, Elliot Soloway. 软件心理学的现状与问题[J]. 计算机科学, 1988 (06) 73-81.

[34] 班祥东. 论网站整体风格定位[J]. 电脑知识与技术, 2010 (09) 7225-7226.

[35] 卞锋, 江漫清, 张红. 视线跟踪技术及其应用[J]. 人类工效学, 2009 (03) 48-52.

[36] 曹淮, 姚向阳, 吴磊, 等. 界面设计中的交互动画应用研究[J]. 包装工程, 2009 (10) 184-186.

[37] 曾慧娥, 周庆忠. 工程图纸文档管理系统研究[J]. 计算机系统应用, 1998 (12) 23-25.

[38] 曾婕, 吴盼盼, 周星辰, 等. 基于茶文化的大学生互联网+创新创业新方向[J]. 福建茶叶, 2022 (06) 140-142.

[39] 常艳. 缘起双喜图与野兔比较——古代花鸟画与西方静物画之差异[J]. 西北美术, 2006 (03) 50-51.

[40] 陈虹. 构建小学英语高效课堂策略探究[J]. 教育艺术, 2022 (06) 32.

[41] 陈欢, 周璧承. 传统文化元素在 APP 设计中的应用——以 APP 鸢源为例[J]. 美与时代 (上), 2022 (08) 110-112.

[42] 陈锦熹. 低年级道德与法治课堂绘本教学策略探讨[J]. 快乐阅读, 2022 (11) 70-72.

[43] 陈璐, 宣文静, 黄俊年. 浅析社区型游戏软件界面特点[J]. 科技信息, 2010 (04) 236-237.

[44] 陈擎月，王冬. 自动选择工具在通讯软件中的应用研究[J]. 微计算机信息，2012（03）181-183.

[45] 陈喜云. 计算机图形操作界面的图标教学实践[J]. 平安校园，2021（04）58-60.

[46] 陈晓岚. 交互理念在高校"概论"微课设计中的应用[J]. 教育与教学研究，2016（05）57-61.

[47] 陈雁，李栋高. 服装颜色的感觉生理研究[J]. 纺织学报，2004（06）68-69.

[48] 陈晔，杨皎，郭文革. 中学教师怎么选择网上教学资源——基础教育网站评价指标之实证研究[J]. 中国电化教育，2012（01）94-99.

[49] 崔尚勇. 财会工作用扫描仪的选择[J]. 信息与电脑（理论版），2012（09）168-169.

[50] 邓格琳. VisualBasic 中用户界面的设计原则和编程技巧[J]. 南昌教育学院学报，2003（09）53-55.

[51] 董苗波，孙增圻. 关于人机协作的学习控制[J]. 控制与决策，2004（02）235-237.

[52] 董士海，陈敏，罗军，等. 多通道用户界面的模型、方法及实例[J]. 北京大学学报，1998（05）.

[53] 范开元，米西峰. VisualBasic 开发中用户界面的设计原则[J]. 焦作师范高等专科学校学报，2003（03）47-49.

[54] 方园. VisualBasic 中的菜单设计原则和编程技巧[J]. 北京工业职业技术学院学报，2003（11）36-39.

[55] 冯玉雪. 论现代设计理念在农机产品造型设计中的应用[J]. 安徽农业科学，2007（03）2511-2512.

[56] 高菲. 多媒体技术现状及其在教学实践中的应用[J]. 科技信息（学术研究），2008（11）154-155.

[57] 高晓晶，肖丽. 文本在多媒体教材中呈现规律的探讨[J]. 信息技术教育，2007（02）62-63.

[58] 高占山，杨剑利，林慧博. IT 助力高校房产管理[J]. 软件工程师，2004（07）.

[59] 葛岩，杨雪. 利用 CSS 减轻网络学习者认知负荷的策略分析[J]. 中国教育信息化，2010（12）16-19.

[60] 葛中. 多媒体设计与视觉传达[J]. 考试周刊，2007（06）47-48.

[61] 龚杰民，王献青. 人机交互技术的进展与发展趋向[J]. 西安电子科技大学学报，1998（12）.

[62] 韩娟，王小平. 计算机辅助色彩设计系统的易用性研究[J]. 科学技术与工程，2006（08）2277-2280.

[63] 洪齐. 键盘产品与技术发展纵横[J]. 中国计算机用户，1997（09）38-39.

[64] 胡海军. 浅析广播网站的品牌形象设计[J]. 新闻世界，2010（08）280-282.

[65] 胡丽彬，王铁夫. 基于视觉理论的多媒体课件界面设计初探[J]. 教育教学论坛，2012（03）241-242.

[66] 胡孝昌，曾琼芳. 基于 Web 技术的精品课程网站建设的研究[J]. 井冈山学院学报（自然科学版），2006（04）32-34.

[67] 黄国松. 纺织品色彩的美学原理[J]. 丝绸，2001（07）33-35.

[68] 黄正荣，林辉，龚浩. 多媒体课件制作中的色彩应用研究[J]. 西南民族大学学报（自然科学版），2012（07）674-677.

[69] 贾军生. 谈现代设计在园林规划中的应用[J]. 科学之友（学术版），2006（10）92-93.

[70] 贾林祥. 论符号加工取向的认知研究[J]. 西北师大学报（社会科学版），2007（07）52-58.

[71] 姜旬恂，肖巳洋，闫东. 信息设计在展示空间中的应用研究[J]. 中国传媒科技，2011（12）83-84.

[72] 景晓莉，余隋怀，王小亚，等. 注意与记忆在视觉显示界面设计中的应用[J]. 西北工业大学学报（社会科学版），2007（12）83-84.

[73] 李国华，罗健，董军，等. 提高结构力学课程教学质量的方法研究[J]. 中国建设教育，2011（05）.

[74] 李昊，马雪，李晓磊. 基于 HTML5 的潮白河补水 APP 关键技术研究与应用[J]. 水资源开发与管理，2022（04）75-79.

[75] 李慧文. 多媒体课件中背景音乐的制作和应用[J]. 西北职教，2010（04）.

[76] 李建. 浅谈网站设计思路[J]. 山西经济管理干部学院学报，2011（06）81-83.

[77] 李金地. 学龄儿童社会图标认知特征的研究[J]. 学理论，2011（35）79-80.

[78] 李炯，汪文勇，缪静. GOMS 模型在考试登分系统中的应用研究[J]. 计算机科学，2005（04）219-220.

[79] 李艳. 职业院校多媒体设计课程教学探讨[J]. 美术大观，2009（10）142-143.

[80] 李怡. 界面设计初探[J]. 重庆科技学院学报（社会科学版），2010（05）.

[81] 李子丰，何全文. 论数字图书馆界面工程设计[J]. 图书馆论坛，2003（06）54-56.

[82] 梁慧玉. 从认知负荷的角度分析交互设计策略[J]. 吉林艺术学院学报，2012（06）22-24.

[83] 梁燕. 浅谈多媒体作品的导航设计[J]. 大舞台，2011（11）148-149.

[84] 梁宇生，刁海亭，纪莹莹，等. 基于空间数据的丁庄镇土地管理系统的设计与开发[J]. 山东农业大学学报（自然科学版），2011（06）263-268.

[85] 刘建文. 实用课件制作方法的探讨[J]. 世纪桥，2006（11）132-133.

[86] 刘金晓，马素霞，贾克. 用户界面定制及生成工具的研究与实现[J]. 中国电力教育，2007（12）306-309.

[87] 刘伟元. 用户界面中的图标设计原则[J]. 包装工程，2013（04）94-97.

[88] 刘燚，高智勇，王军. 基于 Gabor 特征和 Adaboost 的人脸表情识别[J]. 现代科学仪器，2011（02）11-14.

[89] 鲁虹. 中国当代艺术中的"再中国化"问题[J]. 中国美术，2013（08）18-20.

[90] 陆斐然. 艺术与技术结合的新视点——UI 设计[J]. 无锡南洋学院学报，2005（12）.

[91] 陆杰. 利用 Visio 制作馆藏分布图[J]. 图书馆学刊，2011（02）40-42.

[92] 陆永兵，吕晓妍. 图书借阅证语音挂失的设计与实现[J]. 情报理论与实践，2006（03）243-245.

[93] 罗峰. 物联网智能家居的新型人机互动[J]. 广播与电视技术，2011（09）86-88.

[94] 罗仕鉴，朱上上，应放天，等. 手机界面中基于情境的用户体验设计[J]. 计算机集成

制造系统, 2010（02）239-248.

[95] 吕辉. 萧县书画艺术之渊源[J]. 戏剧之家, 2012（08）83.

[96] 马荟. 连接未来的人机交互[J]. 互联网周刊, 2010（04）64-66.

[97] 马涛, 韩玉君. 基于 iPhone 的课件 APP 设计与实现[J]. 信息与电脑（理论版）, 2012
　　　（11）12-13.

[98] 牟峰, 褚俊洁. 基于用户体验体系的产品设计研究[J]. 包装工程, 2008（03）142-144.

[99] 倪泰乐, 雷蕾. 游戏引擎开发家具拼装虚拟可视化应用的系统设计[J]. 留学生, 2016
　　　（03）.

[100] 聂红. 软件界面设计探讨[J]. 医学信息, 2004（06）324-325.

[101] 潘吟松, 覃翠华. 认知负荷理论及其对多媒体教学的启示[J]. 广西师范学院学报（自
　　　然科学版）, 2011（12）123-126.

[102] 潘云华. 平面广告之图形语言的传播特点探讨[J]. 浙江工程学院学报, 2004（03）.

[103] 彭丹. VisualBasic 中的菜单设计的原则和编程[J]. 科技信息, 2008（10）69.

[104] 钱颖. 背景音乐在英语泛读课程中的应用[J]. 宁波工程学院学报, 2006（12）79-81.

[105] 撒后余. 浅析多媒体界面艺术设计教学[J]. 巢湖学院学报, 2005（11）.

[106] 石雨涛, 李端. 人性化人机交互技术的研究及其在发电机励磁系统中的应用[J]. 今
　　　日科苑, 2007（08）212.

[107] 宋小青, 沈玺. 基于人机工程学的控制面板设计研究[J]. 装备制造技术, 2006（04）
　　　67-69.

[108] 孙婧. 小图标大规则——浅谈图标对小班幼儿区域规则建立的重要意义[J]. 好家长,
　　　2012（07）21-22.

[109] 孙铁辉, 赵晔, 赵可梅. 交互设计在 flash 课件中的应用[J]. 计算机光盘软件与应用,
　　　2012（09）181-183.

[110] 唐艳红. 色彩在现代园林设计中的应用[J]. 华章, 2011（05）.

[111] 唐焱. Web 页面设计探索[J]. 太原科技, 2007（03）68-69.

[112] 王晓东. 操作面板的设计[J]. 制造业自动化, 2002（06）59-61.

[113] 王志军, 王雪. 多媒体画面语言学理论体系的构建研究[J]. 中国电化教育, 2015（07）
　　　42-48.

[114] 魏钦冰. VisualBasic 中窗体界面设计技巧的探讨[J]. 电脑知识与技术, 2006（03）
　　　163-164.

[115] 吴亚婕, 赵宏, 马志强. 远程教育印刷教材关键编写要素特点中英对比研究[J]. 中
　　　国远程教育, 2011（12）10-14.

[116] 夏敏燕, 王琦. 以用户为中心的人机界面设计方法探讨[J]. 上海电机学院学报, 2008
　　　（09）201-203.

[117] 向嫄, 王冬, 蔺淑倩. 核电 DCS 中人机界面软件的验证与确认的探索研究[J]. 电脑
　　　知识与技术, 2012（06）4541-4544.

[118] 肖楠. 人与机的对话——浅谈人机交互的人机关系及其发展趋势[J]. 艺术科技,
　　　2013（06）32-33.

[119] 肖祝生. 家庭电路课件赏析[J]. 信息技术教育, 2005（06）65-66.

[120] 谢海永，赵保华.VisualBasic 中的界面设计原则[J]. 微型机与应用, 1997（09）14-16.

[121] 谢伟. 数字电视互动广告的交互性研究[J]. 今传媒, 2011（09）96-97.

[122] 邢学生. 浅谈摄影艺术[J]. 电影评介, 2008（04）83-84.

[123] 徐航. 多媒体 CAI 课件的设计制作与技术要求[J]. 遵义师范高等专科学校学报, 2001（02）77-80.

[124] 徐燕. 浅谈如何做好网页前期设计[J]. 职业, 2011（04）108.

[125] 徐晔. 浅析软件界面的人机交互设计[J]. 广西轻工业, 2009（11）72-73.

[126] 许波琴，卢章平，李明珠. 中老年用户网购 APP 首页色彩设计要素研究[J]. 包装工程, 2020（03）210-216.

[127] 许若欣. 基于视觉角度对手机 App 功能图标设计研究[J]. 明日风尚, 2021（12）125-127.

[128] 闫金玉. 浅析 VB 应用程序中如何进行界面设计[J]. 甘肃科技纵横, 2007（08）17.

[129] 燕远伟. 网络教学环境中人机界面设计[J]. 电脑编程技巧与维护, 2010（12）89-91.

[130] 杨江文. 浅谈多媒体课件中背景音乐的功能和应用[J]. 教育实践与研究, 2006（03）61-62.

[131] 杨晔.VB 中的界面设计原则和编程技巧[J]. 教育信息化, 2003（08）76-77.

[132] 冶明福. 语音识别在现代电子信息产业中的应用[J]. 才智, 2011（04）69.

[133] 游泽清，卢铁军. 谈谈"多媒体"概念运用中的两个误区[J]. 电化教育研究, 2005（06）5-8.

[134] 游泽清，卢铁军. 谈谈有关多媒体教材建设方面的两个问题[J]. 中国信息技术教育, 2010（08）91-93.

[135] 游泽清，曲建峰，金宝琴. 多媒体教材中运动画面艺术规律的探讨[J]. 中国电化教育, 2003（08）49-52.

[136] 游泽清. 创建一门多媒体艺术理论[J]. 中国电化教育, 2008（08）7-11.

[137] 游泽清. 对信息化教学资料呈现规律的探讨（下）[J]. 信息技术教育, 2003（10）101-102.

[138] 游泽清. 多媒体及其发展概况[J]. 电视技术, 2005（02）84-87.

[139] 游泽清. 多媒体教材中运用交互功能的艺术[J]. 中国电化教育, 2003（11）48-50.

[140] 游泽清. 认识一种新的画面类型——多媒体画面[J]. 中国电化教育, 2003（07）59-61.

[141] 游泽清. 谈谈多媒体画面艺术理论[J]. 电化教育研究, 2009（07）5-8.

[142] 游泽清. 走出屏幕上呈现文本媒体的误区[J]. 中国电化教育, 2006（01）80-81.

[143] 于大海，丛云峰，吕金和.Web 软件可靠性研究[J]. 软件导刊, 2010（12）31-32.

[144] 袁书卷. 认知心理学在教学软件界面设计中的应用[J]. 考试周刊, 2007（12）103.

[145] 张东，谢存禧，吴剑. 机器人化多功能护理床的研究与开发[J]. 机器人技术与应用, 2003（11）21-25.

[146] 张怀中. 界面设计的一般问题[J]. 孝感职业技术学院学报, 2000（11）62-64.

[147] 张继皇. 浅谈网页设计的几个问题[J]. 才智, 2012（10）242.

[148] 张继皇. 设计网页的几个问题[J]. 广东教育（教研版）, 2006（12）59-60.

[149] 张立辉，张蕊. 浅谈网站建设过程[J]. 才智，2010（12）67.

[150] 张炜. VB 中的界面设计原则和编程技巧[J]. 中文信息，2002（06）94-96.

[151] 张亚丽. 多媒体媒材在界面组织中的风格分析[J]. 首都师范大学学报（社会科学版），2008（10）42-44.

[152] 张烨. 如何做好网页制作毕业设计[J]. 现代企业教育，2010（12）.

[153] 张莹. 应用程序用户界面的设计原则[J]. 微计算机信息，2002（08）74-75.

[154] 张永春. 人体内压力简话[J]. 科学之友，2000（11）15-16.

[155] 张玉兰，刑小平. 现代教育信息技术视觉传达中色彩心理学及应用[J]. 湖北广播电视大学学报，2012（01）114-115.

[156] 赵焕刚. 谈服装色彩的心理效应[J]. 邯郸职业技术学院学报，2007（12）50-52.

[157] 赵丽辉. 浅议计算机发展趋势[J]. 无线互联科技，2013（08）150.

[158] 赵羚云. 网站设计及网页制作技巧[J]. 硅谷，2012（07）159-160.

[159] 赵占西，王小妍，于洽. 人机工程学应用研究综述[J]. 人类工效学，2009（12）69-71.

[160] 赵震，王英，宋伟. 关于工业设计中的声音设计研究[J]. 包装工程，2009（01）154-157.

[161] 钟婕. "穷意之象"信息可视化设计的形式美感研究[J]. 天南，2021（03）10-14

[162] 朱全胜，刘娆，李卫东. 控制中心交互系统的研究[J]. 高电压技术，2008（11）2463-2467.

[163] 庄宜君，汪春燕. 传统图案元素在 UI 图标设计中的运用[J]. 流行色，2021（02）62-63.

学位论文

[164] 鲍珊. 现代机电产品人机界面设计研究[D]. 合肥：合肥工业大学，2003.

[165] 蔡飞龙. 游戏界面设计的人性化[D]. 南京：南京艺术学院，2005.

[166] 陈鑫. 基于多媒体画面理论的 iPad 电子教材设计与开发[D]. 天津：天津师范大学，2014.

[167] 单立群. 基于模板的 WEB 界面客户化定制[D]. 大庆：大庆石油学院，2009.

[168] 董韵. 基于"以用户为中心"设计思想的区域性农业旅游交互设计[D]. 成都：西南交通大学，2016.

[169] 杜锋. 基于人机工程的 GUI 设计研究[D]. 南京：南京航空航天大学，2008.

[170] 关志伟. 面向用户意图的智能人机交互[D]. 北京：中国科学院软件研究所，2000.

[171] 郭霞. 软件用户界面图标的易用性设计研究[D]. 南京：南京航空航天大学，2012.

[172] 韩苗苗. 可变信息标志的人—机关系研究[D]. 西安：长安大学，2008.

[173] 呼健. 人机交互界面设计与评估技术的研究和应用[D]. 济南：山东大学，2005.

[174] 胡卫谊. 基于动态手势的人机交互系统研究[D]. 武汉：武汉理工大学，2010.

[175] 靳婧. 思维的叠合消解—关于视觉空间的探索[D]. 大连：大连工业大学，2013.

[176] 李婧伊. 情感设计在服装 CAD 软件开发中的应用研究[D]. 天津：天津科技大学, 2011.

[177] 李晓楠. 文本艺术性设计对学习效果影响的实验研究[D]. 天津：天津师范大学, 2016.

[178] 李月. 基于场景需求的跨屏应用设计目标及方法研究[D]. 南京：南京航空航天大学, 2013.

[179] 林楠. 展示空间的视觉心理研究[D]. 北京：北京林业大学, 2013.

[180] 林友德. 人体经络系统中基于语义网络的用户界面研究[D]. 福州：福州大学, 2010.

[181] 刘灿臣. 远程教育在互联网上的实现[D]. 成都：电子科技大学, 2005.

[182] 刘念. Windows 界面变革对人机交互界面的影响[D]. 武汉：湖北美术学院, 2007.

[183] 刘洋. 视觉运动追踪训练对运动决策的影响及其神经机制研究[D]. 武汉：武汉体育学院, 2016.

[184] 刘莹. 面向中间用户的智能手机界面设计尺度研究[D]. 无锡：江南大学, 2012.

[185] 龙滢冰. 浅谈基于用户体验的 APP 界面设计[D]. 北京：北方工业大学, 2013.

[186] 卢婷. 智慧学习环境下的教学深度交互研究[D]. 徐州：江苏师范大学, 2017.

[187] 陆敏. 基于人机工程的软件界面设计研究[D]. 南京：南京航空航天大学, 2008.

[188] 吕阳. 基于视觉思维的用户界面信息可视化设计研究[D]. 上海：华东理工大学, 2014.

[189] 彭维. 用户界面的可用性研究[D]. 北京：北京林业大学, 2008.

[190] 沈银红. 基于 Agent 的个性化人机界面的研究[D]. 沈阳：沈阳工业大学, 2006.

[191] 汪琳. 运用眼动追踪技术辅助传统的用户界面可用性评估方法的研究[D]. 上海：上海交通大学, 2008.

[192] 王娟. 基于用户体验的互联网产品界面设计研究[D]. 杭州：浙江农林大学, 2012.

[193] 王磊. 软件人机交互界面视觉优化技术研究（徐利梅;朱巧明）[D]. 成都：电子科技大学, 2011.

[194] 王雪. 多媒体画面中文本要素设计规则的实验研究[D]. 天津：天津师范大学, 2015.

[195] 魏萌. 引入 3D 交互模式以提升界面可用性的设计研究与实践[D]. 上海：上海交通大学, 2009.

[196] 吴晓莉. 基于心理学的用户中心设计研究[D]. 西安：陕西科技大学, 2006.

[197] 仵季红. 多媒体电子出版物形式设计研究[D]. 北京：北京印刷学院, 2004.

[198] 徐萌. 界面交互设计在个人移动通信设备产品设计中的应用[D]. 上海：同济大学, 2006.

[199] 张磊. 游戏 UI 安全性问题研究[D]. 成都：西南交通大学, 2007.

[200] 张露胜. 数据广播的软件界面设计方法研究与应用[D]. 济南：山东大学, 2009.

[201] 张潇文. APP 平台下的区域导向系统设计研究[D]. 徐州：中国矿业大学, 2015.

[202] 赵慧. 手机 UI 设计中的限制性研究[D]. 北京：北京服装学院, 2012.

[203] 赵素华. 屏幕文字的动态色彩设计研究[D]. 株洲：湖南工业大学, 2014.

[204] 赵曦. 人机工程学在交互媒体界面设计中的应用[D]. 北京：北京工业大学, 2014.

[205] 周洪海. 基于社交网络的移动应用研究与实现[D]. 南京：南京理工大学, 2013.

[206] 曾令敏. 用户界面的设计与可用性研究[D]. 上海：东华大学, 2007.

[207] 陈磊. 认知心理学在工业设计中的运用[D]. 南京：南京理工大学, 2004.

[208] 陈婷. 手机用户操作心理分析及模型构建[D]. 重庆：重庆大学, 2008.

[209] 陈训韬. Internet 环境下基于实时图文交互的协同设计平台的研究与实现[D]. 哈尔滨：哈尔滨理工大学, 2004.

[210] 崔福荣. 平面设计中版式编排与人的视觉习惯关系的研究[D]. 济南：山东轻工业学院, 2012.

[211] 董慧欣. 基于 Web 技术的投标文件自动生成系统的研究与实现[D]. 青岛：中国海洋大学, 2008.

[212] 杜锋. 基于人机工程的 GUI 设计研究[D]. 南京：南京航空航天大学, 2008.

[213] 冯小燕. 促进学习投入的移动学习资源画面设计研究[D]. 天津：天津师范大学, 2018.

[214] 顾培蒂. 可视化技术在教育中的应用[D]. 北京：北京师范大学, 2008.

[215] 侯岸泽. 面向大学生的 iPad 电子教材开发与设计的眼动实验研究[D]. 天津：天津师范大学, 2015.

[216] 霍发仁. 人机界面设计研究[D]. 武汉：武汉理工大学, 2003.

[217] 匡济. 基于过程本体的人机交互服务的研究及应用[D]. 镇江：江苏科技大学, 2013.

[218] 李海涛. 视窗设计的不变性与可变性[D]. 北京：北京印刷学院, 2008.

[219] 李珊珊. 电子杂志版面设计的应用研究[D]. 西安：西安理工大学, 2008.

[220] 李双. 基于用户思维模型分析的网页可用性设计研究[D]. 无锡：江南大学, 2008.

[221] 李晓蕙. 网页游戏中界面设计的研究和应用[D]. 上海：上海交通大学, 2008.

[222] 李玉明. 基于 Kinectsensor 的人体姿势识别研究[D]. 沈阳：东北大学, 2016.

[223] 刘高勇. 网络信息资源组织标准化问题研究[D]. 武汉：武汉大学, 2005.

[224] 卢莉莉. 面向任务的人机交互模型研究及应用[D]. 重庆：重庆大学, 2005.

[225] 任青子. 数字时代书籍设计的艺术语言研究[D]. 大连：辽宁师范大学, 2013.

[226] 苏焕. 新媒体环境下的品牌展示设计研究[D]. 杭州：浙江大学, 2005.

[227] 孙景景. 基于 WEB 的多媒体网络教学系统的测试与研究 [D]. 北京：北京邮电大学, 2008.

[228] 唐江炜. 基于知识点的课件制作平台的设计与实现[D]. 苏州：苏州大学, 2008.

[229] 汪海波. 以用户为中心的软件界面的设计分析、建模与设计研究[D]. 济南：山东大学, 2008.

[230] 王超. 基于图形界面的多媒体交互设计研究[D]. 上海：上海交通大学, 2010.

[231] 王萌. 基于人因特性的武器操控界面设计[D]. 北京：北京理工大学, 2015.

[232] 王姗姗. 自助服务系统的人机界面研究[D]. 沈阳：沈阳航空工业学院, 2009.

[233] 王田. 当代展示中的交互体验设计研究[D]. 北京：北京林业大学, 2014.

[234] 魏璞. Web 优化的研究及其应用[D]. 北京：北京邮电大学, 2008.

[235] 邢冲. 支持笔交互的数字纸张建模与生成方法研究[D]. 合肥：中国科学技术大学, 2009.

[236] 杨静. 人机界面与用户模型的研究及应用. 天津：河北工业大学[D], 2002.

[237] 杨璐. 多媒体教材设计格式研究[D]. 天津：天津师范大学, 2012.

[238] 杨泉荣. 视觉传达设计中视觉空间的研究与分析[D]. 西安：西安美术学院, 2013.

[239] 于本梅. 基于 IPAD 跨设备的自然交互应用初探[D]. 北京：首都师范大学, 2014.

[240] 郁亚男. 基于 Android 平台的人机交互的研究与实现[D]. 北京：北京邮电大学, 2011.

[241] 张碧潇. 基于易用性的数字家庭媒体中心交互设计研究[D]. 天津：河北工业大学, 2010.

[242] 张建超. 色彩与产品生命周期[D]. 重庆：重庆大学, 2007.

[243] 张晓玲. 基于用户体验的 iPad 电子教材的设计与实现[D]. 天津：天津师范大学, 2013.

[244] 赵立杉. 基于用户模型理论的手机和逸性研究[D]. 西安：西安建筑科技大学, 2007.

[245] 钟明. 交互设计中基于用户目标的任务分析方法及流程研究[D]. 长沙：湖南大学, 2009.

[246] 周莉莉. 人机交互界面的艺术表现研究[D]. 合肥：合肥工业大学, 2009.